創業必學 EXCEL
財務控管及理財分析

簡倍祥、葛瑩、張殷　編著

【Office達人】2AC722

創業必學EXCEL財務控管及理財分析

作　　者	簡倍祥、葛瑩、張殷
責任編輯	單春蘭
美術編輯	劉依婷
封面設計	Melody
行銷企劃	辛政遠
行銷專員	楊惠潔
總編輯	姚蜀芸
副 社 長	黃錫鉉
總 經 理	吳濱伶
發 行 人	何飛鵬
出　　版	電腦人文化
發　　行	城邦文化事業股份有限公司
	歡迎光臨城邦讀書花園
	網址：www.cite.com.tw
香港發行所	城邦（香港）出版集團有限公司
	香港灣仔駱克道193號東超商業中心1樓
	電話：(852) 25086231　傳真：(852) 25789337
	E-mail：hkcite@biznetvigator.com
馬新發行所	城邦（馬新）出版集團　Cite(M)Sdn Bhd
	41,jalan Radin Anum,
	Bandar Baru Sri Petaling,
	57000 Kuala Lumpur,Malaysia.
	電話：(603) 90563833 傳真：(603) 90562833
	E-mail:cite@cite.com.my

印　刷／凱林彩印股份有限公司
2020年(民109) 4月 初版一刷　Printed in Taiwan.
定價／450元

若書籍外觀有破損、缺頁、裝釘錯誤等不完整現象，想要換書、退書，或您有大量購書的需求服務，都請與客服中心聯繫。

客戶服務中心
地址：台北市民生東路二段141號B1
服務電話：（02）2500-7718、（02）2500-7719
服務時間：週一～週五9：30～18：00
24小時傳真專線：（02）2500-1990～3
E-mail：service@readingclub.com.tw

※詢問書籍問題前，請註明您所購買的書名及書號，以及在哪一頁有問題，以便我們能加快處理速度為您服務。

※我們的回答範圍，恕僅限書籍本身問題及內容撰寫不清楚的地方，關於軟體、硬體本身的問題及衍生的操作狀況，請向原廠商洽詢處理。

國家圖書館出版品預行編目資料

創業必學EXCEL財務控管及理財分析/簡倍祥、葛瑩、張殷作. -- 初版. -- 臺北市：電腦人文化出版：城邦文化發行, 民109.04
　面；　公分. -- (Office)
ISBN 978-957-2049-13-6(平裝)

1.EXCEL(電腦程式)　2.財務管理

312.49E9　　　　　　　　　　　109002828

本書範例檔案

檔案下載位置：https://bit.ly/2AC722（請留意大小寫，無法預覽檔案亦可下載）

下載後為 2AC722_Samples.zip，解壓縮後會有 94 個檔案，檔案列表如下：

註：CH11 無實際範例操作，故無附加檔案

前言

聽到財務控管或理財分析，讀者的第一反應，可能是——我不是會計，為何要懂這些？

財務控管和理財分析，其實是一個人人會遇到、人人都需要的課題。從想要創業做老闆的有志者，到小型企業的會計等實戰專員，再到普通的個人投資者，甚至只是要打理日常生活的老百姓，如果有了相關工具的幫忙，可以在企業財務管控和帳務記錄製表、個人財務管理和理財分析等方面更勝一籌。

因為在電腦和軟體的結合，有了它們的幫助，人類擺脫了繁複的人工計算方式，得以高效率地進行記帳、製表、分析等操作。與此同時，也大大降低工作的出錯率，提升財務控管和理財分析的可靠性。

也許讀者要問，什麼樣的軟體可以幫大忙？雖然用電腦進行理財分析和決策的軟體繁多，但以性價比來講，我們僅需使用EXCEL軟體，便能完成絕大多數任務！這本書將透過一個個EXCEL操作的實例告訴你，當老闆一定要懂的並能管理的表單，小資本營業及投資買賣更要懂得的財務分析，普通投資人或是老百姓也可以掌握的提升投資勝算率的理財助手。

不少讀者在使用EXCEL處理職場或生活中所遇到的各種財務控管及理財分析問題時，不知如何下手。雖然市面上講解EXCEL的書籍繁多，卻普遍停留在EXCEL功能的表面，泛泛而談，缺少理財分析和決策的針對性，使得相關人員無法將所學內容應用到日常工作和生活中。本書在深入瞭解財務控管及理財分析所需解決問題的基礎上，藉由全面的圖解和最新軟體畫面，將工作內容具體化，將實際的操作過程步驟化，詳細而全面地介紹EXCEL在理財分析和決策領域的應用，讓讀者能夠快速比對操作，應用在職場或生活中。例如，如何編製會計憑證、如何編製財務報表、如何分析會計報表、如何管理銀行業務、如何做好投資管理、如何做好融資管理、如何管理銷售業績、如何管理固定資產、如何做好薪資管理、如何預測日常費用、如何做好會計核算、如何核算工業成本等。

希望本書可以幫助廣大讀者在實踐中快速而有效地取得突破，能夠正確地進行財務控管及理財分析！

目錄

Chapter 11 會計核算

Chapter 12 物料成本核算

Chapter 1

會計憑證的編製

會計憑證，是指記錄經濟業務發生或者完成情況的書面證明，是登記帳簿的依據。每家企業都必須按一定的程式填制和審核會計憑證，根據審核無誤的會計憑證進行帳簿登記，如實反映企業的經濟業務。法律法規對會計憑證的種類、取得、審核、更正等內容規定。

會計憑證按其編製方式和用途的不同，分為「原始憑證」和「記帳憑證」。「原始憑證」是在經濟業務發生時取得或填制的，用以記錄和證明經濟業務發生或完成情況的文字憑證。「記帳憑證」是財會部門根據審核無誤的原始憑證或原始憑證匯總表，編製、記載經濟業務的簡要內容，確認會計分錄，作為直接記帳依據的一種會計憑證。

內文將分別介紹這兩類憑證。

什麼是原始憑證 1.1

原始憑證，是進行會計核算工作的原始資訊和重要依據，是會計工作中最具有法律效力的檔案。原始憑證的種類很多，例如薪給單、補助費用單、特別費用單、銀行結算單據、各種報銷單據等。

原始憑證按來源不同，可分為：1.「自製原始憑證」和 2.「外來原始憑證」。

1、**「自製原始憑證」**是由本單位經辦業務的部門和人員在執行或完成經濟業務時填制的憑證。自製原始憑證按其反映業務的方法不同，又可分為「一次原始憑證」、「累計原始憑證」和「匯總原始憑證」。

‧「一次原始憑證」例如現金收據、銀行結算憑證、收料單、領料單、發貨單等；

‧「累計原始憑證」例如限額領料單等；

‧「匯總原始憑證」例如發料匯總表、薪資結算匯總表等。

自製原始憑證的這三類細分憑證的製作，將在後文詳述。

2、**「外來原始憑證」**是在企業同外單位發生經濟業務時，從其他單位取得的原始憑證，由外單位的經辦人員填制。例如供應單位的發貨單等。外來原始憑證一般由稅務局等部門統一印製，或經稅務部門核准由經濟單位印製。

原始憑證按格式不同，可分為「通用憑證」和「專用憑證」。

‧「通用憑證」是由有關部門統一印製、在一定範圍內使用的、具有統一格式和使用方法的原始憑證。例如通用的增值稅發票、銀行轉帳結算憑證等。

‧「專用憑證」是由單位自行印製、僅在本單位內部使用的原始憑證。例如收料單、領料單、薪資費用分配單、折舊計算表等。

「原始憑證」包含的基本內容有 6 項，分別是原始憑證的名稱、填制憑證的日期、填制憑證的企業名稱或者填制人的姓名、經濟業務的內容摘要、經濟業務的金額、相關人員簽章等。「圖 1.1-1 報銷單包含的基本內容」顯示報銷單的基本形式，包括 6 項基本內容的格式和位置。

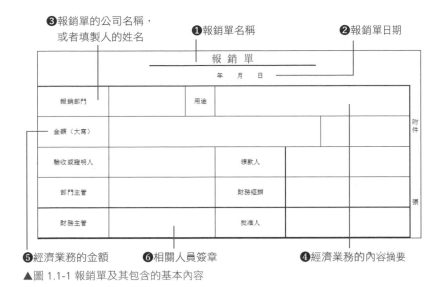

▲圖 1.1-1 報銷單及其包含的基本內容

「原始憑證」除應當具備圖 1.1-1 說明的 6 項基本內容外，還應當符合如下附加條件。

① 從外單位取得的原始憑證，應使用統一發票，發票上應印有稅務專用章，原始憑證必須加蓋填制單位的公章。

② 自製的原始憑證，必須要有經辦單位負責人或者由單位負責人指定的人員簽名或者蓋章。

③ 支付款項的原始憑證，必須要有收款單位和收款人的收款證明，不能僅以支付款項的有關憑證代替。

④ 購買實物的原始憑證，必須有驗收證明。

⑤ 銷售貨物發生退貨並退還貨款時，必須以退貨發票、退貨驗收證明和對方的收款收據作為原始憑證。

⑥ 職工公出借款填制的借款憑證，必須附在記帳憑證之後。

⑦ 經上級有關部門核准的經濟業務事項，應當將核准檔作為原始憑證的附件。

用 EXCEL 編製原始憑證　1.2

前文提到，「自製原始憑證」依其業務的方法不同，又可分為「一次原始憑證」、「累計原始憑證」和「匯總原始憑證」。以下將分別針對上述細分的三項原始憑證，進行 明和製表演練。

1.2.1 EXCEL 編製一次性原始憑證——報銷單

首先是「一次性原始憑證」的製作。

「一次性原始憑證」，是指對一項或若干項同類經濟業務，一次性地完成填制手續。「一次性原始憑證」是不能重複使用的原始憑證。所有的外來原始憑證和大部分自製原始憑證都屬於「一次性原始憑證」，例如收料單、入庫單、收款收據、報銷單等。

用 EXCEL 編製原始憑證範本，既美觀又專業，同時可以利用 EXCEL 的各種功能檢驗報表中公式、資訊的可靠性。

下面將以一次性原始憑證中的「報銷單」 為例，介紹如何用 EXCEL 編製報銷單。

一、新建 EXCEL 檔案。

打開「Microsoft Excel 2010」軟體。如「圖 1.2-1 打開 Microsoft Excel 2010 軟體」所示。

圖 1.2-1 打開 Microsoft Excel 2010 軟體

打開「Microsoft Excel 2010」軟體後，Excel 自動產生標題為「活頁簿 1.exl」的文件，「活頁簿 1.exl」包括 3 張工作表，分別是「工作表 1」、「工作表 2」、「工作表 3」，並預設「工作表 1」為目前工作表。如「圖 1.2-2 新建 EXCEL 檔案」所示。

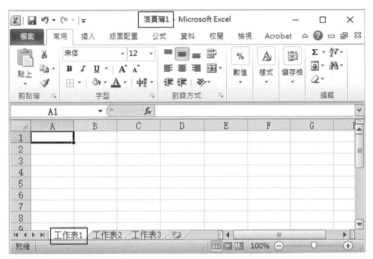

圖 1.2-2 新建 EXCEL 檔案

二、設定儲存格大小。

Step 1 點擊「工作表 1」左上角的按鍵，選擇整張工作表。

圖 1.2-3 選中整張工作表

整張工作表被選中時,如「圖 1.2-4 整張工作表被選中」所示。

圖 1.2-4 整張工作表被選中

Step 2 按住 A 欄、B 欄之間的間隔線,並向左移動。

圖 1.2-5 移動欄之間的間隔線

Step 3 移動間隔線的同時,觀察所顯示的「寬度」,看到「寬度:0.83(10 像素)」時,停止移動。如「圖 1.2-6 欄之間的間隔線被移動」所示。

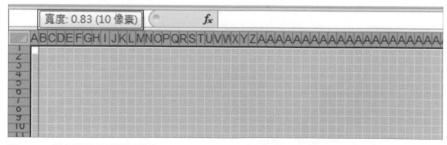

圖 1.2-6 欄之間的間隔線被移動

放開滑鼠，看到所有欄的寬度都被設定為「10 像素」。

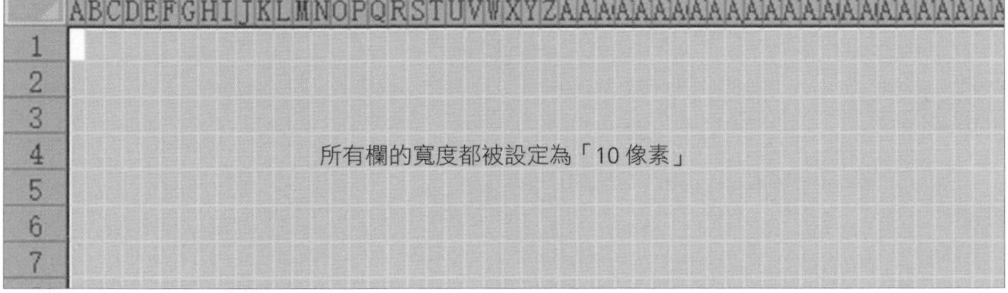

圖 1.2-7 欄之間的間隔被設定

Step 4 用相同的方法，設定各列的高度為「10 像素」。

完成後，各儲存格的大小如「圖 1.2-8 設定儲存格大小」所示。

圖 1.2-8 設定儲存格大小

結果詳見檔案 📁「CH1.2-01 編製標準網格表」之「設定儲存格大小」工作表

三、編製標準網格表。

設定儲存格大小之後，在「設定儲存格大小」工作表中選取部分儲存格，例如
A1~CZ50 儲存格（確保其列印面積可以覆蓋紙質報銷單）。

Step 1 右鍵點擊選中的儲存格。選擇「儲存格格式」。

圖 1.2-9 編製標準網格表

> **NOTE** 由於欄寬和列高均被壓縮到 10 像素，欄的字母標識也被壓縮，導致 AA 欄及其之後各欄的字
> 母標識僅顯示首字母，容易被誤解。
>
> 事實上，圖 1.2-10 欄的「正常」字母標識，以及「圖 1.2-11 欄的「壓縮」字母標識，其中
> 紅色框線所圈出的「欄的字母標識」，是一模一樣的。
>
> 圖 1.2-10 欄的「正常」字母標識
>
> 圖 1.2-11 欄的「壓縮」字母標識

Step 2 在彈出的對話方塊中,選擇「外框」。

 ─── 選擇「外框」

圖 1.2-12 設定儲存格格式——選擇外框

① 在「線條」的「樣式」選項中,選擇較細的「實線」。

② 在「線條」的「色彩」選項中,選擇淺粉色。

③ 點擊「格式」的「外框」按鍵,表示對所選中的儲存格設定「外框」,「外框」的樣式和色彩如「線條」的設定。

Step 3 點擊「格式」的「內線」按鍵,表示對所選中的儲存格設定「內線」,「內線」的樣式和色彩如「線條」的設定。如「圖 1.2-13 設定儲存格格式——外框細節」所示。點擊「確定」。

─── 設定「外框」和「內線」
─── 設定「線條樣式」
─── 設定「線條色彩」

圖 1.2-13 設定儲存格格式——外框細節

「儲存格格式」設定完畢後，標準網格表如「圖 1.2-14 編製標準網格表」所示。

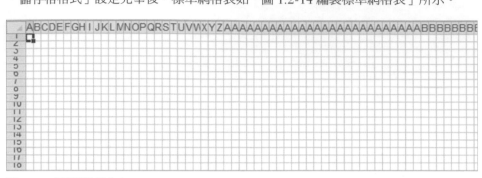

圖 1.2-14 編製標準網格表

結果詳見檔案 🗀「CH1.2-01 編製標準網格表」之「標準網格表」工作表

四、列印標準網格表。

並將報銷單複印在標準網格表上，如圖所示。

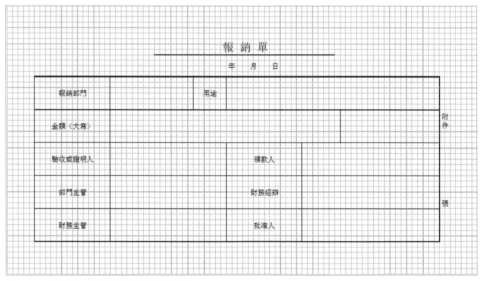

圖 1.2-15 將報銷單複製於標準網格表上

根據報銷單在標準網格表中的位置，透過「數格子」的方式，在標準網格表中繪製報銷單。

Step 1 打開檔案「CH1.2-01 編製標準網格表」之「設定儲存格大小」工作表。

(1) 選中 AE4~BK6 儲存格。

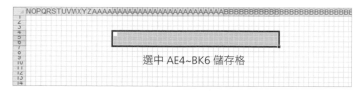

圖 1.2-16 在標準網格表上繪製報銷單——選擇儲存格

(2) 點擊工作列的「常用」按鍵，並點擊「跨欄置中」。

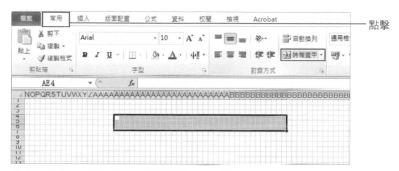

圖 1.2-17 在標準網格表上繪製報銷單——跨欄置中

則 AE4~BK6 儲存格被合併，且鍵入文字為「置中」設定。

圖 1.2-18 在標準網格表上繪製報銷單——合併儲存格且文字置中

(3) 在被合併的儲存格中鍵入「報 銷 單」。

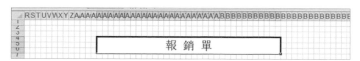

圖 1.2-19 在標準網格表上繪製報銷單——鍵入標題

Step 2 在選中 AE4~BK6 儲存格的情況下，點擊工作列的「常用」按鍵，並點擊「框線」的下拉選單鍵。選擇「粗下框線」。

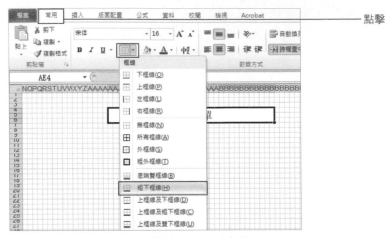

圖 1.2-20 在標準網格表上繪製報銷單——設定框線

則 AE4~BK6 儲存格的下框線為粗線條。報銷單其餘部分的繪製是類似的。

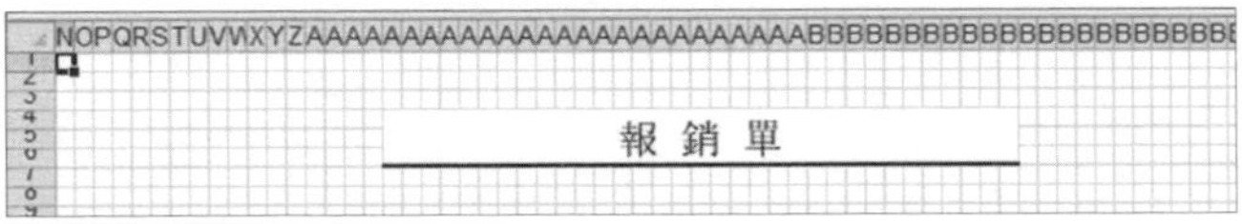

圖 1.2-21 在標準網格表上繪製報銷單——粗線下框

繪製的目標是，使得 EXCEL 檔案中繪製的報銷單與紙本的報銷單應儘量一致。如「圖 1.2-22 在標準網格表上繪製報銷單——完成」所示。

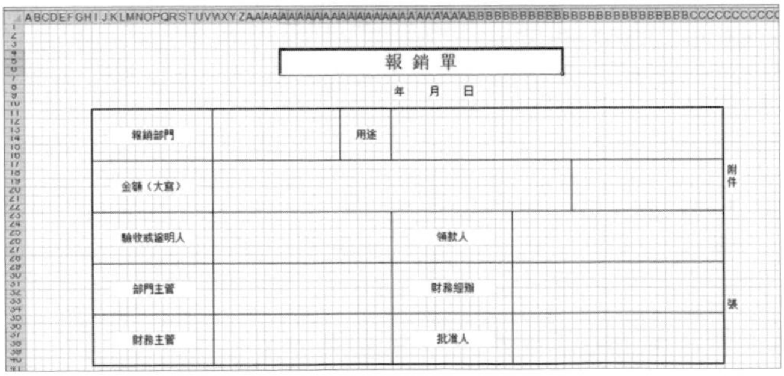

圖 1.2-22 在標準網格表上繪製報銷單——完成

結果詳見檔案 📂「CH1.2-02 報銷單」之「表格」工作表

五、為「報銷單」預留訊息鍵入的空間，並設定各鍵入空間的格式。

Step 1 打開檔案「CH1.2-02 報銷單」之「表格」工作表。

(1) 選中 AN8~AQ9 儲存格。

(2) 點擊工作列的「常用」按鍵，並點擊「跨欄置中」。

(3) 點擊工作列的「常用」按鍵，並選擇「Arial」字型。

(4) 點擊工作列的「常用」按鍵，「字型大小」選擇「10」。

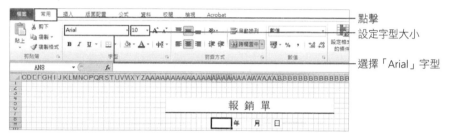

圖 1.2-23 設定各鍵入空間的格式——選擇字型

Step 2 點擊工作列的「常用」按鍵，垂直「對齊方式」選擇「置中對齊」，水平「對齊方式」選擇「置中」。

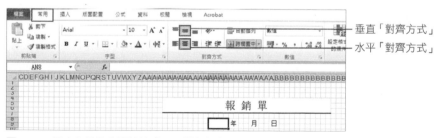

圖 1.2-24 設定各鍵入空間的格式——對齊方式

則 AN8~AQ9 儲存格被合併，且鍵入文字為「置中」設定，字型為「Arial」，「字型大小」為「10」，垂直「對齊方式」為「置中對齊」，水平「對齊方式」為「置中」。

NOTE 預設字型的設定

由於「字型：Arial」和「字型大小：10」很常用，我們可以將其設定為預設值。設定為預設值後，每次新建 EXCEL 檔案時，則預設鍵入的「字型」為「Arial」，「字型大小」為「10」。「設定為預設值」的方法如下。

1、點擊工作列「檔案」按鍵，並點擊「選項」。

圖 1.2-25 設定各鍵入空間的格式——預設步驟 1

2、在彈出的對話方塊中，點擊「一般」，「使用此字型」選擇「Arial」，「字型大小」選擇「10」。

圖 1.2-26 設定各鍵入空間的格式——預設步驟 2

3、點擊「確定」。

則預設「字型」被設定為「Arial」，預設「字型大小」被設定為「10」。

Step 3 對於其餘各鍵入空間的格式，按照下圖的指示，依次設定。

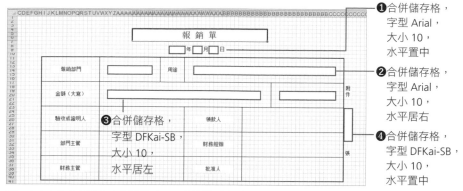

❶合併儲存格，
字型 Arial，
大小 10，
水平置中

❷合併儲存格，
字型 Arial，
大小 10，
水平居右

❹合併儲存格，
字型 DFKai-SB，
大小 10，
水平置中

❸合併儲存格，
字型 DFKai-SB，
大小 10，
水平居左

圖 1.2-27 設定各鍵入空間的格式——類似格式設定

Step 4 右鍵點擊 BO19~CB20 儲存格，選擇「儲存格格式」。

圖 1.2-28 設定各鍵入空間的格式——儲存格格式

在彈出的對話方塊中，點擊「數值」按鍵，設定「類別」為「貨幣」，「小數位數」選擇「0」，「符號」選擇「TWD」，「負數表示方式」選擇「TWD -1,234」。點擊「確定」。

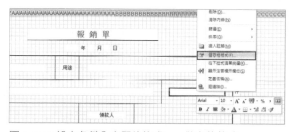

圖 1.2-29 設定各鍵入空間的格式——數字設定

Step 5 選中 CE23~CF30 儲存格。點擊「常用」按鍵,並點擊「粗體」。

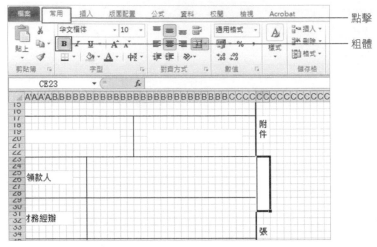

圖 1.2-30 設定各鍵入空間的格式——粗體設定

各鍵入空間的格式設定完成,如「圖 1.2-31 設定各鍵入空間的格式——完成」所示。

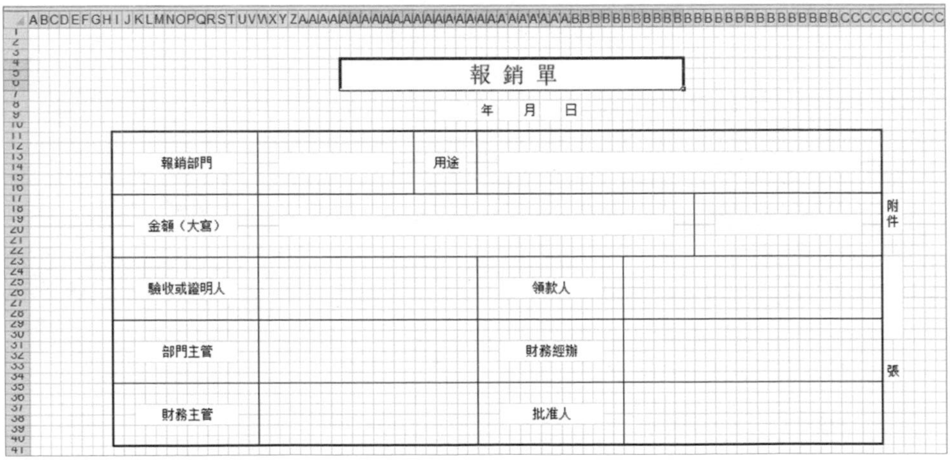

圖 1.2-31 設定各鍵入空間的格式——完成

結果詳見檔案 📂「CH1.2-02 報銷單」之「格式設定」工作表

六、填寫報銷單。

由於各鍵入空間的格式已設定，故直接鍵入報銷單資訊即可。填寫結果如「圖 1.2-32 填寫報銷單」所示。

圖 1.2-32 填寫報銷單

結果詳見檔案 🗁「CH1.2-02 報銷單」之「填寫範例」工作表

列印報銷單後，請相關人員在簽名處簽名。

NOTE

「合併儲存格」的使用

工作表中，「合併儲存格」預設定為「跨欄置中」。即當儲存格被「合併」後，「合併儲存格」中的資訊在儲存格中置中顯示。

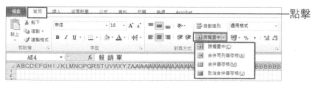

圖 1.2-33 合併儲存格——默認格式

「合併儲存格」時，也可以點擊「跨欄置中」的下拉選單鍵，選擇選單中的其他選項。例如，選擇「合併儲存格」，則合併後的儲存格資訊，按照原儲存格中的資訊對齊方式排列。
如要調整合併後儲存格中的資訊位置，則先點擊「跨欄置中→合併儲存格」，再選擇「對齊方式」。

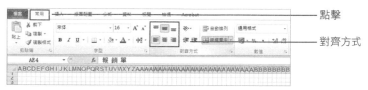

圖 1.2-34 合併儲存格——對齊方式

1.2.2 EXCEL 編製累計原始憑證——限額領料單

「累計原始憑證」，是指記錄一定期間內連續發生的同類經濟業務的自製原始憑證，其填制的內容隨著經濟業務事項的發生分次進行。上述提及的「一定期間」，通常以「月」為統計對象。限額領料單便是「累計原始憑證」的一種。

用 EXCEL 編製「累計原始憑證」的方法與編製「一次性原始憑證」類似。下面將以累計原始憑證中的「限額領料單」為例，介紹如何用 EXCEL 編製限額領料單。

假設我們已經利用 EXCEL 編製空白的限額領料單，如「圖 1.2-35 限額領料單——空白」所示。

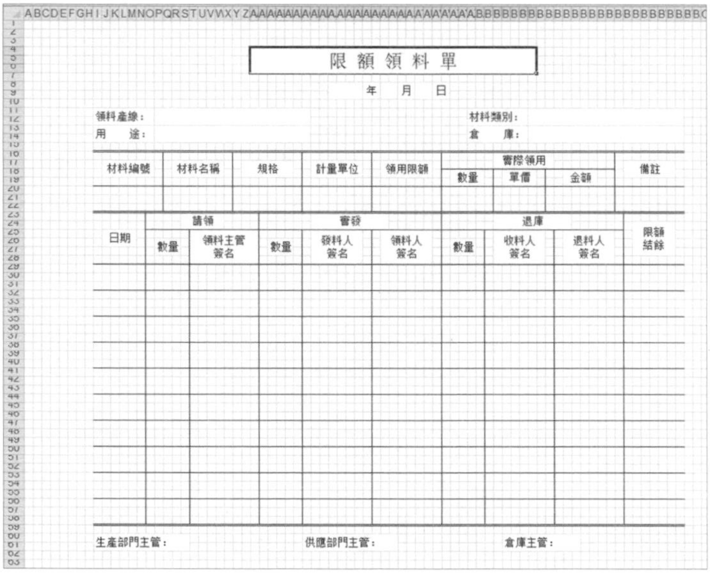
限額領料單

年 月 日

領料產線： 材料類別：

用 途： 倉 庫：

材料編號	材料名稱	規格	計量單位	領用限額	實際領用			備註
					數量	單價	金額	

日期	請領		實發			退庫			限額結餘
	數量	領料主管簽名	數量	發料人簽名	領料人簽名	數量	收料人簽名	退料人簽名	

生產部門主管： 供應部門主管： 倉庫主管：

圖 1.2-35 限額領料單——空白

結果詳見檔案 「CH1.2-03 限額領料單」之「格式設定」工作表

在上述「限額領料單」的空白表中，預留訊息鍵入的空間，對此要設定鍵入空間的格式，以便後續填寫詳細數據。包括：合併相應儲存格、設定對齊方式、設定字型、設定字型大小、設定儲存格的數據表達格式，等等。

之後，在填寫「限額領料單」時，由於各鍵入空間的格式已設定，直接鍵入限額領料單資訊即可。限額領料單的填寫示範如「圖 1.2-36 限額領料單——完成」所示。列印限額領料單後，請相關人員在簽名處簽名。

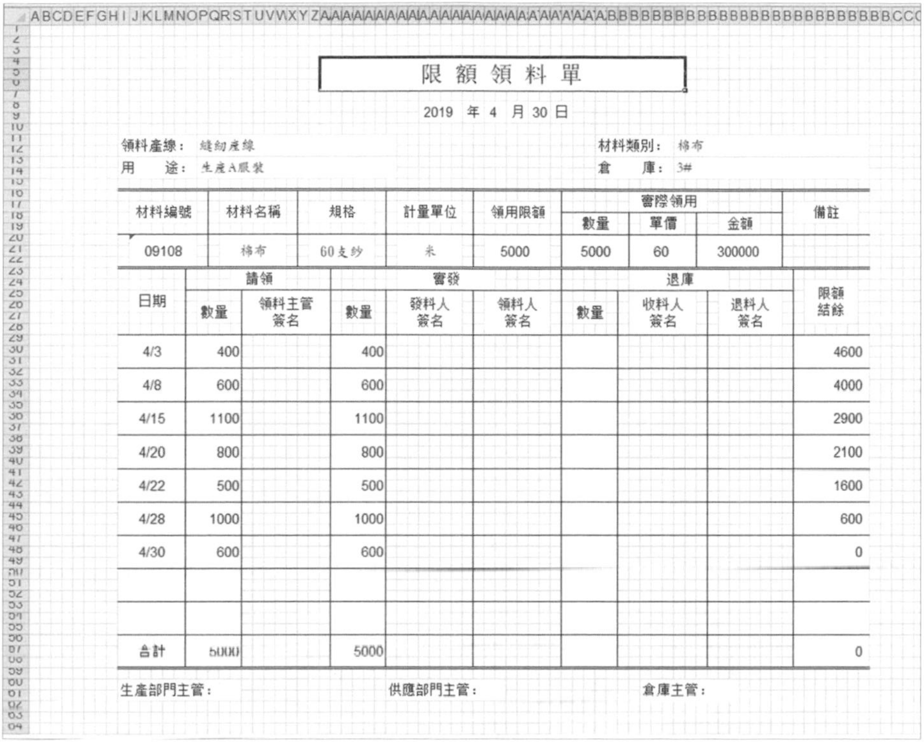

限額領料單

2019 年 4 月 30 日

領料產線：縫紉產線　　　　材料類別：棉布
用　　途：生產A服裝　　　　倉　　庫：3#

材料編號	材料名稱	規格	計量單位	領用限額	實際領用			備註
					數量	單價	金額	
09108	棉布	60支紗	米	5000	5000	60	300000	

日期	請領		實發			退庫			限額結餘
	數量	領料主管簽名	數量	發料人簽名	領料人簽名	數量	收料人簽名	退料人簽名	
4/3	400		400						4600
4/8	600		600						4000
4/15	1100		1100						2900
4/20	800		800						2100
4/22	500		500						1600
4/28	1000		1000						600
4/30	600		600						0
合計	5000		5000						0

生產部門主管：　　　　供應部門主管：　　　　倉庫主管：

圖 1.2-36 限額領料單——完成

結果詳見檔案 「CH1.2-03 限額領料單」之「填寫範例」工作表

1.2.3 EXCEL 編製匯總原始憑證——發料匯總表

「匯總原始憑證」是根據一定期間內，反映相同經濟業務的多張原始憑證匯總編製而成的自製原始憑證，集中反映某項經濟業務的發生情況。「匯總原始憑證」既可以簡化會計核算工作，又便於進行經濟業務的分析比較。薪資匯總表、現金收入匯總表、發料憑證匯總表等都是「匯總原始憑證」。

用 EXCEL 編製「匯總原始憑證」的方法與編製「一次性原始憑證」的方式類似。下面將以累計原始憑證中的「發料憑證匯總表」為例，介紹如何用 EXCEL 編製發料憑證匯總表。

假設我們已經利用 EXCEL 編製空白的發料憑證匯總表，如「圖 1.2-37 發料憑證匯總表——空白」所示。

發 料 匯 總 表

年　月　日

帳戶	領用部門及用途	甲材料		
		計畫成本	差異率	差異額
生產成本－基本生產成本				
製造費用				
管理費用				
合計				

主管：　會計：　複核：　記帳：　製單：

圖 1.2-37 發料匯總表——空白

結果詳見檔案 「CH1.2-04 發料匯總表」之「格式設定」工作表

上述「發料匯總表」的空白表中，同樣預留資訊鍵入的空間，對此同樣要設定各鍵入空間的格式，以便後續填寫詳細數據。發料匯總表的填寫示範如「圖 1.2-38 發料匯總表——完成」所示。列印發料匯總表後，請相關人員在簽名處簽名。

發 料 匯 總 表

2019 年 10 月 31 日

帳戶	領用部門及用途	甲材料		
		計畫成本	差異率	差異額
生產成本－基本生產成本	A產品	36000		-540
	B產品	42000		-630
	小計	78000		-1170
製造費用	一生產線	5000		-75
管理費用		3100		-47
合計		86100	-1.50%	-1292

主管：　會計：　複核：　記帳：　製單：

圖 1.2-38 發料憑總表——完成

結果詳見檔案 「CH1.2-04 發料匯總表」之「填寫範例」工作表

什麼是記帳憑證 1.3

「記帳憑證」是以「原始憑證」為基礎，「進化」而來的。雖然「記帳憑證」種類繁多，格式不一，但其主要作用都在於，根據登記帳簿的要求，對原始憑證進行分類、整理，運用會計科目，編製會計分錄，確定帳戶名稱、記帳方向（應借、應貸）和金額，是登記明細分類帳和總分類帳的依據。

實際工作中，為了便於登記帳簿，需要把來自不同單位或個人、種類繁多、數量龐大、格式大小不一的原始憑證加以歸類、整理，填制格式統一的「記帳憑證」，確定會計分錄並將相關的「原始憑證」附在記帳憑證後面。

記帳憑證和原始憑證的關係非常密切。它們有何異同呢？

	記帳憑證	原始憑證
用途	登記帳簿的依據	填制記帳憑證的依據
依據	審核無誤的原始憑證或原始憑證匯總表	根據發生或完成的經濟業務填制
登記規則	依據會計科目對已經發生或完成的經濟業務進行歸類、整理，指明記帳方向，確定會計分錄	用以記錄、證明經濟業務已經發生或完成，未要求會計科目和記帳方向
填制人員	一律由會計人員填制	由經辦人員填制

記帳憑證，按憑證的用途分類分為「通用記帳憑證」和「專用記帳憑證」兩大類。「通用記帳憑證」是一種適合所有經濟業務的記帳憑證，「專用記帳憑證」是專門用於某一類經濟業務的記帳憑證。

「通用記帳憑證」和「專用記帳憑證」的主要區別在於，兩者是否對經紀業務的內容作分類。「專用記帳憑證」按其反映經濟業務的內容不同，分為收款憑證、付款憑證和轉帳憑證。「通用記帳憑證」是相對於專用記帳憑證而言的，它並沒有將記帳憑證按照經濟業務的內容進行分類，發生什麼樣的經濟業務就直接做會計分錄，不用再進行詳細分類。也就是說，採用通用記帳憑證，將經濟業務所涉及的會計科目全部填列在一張憑證內，借方在前，貸方在後，將各會計科目所記應借應貸的金額填列在「借方金額」和「貸方金額」欄內。

企業究竟採用哪種記帳憑證，要根據企業活動的特點決定。大中型企業常選擇「專用記帳憑證」。業務量少、憑證不多的小型企事業單位一般選擇「通用記帳憑證」。

用 EXCEL 編製記帳憑證　1.4

前文提到，「記帳憑證」按用途的不同，可以分為「通用記帳憑證」和「專用記帳憑證」兩大類。以下將分別針對這兩類記帳憑證進行說明和製表演練。

1.4.1 EXCEL 編製專用記帳憑證

「專用記帳憑證」分類反映經濟業務，是專門用來記錄某一類經濟業務的記帳憑證。**「專用記帳憑證」按其記錄的經濟業務內容，可以分為「收款憑證」、「付款憑證」和「轉帳憑證」三種**，都可以用 1.2 章節介紹的方法在 EXCEL 中編製憑證。

「收款憑證」，是指專門用於登記現金和銀行存款收入業務的記帳憑證，在憑證的左上角列示借方科目（銀行存款或庫存現金）。「收款憑證」根據有關現金和銀行存款收入業務的原始憑證填制，是登記現金日記帳、銀行存款日記帳以及有關明細帳和總帳等帳簿的依據。

空白「收款憑證」的編製結果如「圖 1.4-1 收款憑證——空白」所示。

圖 1.4-1 收款憑證——空白

結果詳見檔案 📁「CH1.4-01 收款憑證」之「格式設定」工作表

空白憑證的填寫，本節不再詳述，可參考 1.2 章節的說明。「收款憑證」的填寫示範如「圖 1.4-2 收款憑證——完成」所示。

圖 1.4-2 收款憑證——完成

結果詳見檔案 「CH1.4-01 收款憑證」之「填寫範例」工作表

「付款憑證」，是指專門用於登記現金和銀行存款支出業務的記帳憑證，在憑證的左上角列示貸方科目（銀行存款或庫存現金）。「付款憑證」根據有關現金和銀行存款支付業務的原始憑證填制，是登記現金日記帳、銀行存款日記帳以及有關明細帳和總帳等帳簿的依據。

空白「付款憑證」的編製結果如「圖 1.4-3 付款憑證——空白」所示。

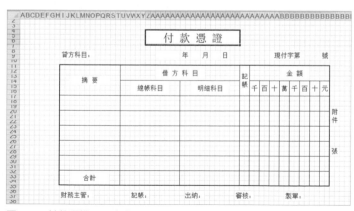

圖 1.4-3 付款憑證——空白

結果詳見檔案 「CH1.4-02 付款憑證」之「格式設定」工作表

「付款憑證」的填寫示範如「圖 1.4-4 付款憑證——完成」所示。

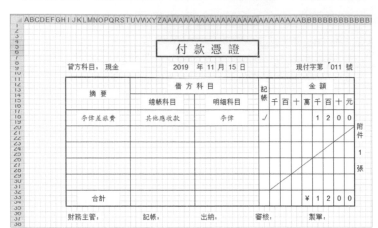

圖 1.4-4 付款憑證——完成

結果詳見檔案 📁「CH1.4-02 付款憑證」之「填寫範例」工作表

「轉帳憑證」，是指用於記錄不涉及現金和銀行存款業務的記帳憑證，也就是專門用於登記現金和銀行存款收付業務以外的記帳憑證業務。「轉帳憑證」根據有關轉帳業務的原始憑證填制，是登記有關明細帳和總帳等帳簿的依據。

空白「轉帳憑證」的編製結果如「圖 1.4-5 轉帳憑證——空白」所示。

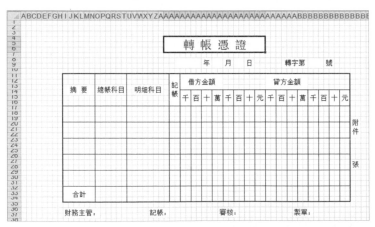

圖 1.4-5 轉帳憑證——空白

結果詳見檔案 📁「CH1.4-03 轉帳憑證」之「格式設定」工作表

「轉帳憑證」的填寫示範如「圖 1.4-6 轉帳憑證——完成」所示。

轉帳憑證

2019 年 4 月 25 日　　轉字第 6 號

摘要	總帳科目	明細科目	記帳	借方金額								貸方金額							
				千	百	十	萬	千	百	十	元	千	百	十	萬	千	百	十	元
購入材料	物資採購	甲材料	✓				2	0	0	0	0								
未付款	應交稅金	應交增值稅						3	4	0	0								
	應付帳款	C公司													2	3	4	0	0
合計						¥	2	3	4	0	0			¥	2	3	4	0	0

附件 3 張

財務主管：　記帳：　審核：　製單：

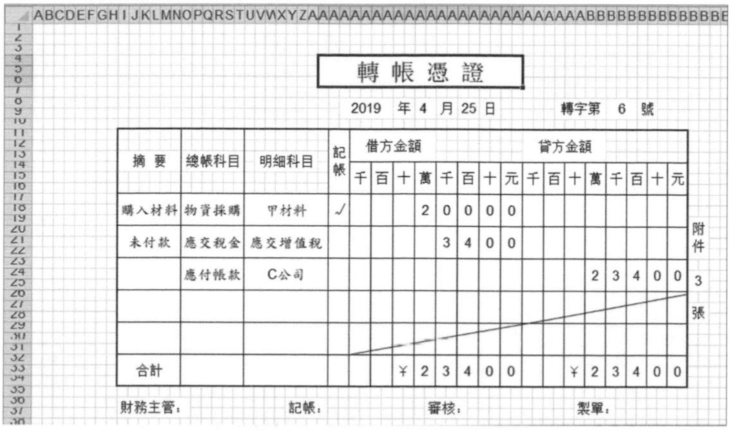

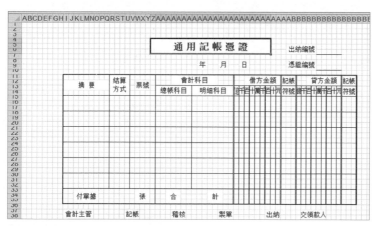

圖 1.4-6 轉帳憑證——完成

結果詳見檔案 「CH1.4-03 轉帳憑證」之「填寫範例」工作表

1.4.2 EXCEL 編製通用記帳憑證

「通用記帳憑證」是相對「專用記帳憑證」而言的，沒有將記帳憑證按照內容進行分類，為各類經濟業務所共同使用，其格式與轉帳憑證基本相同。

同樣運用 1.2 章節介紹的方法，在 EXCEL 中編製空白的通用記帳憑證。空白「通用記帳憑證」的編製結果如「圖 1.4-7 通用記帳憑證——空白」所示。

通用記帳憑證　　出納編號

年　月　日　　憑證編號

摘要	結算方式	票號	會計科目		借方金額	記帳	貸方金額	記帳
			總帳科目	明細科目	億千百十萬千百十元	符號	億千百十萬千百十元	符號
付單據		張	合	計				

會計主管　記帳　稽核　製單　出納　交領款人

圖 1.4-7 通用記帳憑證——空白

結果詳見檔案 「CH1.4-04 通用記帳凭証」之「格式設定 1」工作表

在「通用記帳憑證」中，金額填寫處的儲存格寬度較窄，為了讓金額以及對應的金額單位「億」、「千」、「百」等充分顯示在儲存格中，需要調整字型大小。

首先利用快捷鍵將「億」、「千」、「百」……的字型縮小。

打開檔案「CH1.4-04 通用記帳憑証」之「格式設定 1」工作表。

Step 1 選中 AP13 儲存格。

　　　　點擊工作列的「常用」按鍵，並點擊「縮小字型」的快捷按鍵。

圖 1.4-8 縮小金額單位字型——快捷按鍵

　　　　點擊兩下「縮小字型」的快捷按鍵後，發現 AP13 儲存格的字型縮小，符合儲存格空間。此時，快捷按鍵左側的字型大小由「10」降低為「8」。

圖 1.4-9 縮小金額單位字型——完成

Step 2 對於「千」、「百」……等儲存格做類似的操作。

接著調整「金額」的字型大小，使其自動符合儲存格大小。

Step 1 選中 AP15~AP17 儲存格。點擊工作列「常用」按鍵，並點擊「跨欄置中」。

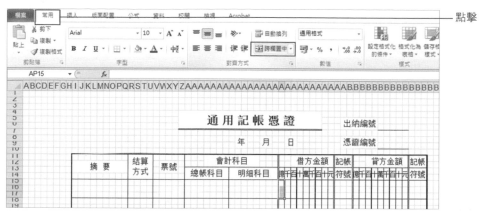

圖 1.4-10 縮小金額字型——跨欄置中

Step 2 右鍵點擊 AP15 儲存格，選擇「儲存格格式」。在彈出的對話方塊中，點擊「對齊」，勾選「縮小字型以適合欄寬」。點擊「確定」。

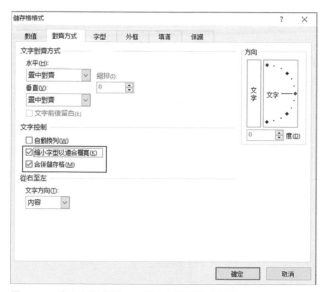

圖 1.4-11 縮小金額字型——縮小字型以適合欄寬

字型大小便會根據儲存格大小自動調整。

Step 3 點擊工作列「常用」按鍵,並點擊垂直「靠下對齊」。這是因為,對於內容為「金額」的儲存格,習慣於用垂直「靠下對齊」的方式。

圖 1.4-12 縮小金額字型——靠下對齊

Step 4 對於各「金額」的儲存格做類似的操作。完成後,如「圖 1.4-13 縮小金額字型——完成」所示。

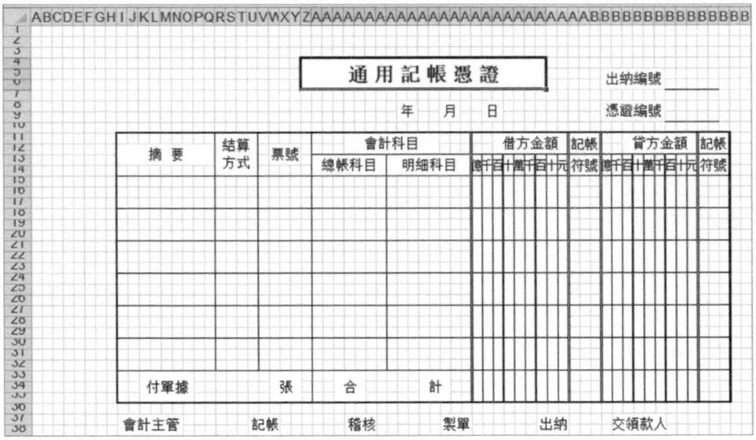

圖 1.4-13 縮小金額字型——完成

結果詳見檔案 📁「CH1.42-04 通用記帳憑証」之「格式設定 2」工作表

Chapter 2

財務報表的編製

「企業財務報表」，是企業對外提供反映企業財務狀況和經營狀況的報表，也是企業年度報告的核心部分。最常用的「企業財務報表」包括三類，「資產負債表」、「損益表」和「現金流量表」。

「資產負債表」、「損益表」和「現金流量表」所提供的資訊，彼此間既相互聯繫又各有側重。

「資產負債表」是「損益表」和「現金流量表」的基礎。

例如，資產負債表期初的「未分配利潤」，加上企業當期從營業收入、其他業務收入、投資收益、營業外收入等管道賺得的錢，扣除成本、費用、稅金，提取法定盈餘公積和任意盈餘公積並扣除當期分紅，就是資產負債表期末的「未分配利潤」。

又如，資產負債表期初的「貨幣資金」，加上企業當期在經營、投資和籌資三類活動中分別獲得的現金淨流量淨額，加上資產負債表中貨幣資金的期初餘額，等於貨幣資金的期末餘額。

「損益表」和「現金流量表」也是相互關聯的。

損益表當期的淨利潤加上資產負債表中「資產減值準備」、「固定資產折舊」、「油氣資產折耗」、「生產性生物資產折舊」、「無形資產攤銷」、「長期待攤費用攤銷」、「處置固定資產、無形資產和其他長期資產的損失」、「固定資產報廢損失」、「公允價值變動損失」、「財務費用」、「投資損失」、「遞延所得稅資產減少」、「遞延所得稅負債增加」、「存貨減少」、「經營性應收項目減少」、「經營性應付項目增加」，可以得到經營活動產生的現金流淨額。

財務報表的框架通常包括三部分：「表頭」、「正表」和「附註」。

①「表頭」：報表名稱、編製企業、編製日期、貨幣單位等。

②「正表」：報表的基本內容。

③「附註」：對正表中未能說明的事項或明細作補充說明。

損益表 2.1

「損益表」也稱「損益表」或「收益表」，呈現的是某一期間（月／季／年）企業經營成果，也可以包括經營成果的分配過程。

「損益表」的基本結構是，收入減去成本、費用，再加上各項其他收支。反映企業在某一經營期間的營業收入、營業成本、各項費用和實現利潤的情況。一般來說，「損益表」主要反映整個報告期內企業做了些什麼，做得怎麼樣，也就是說，企業是怎樣賺錢的。

「損益表」的重點是淨利潤，是一家企業報告期內所得到的最終收益。淨利潤是透過「損益表」中一串數字的加減運算得來的，淨利潤的取得過程正是這一串數字要表達的。從這一串數字中，投資人可以了解到淨利潤的價值。

「損益表」每年結算一次，即「損益表」上的科目在結算之後都歸零，「損益表」上的差額轉入「資產負債表」的資本項目下。「損益表」也可按月結算，但每月結算後並不歸零，到年底清算。

編製「損益表」，可以透過「普通日記帳簿」產生的「累計試算表」計算而得，「資產負債表」若是直接利用「損益表」的結果將更容易編製，「現金流量表」則根據「日記帳簿」來編製。

下面將先介紹「損益表」的編製，之後介紹「資產負債表」的編製，最後介紹「現金流量表」的編製。

2.1.1 損益表的製表原則

「損益表」有兩種形式。

①「損益表」既反映企業在一定期間內的經營成果，又反映經營成果的分配過程。

②「損益表」只反映經營成果，「利潤分配表」另行編製。

實際工作中，企業一般按「月」編製「損益表」，但除年終外各月的利潤具有預期性，因此利潤只有在年終計算後分配。所以上述第②種「損益表」的形式更常用。

「損益表」的結構有多種，最常用的是「多步式損益表」，按照企業損益的構成因素，將「損益表」分解成多個步驟。包括：

① 企業主營業務利潤，

② 企業營業利潤，

③ 企業的利潤總額，

④ 企業的淨利潤，以及

⑤ 歸屬於母公司所有者的淨利潤。

項目	本期金額
一、主營業務收入	
減：主營業務成本	
主營業務稅金及附加	
二、主營業務利潤	
加：其他業務利潤	
減：銷售費用	
管理費用	
財務費用	
三、營業利潤	
加：投資收益	
津貼收入	
營業外收入	
減：營業外支出	
加：以前年度損益調整	
四、利潤總額	
減：所得稅	
五、淨利潤	
歸屬於母公司所有者的淨利潤	
少數股東損益	

圖 2.1-1 「損益表」的結構

「損益表」遵循恆等式：利潤 = 收入－費用。

收入和費用有「營業內」和「營業外」之分。

①「營業內」的收入和費用，與企業生產經營過程有著直接關係的營業性活動，造成了這部分的收入和費用。

②「營業外」的收入和費用，則是與生產經營過程無直接關係的非營業性活動創造的收入和產生的費用。

例如，「營業內」收入可能是企業銷售商品的所得，可能是企業提供服務的所得等。「營業外」收入可能是政府津貼，可能是企業一次性債務重組的收益等。

又如，「營業內」費用包括直接費用和期間費用。直接費用有原材料、員工薪資、生產設備折舊、生產消耗的燃料動力等，在損益表中屬於「營業成本」；期間費用，簡言之是「管銷財」費用——管理費用發生於企業組織和管理經營活動，銷售費用發生於企業廣告、運輸等支出，財務費用發生於企業借款的利息支出。「營業外」費用可以是處理無形資產造成的損失，處理固定資產造成的損失等等。

在「圖 2.1-1 損益表」的結構中，「一、主營業務收入」和「二、主營業務利潤」可以看作「營業內」的收入和費用，「三、營業利潤」可以看作「營業外」的收入和費用。

「損益表」中出現了多種叫做「利潤」的資料，乍看有混淆視聽的感覺，但其實，只要跟著「損益表」的思路，就能明白每一種「利潤」代表的含意。

在**「損益表」的架構**中，從上往下看。

一、主營業務收入就是「營業內」的「主要」收入。接著，扣除第一項費用「營業成本」和第二項費用「營業稅金及附加」，得到了二、**主營業務利潤**。此處的「營業成本」和「營業稅金及附加」兩項費用，屬於直接費用。

主營業務利潤先加上「營業內」的「次要」收入，也就是「其他業務利潤」，然後扣除「管銷財」三費用，得到三、**營業利潤**。「管銷財」三費用指的是營業費用、管理費用和財務費用，它們屬於期間費用，透過「三費用」金額可以考察出企業的內部管理能力。

根據「利潤＝收入－費用」恆等式，營業利潤就是企業的「營業內」利潤。由於這一過程中的收入和費用全部針對企業的生產經營過程（企業核心業務），撇開生產經營之外各項活動的影響，因此充分顯示出企業最主要的生產經營活動是否賺錢，對於判斷企業自身的經營業績尤其重要，這應該是投資人最需要關心的利潤之一。

此後，進入「營業外」部分。營業利潤加上「投資收益」、「津貼收入」和「營業外收入」後，扣除「營業外支出」，並加上可能的「以前年度損益調整」，得到**四、利潤總額**，也就是我們通常所說的「稅（所得稅）前收入」。

「投資收益」是企業投資其他企業所取得的利潤、股利和債券利息等收入減去投資損失後的淨收益。

「津貼收入」主要來源於政府補助，是企業從政府無償取得貨幣性資產或非貨幣性資產，例如財政貼息、研究開發津貼、政策性津貼，等等。

一般來說，「營業外收入」和「營業外支出」是和企業生產經營過程沒有直接關係的非營業性活動，以及與投資業務無關的收入和支出。

利潤總額扣除所得稅後，得到企業的**五、淨利潤**。淨利潤是「損益表」的重點，由兩項資訊組成：

① 歸屬於母公司所有者的淨利潤；

② 少數股東損益。

這種區分是因為，當一家企業擁有子企業的股權超過 50% 但不足 100% 時（假設 X%），子企業股東權益的一部分（X%）屬於母企業所有，其餘權益（100%—X%）則屬於外界其他股東所有，由於後者（100%—X%）在子企業全部股權中不足 50%，因此被稱為「少數股東」。極端情況下，當一家企業的母企業持有其股權為 100% 時，這家企業的淨利潤就是「歸屬於母公司所有者的淨利潤」。

我們經常說的企業「淨利潤」就是「歸屬於母公司所有者的淨利潤」。

▌2.1.2 損益表的資訊來源

正式編製「損益表」之前，我們必須準備好「資訊來源」，即「普通日記帳簿」產生的「累計試算表」。

一、打開「普通日記帳簿」。

打開檔案「CH2.1-01 普通日記帳簿」之「日記帳簿」工作表。這份「普通日記帳簿」是屬於貿易性企業的，在不考慮相關稅金情況下的普通日記帳簿，記錄的是「2019年 1 月 ~3 月普通日記帳簿」。如「圖 2.1-2 普通日記帳簿」所示。

普通日記帳簿

年	月	日	傳票類別	傳票號數	摘要	科目代碼	科目名稱	借方	貸方
2019	1	1	記	130101-001	期初開帳	1002	銀行存款	NT$5,000,000	
2019	1	1	記	130101-001	期初開帳	3101	實收資本		NT$5,000,000
2019	1	5	記	130105-002	提取備用金	1101	現金	NT$3,000	
2019	1	5	記	130105-002	轉備用金	1002	銀行存款		NT$3,000
2019	1	5	記	130105-003	購入貨品	1243	庫存商品	NT$100,000	
2019	1	5	記	130105-003	購入貨品	2121	應付帳款		NT$100,000
2019	1	10	記	130110-004	購入貨品	1243	庫存商品	NT$160,000	
2019	1	10	記	130110-004	購入貨品	2121	應付帳款		NT$160,000
2019	1	15	記	130115-005	賣出商品	1131	應收帳款	NT$300,000	
2019	1	15	記	130115-005	賣出商品	5101	主營業務收入		NT$300,000
2019	1	15	記	130115-006	庫存商品轉主營業務成本	4101	主營業務成本	NT$150,000	
2019	1	15	記	130115-006	庫存商品轉主營業務成本	1243	庫存商品		NT$150,000
2019	1	20	記	130120-007	賣出商品	1131	應收帳款	NT$200,000	
2019	1	20	記	130120-007	賣出商品	5101	主營業務收入		NT$200,000
2019	1	20	記	130120-008	庫存商品轉主營業務成本	4101	主營業務成本	NT$100,000	
2019	1	20	記	130120-008	庫存商品轉主營業務成本	1243	庫存商品		NT$100,000
2019	1	25	記	130125-009	1月租金	550108	租金費用	NT$10,000	
2019	1	25	記	130125-009	1月水電	550109	水電費用	NT$3,500	
2019	1	25	記	130125-009	付1月租金、水電費	1002	銀行存款		NT$13,500
2019	1	25	記	130125-010	1月交通費	550103	交通費用	NT$660	
2019	1	25	記	130125-010	1月電話費	550104	電話費用	NT$220	
2019	1	25	記	130125-010	1月辦公用品費	550106	辦公用品費用	NT$260	
2019	1	25	記	130125-010	1月列印費	550107	列印費用	NT$140	
2019	1	25	記	130125-010	付1月交通、電話、辦公用品、列印費	1101	現金		NT$1,280
2019	1	31	記	130131-011	1月行銷費	550102	行銷費用	NT$1,050	
2019	1	31	記	130131-011	1月交際費	550105	交際費用	NT$1,800	
2019	1	31	記	130131-011	付1月行銷、交際費	1002	銀行存款		NT$2,850
2019	1	31	記	130131-012	1月業務員薪資	550101	業務員薪資費用	NT$35,000	
2019	1	31	記	130131-012	1月人事薪資	550201	人事薪資費用	NT$12,000	
2019	1	31	記	130131-012	1月薪資	1002	銀行存款		NT$47,000
2019	1	31	記	130131-013	1月應收轉銀行存款	1002	銀行存款	NT$300,000	
2019	1	31	記	130131-013	1月應收帳款	1131	應收帳款		NT$300,000
2019	1	31	記	130131-014	1月應收款轉銀行存款	1002	銀行存款	NT$200,000	
2019	1	31	記	130131-014	1月應收帳款	1131	應收帳款		NT$200,000
2019	1	31	記	130131-015	銀行存款轉1月應付款	2121	應付帳款	NT$100,000	
2019	1	31	記	130131-015	1月應付款	1002	銀行存款		NT$100,000
2019	1	31	記	130131-016	銀行存款1月應付款	2121	應付帳款	NT$160,000	
2019	1	31	記	130131-016	1月應付款	1002	銀行存款		NT$160,000
2019	2	8	記	130208-001	購入貨品	1243	庫存商品	NT$210,000	
2019	2	8	記	130208-001	購入貨品	2121	應付帳款		NT$210,000
2019	2	15	記	130215-002	賣出商品	1131	應收帳款	NT$300,000	
2019	2	15	記	130215-002	賣出商品	5101	主營業務收入		NT$300,000
2019	2	15	記	130215-003	庫存商品轉主營業務成本	4101	主營業務成本	NT$150,000	
2019	2	15	記	130215-003	庫存商品轉主營業務成本	1243	庫存商品		NT$150,000
2019	2	18	記	130218-004	購入貨品	1243	庫存商品	NT$150,000	
2019	2	18	記	130218-004	購入貨品	2121	應付帳款		NT$150,000
2019	2	20	記	130220-005	賣出商品	1131	應收帳款	NT$320,000	
2019	2	20	記	130220-005	賣出商品	5101	主營業務收入		NT$320,000
2019	2	20	記	130220-006	庫存商品轉主營業務成本	4101	主營業務成本	NT$160,000	
2019	2	20	記	130220-006	庫存商品轉主營業務成本	1243	庫存商品		NT$160,000
2019	2	25	記	130225-007	2月租金	550108	租金費用	NT$10,000	
2019	2	25	記	130225-007	2月水電	550109	水電費用	NT$3,800	
2019	2	25	記	130225-007	付2月租金、水電費	1002	銀行存款		NT$13,800
2019	2	25	記	130225-008	2月交通費	550103	交通費用	NT$800	
2019	2	25	記	130225-008	2月電話費	550104	電話費用	NT$300	
2019	2	25	記	130225-008	2月列印費	550107	列印費用	NT$200	
2019	2	25	記	130225-008	付2月交通、電話、列印費	1101	現金		NT$1,300
2019	2	28	記	130228-009	2月行銷費	550102	行銷費用	NT$1,300	
2019	2	28	記	130228-009	2月交際費	550105	交際費用	NT$900	
2019	2	28	記	130228-009	付2月行銷、交際費	1002	銀行存款		NT$2,200
2019	2	28	記	130228-010	2月業務員薪資	550101	業務員薪資費用	NT$35,500	
2019	2	28	記	130228-010	2月人事薪資	550201	人事薪資費用	NT$12,000	
2019	2	28	記	130228-010	付2月薪資	1002	銀行存款		NT$47,500
2019	2	28	記	130228-011	2月應收款	1002	銀行存款	NT$300,000	
2019	2	28	記	130228-011	2月應收款轉銀行存款	1131	應收帳款		NT$300,000
2019	2	28	記	130228-012	2月應收款	1002	銀行存款	NT$320,000	
2019	2	28	記	130228-012	2月應收款轉銀行存款	1131	應收帳款		NT$320,000
2019	2	28	記	130228-013	銀行存款2月應付款	2121	應付帳款	NT$210,000	
2019	2	28	記	130228-013	2月應付款	1002	銀行存款		NT$210,000
2019	2	28	記	130228-014	銀行存款轉2月應付款	2121	應付帳款	NT$150,000	
2019	2	28	記	130228-014	2月應付款	1002	銀行存款		NT$150,000
2019	3	4	記	130304-001	賣出商品	1131	應收帳款	NT$100,000	
2019	3	4	記	130304-001	賣出商品	5101	主營業務收入		NT$100,000
2019	3	4	記	130304-002	庫存商品轉主營業務成本	4101	主營業務成本	NT$50,000	
2019	3	4	記	130304-002	庫存商品轉主營業務成本	1243	庫存商品		NT$50,000
2019	3	5	記	130305-003	提取備用金	1101	現金	NT$3,000	
2019	3	5	記	130305-003	轉備用金	1002	銀行存款		NT$3,000

年	月	日	傳票類別	傳票號數	摘要	科目代碼	科目名稱	借方	貸方
2019	3	6	記	130306-004	購入貨品	1243	庫存商品	NT$130,000	
2019	3	6	記	130306-004	購入貨品	2121	應付帳款		NT$130,000
2019	3	8	記	130308-005	購入貨品	1243	庫存商品	NT$190,000	
2019	3	8	記	130308-005	購入貨品	2121	應付帳款		NT$190,000
2019	3	12	記	130312-006	賣出商品	1131	應收帳款	NT$280,000	
2019	3	12	記	130312-006	賣出商品	5101	主營業務收入		NT$280,000
2019	3	12	記	130312-007	庫存商品轉主營業務成本	4101	主營業務成本	NT$140,000	
2019	3	12	記	130312-007	庫存商品轉主營業務成本	1243	庫存商品		NT$140,000
2019	3	20	記	130320-008	賣出商品	1131	應收帳款	NT$320,000	
2019	3	20	記	130320-008	賣出商品	5101	主營業務收入		NT$320,000
2019	3	20	記	130320-009	庫存商品轉主營業務成本	4101	主營業務成本	NT$160,000	
2019	3	20	記	130320-009	庫存商品轉主營業務成本	1243	庫存商品		NT$160,000
2019	3	25	記	130325-010	3月租金	550108	租金費用	NT$10,000	
2019	3	25	記	130325-010	3月水電	550109	水電費用	NT$3,100	
2019	3	25	記	130325-010	付3月租金、水電費	1002	銀行存款		NT$13,100
2019	3	25	記	130325-011	3月交通費	550103	交通費用	NT$750	
2019	3	25	記	130325-011	3月電話費	550104	電話費用	NT$230	
2019	3	25	記	130325-011	3月列印費	550106	辦公用品費用	NT$110	
2019	3	25	記	130325-011	付3月交通、電話、列印費	1101	現金		NT$1,090
2019	3	31	記	130331-012	3月行銷費	550102	行銷費用	NT$800	
2019	3	31	記	130331-012	3月交際費	550105	交際費用	NT$450	
2019	3	31	記	130331-012	付3月行銷、交際費	1002	銀行存款		NT$1,250
2019	3	31	記	130331-013	3月業務員薪資	550101	業務員薪資費用	NT$22,000	
2019	3	31	記	130331-013	3月人事薪資	550201	人事薪資費用	NT$11,000	
2019	3	31	記	130331-013	付3月薪資	1002	銀行存款		NT$33,000
2019	3	31	記	130331-014	3月應收轉銀行存款	1002	銀行存款	NT$100,000	
2019	3	31	記	130331-014	3月應收款	1131	應收帳款		NT$100,000
2019	3	31	記	130331-015	3月應收款轉銀行存款	1002	銀行存款	NT$280,000	
2019	3	31	記	130331-015	3月應收款	1131	應收帳款		NT$280,000
2019	3	31	記	130331-016	3月應收款轉銀行存款	1002	銀行存款	NT$320,000	
2019	3	31	記	130331-016	3月應收款	1131	應收帳款		NT$320,000
2019	3	31	記	130331-017	銀行存款轉3月應付款	2121	應付帳款	NT$130,000	
2019	3	31	記	130331-017	3月應付款	1002	銀行存款		NT$130,000
2019	3	31	記	130331-018	銀行存款轉3月應付款	2121	應付帳款	NT$190,000	
2019	3	31	記	130331-018	3月應付款	1002	銀行存款		NT$190,000

圖 2.1-2 普通日記帳簿

結果詳見檔案 📁「CH2.1-01 普通日記帳簿」之「日記帳簿」工作表

二、利用「普通日記帳簿」產生原始「樞紐分析表」。

Step 1 選中「日記帳簿」工作表的 A2~J114 儲存格。點擊工作列「插入」按鍵，並點擊「樞紐分析表」。

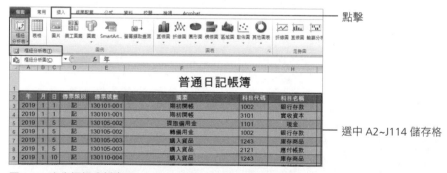

點擊

選中 A2~J114 儲存格

圖 2.1-3 產生樞紐分析表 -1

Step 2 在彈出的對話方塊中確認「表格／範圍」，「表格／範圍」應為「日記帳
簿!$A$2:$J$114」。點擊「確定」。

圖 2.1-4 產生樞紐分析表 -2

EXCEL 自動產生「工作表 1」工作表，即為用於編製「樞紐分析表」的工作表。

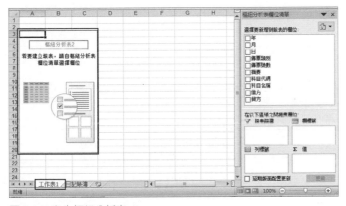

圖 2.1-5 產生樞紐分析表 -3

Step 3 右鍵點擊「工作表 1」標籤，選擇「重新命名」。

圖 2.1-6 產生樞紐分析表 -4

在原「工作表 1」標籤處，鍵入「樞紐分析表」。則工作表名稱改寫為「樞紐分析表」。

圖 2.1-7 產生樞紐分析表 -5

(1)在「樞紐分析表」工作表中，將「欄位清單」中的「月」移到「報表篩選」區域，表示「樞紐分析表」可以按「月」篩選資訊。

(2)在「樞紐分析表」工作表中，將「欄位清單」中的「科目代碼」和「科目名稱」移到「列標籤」區域，表示報表的列資訊將顯示「科目代碼」和「科目名稱」。

(3)在「樞紐分析表」工作表中，將「欄位清單」中的「借方」和「貸方」移到「Σ值」區域，表示報表將顯示「借方」和「貸方」的訊息。

由於「日記帳簿」工作表的 I 欄「借方」和 J 欄「貸方」儲存格中存在空白儲存格，因此「Σ值」的計算預設為「計數」。

圖 2.1-8 產生樞紐分析表 -6

結果詳見檔案 「CH2.1-02 日記帳簿 - 樞紐分析表」之「樞紐分析表」工作表

三、調整「樞紐分析表」的報表佈局。

Step 1 在選中「樞紐分析表」中任意儲存格的情況下，點擊工作列「樞紐分析表工具」按鍵，並依次點擊「設計→報表版面配置→以列表方式顯示」。如「圖2.1-9 調整報表佈局 -1」所示。

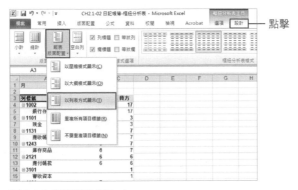

圖 2.1-9 調整報表佈局 -1

「科目代碼」與「科目名稱」預設為分兩列顯示，經調整兩者顯示於同一列。如「圖 2.1-10 調整報表佈局 -2」所示。

圖 2.1-10 調整報表佈局 -2

Step 2 在選中「樞紐分析表」中任意儲存格的情況下，點擊工作列「樞紐分析表工具」按鍵，並依次點擊「設計→小計→不要顯示小計」。如「圖 2.1-11 調整報表佈局 -3」所示。

圖 2.1-11 調整報表佈局 -3

則報表中的各科目逐列顯示，之間不再出現「合計」項目。

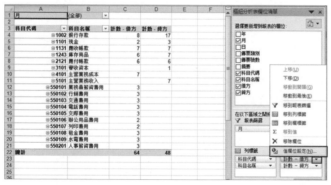

圖 2.1-12 調整報表佈局 -4

Step 3 點擊「Σ值」中「計數－借方」的下拉選單鍵，並選擇「值欄位設定」。

圖 2.1-13 調整報表佈局 -5

Step 4 在彈出的對話方塊中，「計算類型」選擇「加總」，則「自訂名稱」自動將「計數－借方」調整為「加總－借方」。

圖 2.1-14 調整報表佈局 -6

Step 5 在「自訂名稱」中,將「加總 - 借方」改為「加總 - 借方金額」。點擊「確定」。

圖 2.1-15 調整報表佈局 -7

(1)「樞紐分析表」的「Σ值」中的欄位預設為計算相關欄位的「項目個數」,即計算符合條件的欄位個數。經調整,「樞紐分析表」C 欄的計算方式調整為「加總」,且 C3 儲存格的名稱調整為「加總 - 借方金額」。

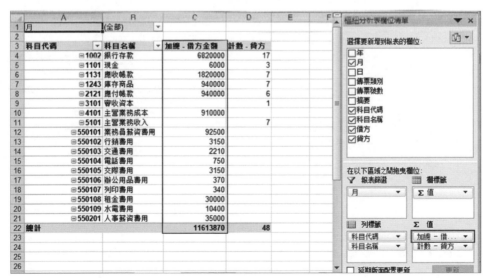

圖 2.1-16 調整報表佈局 -8

(2)「樞紐分析表」D 欄的計算方式調整為「加總」，且 D3 儲存格的欄位名稱調整為「加總 – 貸方金額」。

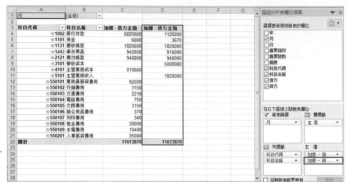

圖 2.1-17 調整報表佈局 -9

結果詳見檔案 📂「CH2.1-02 日記帳簿 - 樞紐分析表」之「調整佈局」工作表

四、增加「借方餘額」和「貸方餘額」訊息。

Step 1 在「CH2.1-02 日記帳簿 - 樞紐分析表」之「調整佈局」工作表中，在選中「樞紐分析表」中任意儲存格的情況下，點擊工作列「樞紐分析表工具」按鍵，並依次點擊「選項→計算→欄位、項目和集→計算欄位」。

圖 2.1-18 增加借方餘額資訊 -1

(1)在彈出的對話方塊中，將「名稱」中的「欄位 1」改為「借方餘額」，將「公式」中的「=0」改為「= IF(借方 > 貸方 , 借方 – 貸方 ,0)」。如「圖 2.1-18　增加借方餘額資訊 -2」所示。點擊「確定」。

公式表示，如果「借方金額 > 貸方金額」，則「借方餘額」等於「借方金額 - 貸方金額」的值，否則「借方餘額」等於「0」。

圖 2.1-19 增加借方餘額資訊 -2

> **NOTE**
> IF 函數是最為常用的函數之一，IF 函數執行真假值判斷，根據邏輯計算的真假值，傳回不同結果。
> IF 函數的語法是 IF(logical_test,value_if_true,value_if_false)。參數的意義是：
> ◆ Logical_test：計算結果為 TRUE 或 FALSE 的任意值或運算式。
> ◆ Value_if_true：Logical_test 為 TRUE 時傳回的值。
> ◆ Value_if_false：Logical_test 為 FALSE 時傳回的值。

> **NOTE**
> **「公式」編製方式**
> 改寫「公式」時，可以自行鍵入全部資訊，也可在需要鍵入「借方」和「貸方」等已有欄位之處，點擊兩下「欄位」列表中的相關欄位名稱，則該欄位會顯示在「公式」中。此方法方便快捷、不易出錯。

(2)「樞紐分析表」中增加 E 欄「借方餘額」欄位。「Σ值」中也增加了「加總 - 借方餘額」欄位。

圖 2.1-20 增加借方餘額資訊 -3

Step 2 再次點擊工作列「樞紐分析表工具」按鍵,並依次點擊「選項→欄位、項目和集→計算欄位」。在彈出的對話方塊中,將「名稱」中的「欄位 2」改為「貸方餘額」,將「公式」中的「=0」改為「= IF(貸方 > 借方 , 貸方 – 借方 ,0)」。點擊「確定」。

公式表示,如果「借方金額 < 貸方金額」,則貸方餘額填入「貸方金額 - 借方金額」的值,否則填入「0」。

「樞紐分析表」中增加 F 欄「貸方餘額」欄位。「Σ值」中也增加「加總 – 貸方餘額」欄位。

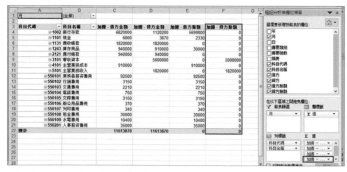

圖 2.1-21 增加貸方餘額資訊

形成的「累計試算表」,是建立在樞紐分析表基礎上。

結果詳見檔案 📁「CH2.1-03 日記帳簿 - 累計試算表」之「累計試算表 1」工作表

> **NOTE** 根據「借方餘額」的定義，E22 儲存格自動採用的公式為「=C22-D22」，而非 E4~E21 儲存格的加總。而「=C22-D22」的結果必定為零，因此 E22 儲存格的結果並非我們所需要的。同理，F22 儲存格的結果同樣並非我們所需要的。

五、複製「累計試算表」的資訊到新的工作表中。

Step 1 在檔案「CH2.1-03 日記帳簿 - 累計試算表」中，新建「工作表」。

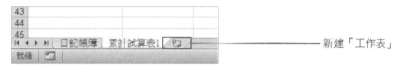
—— 新建「工作表」

圖 2.1-22 編製累計試算表 -1

將新建的「工作表」重新命名為「累計試算表 2」。

Step 2 複製「累計試算表 1」工作表中 A3~F22 儲存格。將複製的資訊貼上到「累計試算表 2」工作表中。

	A	B	C	D	E	F
1	科目代碼	科目名稱	加總 - 借方	加總 - 貸方	加總 - 借方	加總 - 貸方餘額
2	1002	銀行存款	6820000	1120200	5699800	0
3	1101	現金	6000	3670	2330	0
4	1131	應收帳款	1820000	1820000	0	0
5	1243	庫存商品	940000	910000	30000	0
6	2121	應付帳款	940000	940000	0	0
7	3101	實收資本		5000000	0	5000000
8	4101	主營業務成	910000		910000	0
9	5101	主營業務收入		1820000	0	1820000
10	550101	業務員薪資	92500		92500	0
11	550102	行銷費用	3150		3150	0
12	550103	交通費用	2210		2210	0
13	550104	電話費用	750		750	0
14	550105	交際費用	3150		3150	0
15	550106	辦公用品費	370		370	0
16	550107	列印費用	340		340	0
17	550108	租金費用	30000		30000	0
18	550109	水電費用	10400		10400	0
19	550201	人事薪資費	35000		35000	0
20	總計		11613870	11613870	0	0
21						
22						

圖 2.1-23 增加貸方餘額資訊

Step 3 選中「累計試算表 2」整張工作表。按兩下 A 欄、B 欄之間的間隔線。

按兩下

科目代碼	科目名稱	加總 - 借	加總 - 貸	加總 - 借	加總 - 貸方餘額
1002	銀行存款	6820000	1120200	5699800	0
1101	現金	6000	3670	2330	0
1131	應收帳款	1820000	1820000	0	0
1243	庫存商品	940000	910000	30000	0
2121	應付帳款	940000	940000	0	0
3101	實收資本		5000000	0	5000000
4101	主營業務成	910000		910000	0
5101	主營業務收入		1820000	0	1820000
550101	業務員薪資	92500		92500	0
550102	行銷費用	3150		3150	0
550103	交通費用	2210		2210	0
550104	電話費用	750		750	0
550105	交際費用	3150		3150	0
550106	辦公用品費	370		370	0
550107	列印費用	340		340	0
550108	租金費用	30000		30000	0
550109	水電費用	10400		10400	0
550201	人事薪資費	35000		35000	0
總計		11613870	11613870	0	0

圖 2.1-24 編製累計試算表 -3

則報表訊息自動展開，各欄寬度適應訊息寬度，便於閱讀。

科目代碼	科目名稱	加總 - 借方金額	加總 - 貸方	加總 - 借方餘額	加總 - 貸方餘額
1002	銀行存款	6820000	1120200	5699800	0
1101	現金	6000	3670	2330	0
1131	應收帳款	1820000	1820000	0	0
1243	庫存商品	940000	910000	30000	0
2121	應付帳款	940000	940000	0	0
3101	實收資本		5000000	0	5000000
4101	主營業務成本	910000		910000	0
5101	主營業務收入		1820000	0	1820000
550101	業務員薪資費用	92500		92500	0
550102	行銷費用	3150		3150	0
550103	交通費用	2210		2210	0
550104	電話費用	750		750	0
550105	交際費用	3150		3150	0
550106	辦公用品費用	370		370	0
550107	列印費用	340		340	0
550108	租金費用	30000		30000	0
550109	水電費用	10400		10400	0
550201	人事薪資費用	35000		35000	0
總計		11613870	11613870	0	0

圖 2.1-25 編製累計試算表 -4

Step 4 在第 10 列之前插入空列。

　　(1) A10 儲存格鍵入「5501」。

　　(2) B10 儲存格填入「營業費用」。

　　(3) C10 儲存格鍵入「=sum(C11:C19)」，即 C11~C19 儲存格的加總。

　　(4) D10 儲存格鍵入「=sum(D11:D19)」，即 D11~D19 儲存格的加總。

　　(5) E10 儲存格鍵入「=IF(C10>D10,C10-D10,0)」。

　　(6) F10 儲存格鍵入「=IF(C10<D10,D10-C10,0)」。

則二級科目 550101~550109 合併到一級科目「5501 營業費用」之下。如「圖 2.1-26 編製累計試算表 -5」所示。

	A 科目代碼	B 科目名稱	C 加總 - 借方金額	D 加總 - 貸方	E 加總 - 借方餘額	F 加總 - 貸方餘額
2	1002	銀行存款	6820000	1120200	5699800	0
3	1101	現金	6000	3670	2330	0
4	1131	應收帳款	1820000	1820000	0	0
5	1243	庫存商品	940000	910000	30000	0
6	2121	應付帳款	940000	940000	0	0
7	3101	實收資本		5000000	0	5000000
8	4101	主營業務成本	910000		910000	0
9	5101	主營業務收入		1820000	0	1820000
10	5501	營業費用	142070	0	142870	0
11	550101	業務招待費用	92500		92500	0
12	550102	行銷費用	3150		3150	0
13	550103	交通費用	2210		2210	0
14	550104	電話費用	750		750	0
15	550105	交際費用	3150		3150	0
16	550106	辦公用品費用	370		370	0
17	550107	列印費用	340		340	0
18	550108	租金費用	30000		30000	0
19	550109	水電費用	10400		10400	0
20	550201	人事薪資費用	35000		35000	0
21	總計		11613870	11613870	0	0
22						

圖 2.1-26 編製累計試算表 -5

Step 5 用同樣的方法，將二級科目 550201 合併到一級科目「5502 管理費用」之下。如「圖 2.1-27 編製累計試算表 -6」所示。

	A 科目代碼	B 科目名稱	C 加總 - 借方金額	D 加總 - 貸方	E 加總 - 借方餘額	F 加總 - 貸方餘額
2	1002	銀行存款	6820000	1120200	5699800	0
3	1101	現金	6000	3670	2330	0
4	1131	應收帳款	1820000	1820000	0	0
5	1243	庫存商品	940000	910000	30000	0
6	2121	應付帳款	940000	940000	0	0
7	3101	實收資本		5000000	0	5000000
8	4101	主營業務成本	910000		910000	0
9	5101	主營業務收入		1820000	0	1820000
10	5501	營業費用	142870	0	142870	0
11	550101	業務招待資費用	92500		92500	0
12	550102	行銷費用	3150		3150	0
13	550103	交通費用	2210		2210	0
14	550104	電話費用	750		750	0
15	550105	交際費用	3150		3150	0
16	550106	辦公用品費用	370		370	0
17	550107	列印費用	340		340	0
18	550108	租金費用	30000		30000	0
19	550109	水電費用	10400		10400	0
20	5502	管理費用	35000	0	35000	0
21	550201	人事薪資費用	35000		35000	0
22	總計		11613870	11613870	0	0
23						

圖 2.1-27 編製累計試算表 -6

Step 6 選中第 11~19 列。右鍵點擊滑鼠，選擇「隱藏」。

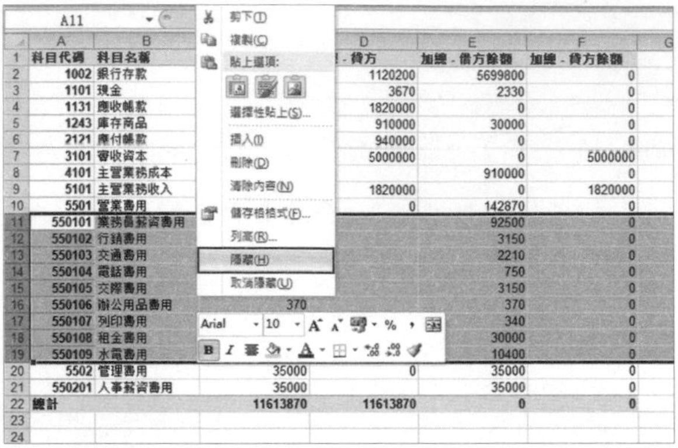

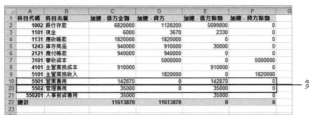

圖 2.1-28 編製累計試算表 -7

則第 11~19 列的數據被隱藏。即二級目錄下的 550101~550109 的科目訊息被隱藏。

圖 2.1-29 編製累計試算表 -8

> **NOTE**
>
> **「取消隱藏」**
>
> 如果要重新顯示第 11 欄 ~19 欄的資訊，則同時選中第 10 欄、第 20 欄，並右鍵點擊滑鼠，選擇「取消隱藏」。 第 11 欄 ~19 欄的資訊便恢復顯示。
>
> 圖 2.1-30 編製累計試算表 -9

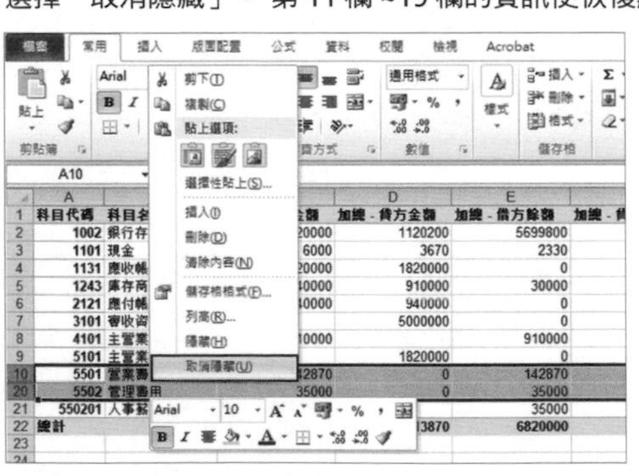

Step 7 用同樣的方法隱藏 550201 科目。

最後僅保留一級科目的「累計試算表」如「圖 2.-31 編製累計試算表 -10」所示。

	A	B	C	D	E	F	G
1	科目代碼	科目名稱	加總 - 借方金額	加總 - 貸方金額	加總 - 借方餘額	加總 - 貸方餘額	
2	1002	銀行存款	6820000	1120200	5699800	0	
3	1101	現金	6000	3670	2330	0	
4	1131	應收帳款	1820000	1820000	0	0	
5	1243	庫存商品	940000	910000	30000	0	
6	2121	應付帳款	940000	940000	0	0	
7	3101	實收資本		5000000	0	5000000	
8	4101	主營業務成本	910000		910000	0	
9	5101	主營業務收入		1820000	0	1820000	
10	5501	營業費用	142870	0	142870	0	
20	5502	管理費用	35000	0	35000	0	
22	總計		11613870	11613870	0	0	
23							
24							
25							

列的編號中，第 11~19 列以及第 21 列消失，因為相對應的列被隱藏

圖 2.1-31 編製累計試算表 -10

(1) 將 C1 儲存格「加總 - 借方金額」改寫為「借方金額」。

(2) 將 D1 儲存格「加總 - 貸方金額」改寫為「貸方金額」。

(3) 將 E1 儲存格「加總 - 借方餘額」改寫為「借方餘額」。

(4) 將 F1 儲存格「加總 - 貸方餘額」改寫為「貸方餘額」。

結果如「圖 2.1-32 編製累計試算表 -11」所示。

	A	B	C	D	E	F
1	科目代碼	科目名稱	加總 - 借方金額	加總 - 貸方金額	加總 - 借方餘額	加總 - 貸方餘額
2	1002	銀行存款	6820000	1120200	5699800	0
3	1101	現金	6000	3670	2330	0
4	1131	應收帳款	1820000	1820000	0	0
5	1243	庫存商品	940000	910000	30000	0
6	2121	應付帳款	940000	940000	0	0
7	3101	實收資本		5000000	0	5000000
8	4101	主營業務成本	910000		910000	0
9	5101	主營業務收入		1820000	0	1820000
10	5501	營業費用	142870	0	142870	0
20	5502	管理費用	35000	0	35000	0
22	總計		11613870	11613870	0	0
23						

圖 2.1-32 編製累計試算表 -11

在設定 E 欄「加總 - 借方餘額」時，對應的公式是「 = IF(貸方 > 借方 , 貸方 – 借方 ,0) 」，表示：如果 D 欄相應列的值大於 C 欄相應列的值，取值「=D 欄相應列的值 -C 欄相應列的值」，否則等於零。因此，E22 儲存格的值並非 E 欄相應儲存格的值的加總。下面來修改 E22 儲存格的值。

Step 8 刪除 E22 儲存格的值，並鍵入「=SUM(E2:E10)+E20」。

表示 E22 儲存格的值，為 E 欄各一級科目的借方餘額的加總。

Step 9 同樣的道理，修改 F22 儲存格的值。

刪除 F22 儲存格的值，並鍵入「=SUM(F2:F10)+F20」。

表示 F22 儲存格的值，為 F 欄各一級科目的貸方餘額的加總。如「圖 2.1-33 編製累計試算表 -12」所示。

	A	B	C	D	E	F
1	科目代碼	科目名稱	加總 - 借方金額	加總 - 貸方金額	加總 - 借方餘額	加總 - 貸方餘額
2	1002	銀行存款	6820000	1120200	5699800	0
3	1101	現金	6000	3670	2330	0
4	1131	應收帳款	1820000	1820000	0	0
5	1243	庫存商品	940000	910000	30000	0
6	2121	應付帳款	940000	940000	0	0
7	3101	實收資本		5000000	0	5000000
8	4101	主營業務成本	910000		910000	0
9	5101	主營業務收入		1820000	0	1820000
10	5501	營業費用	142870	0	142870	0
20	5502	管理費用	35000	0	35000	0
22	總計		11613870	11613870	6820000	6820000
23						

圖 2.1-33 編製累計試算表 -12

結果詳見檔案 「CH2.1-03 日記帳簿 - 累計試算表」之「累計試算表 2」工作表

▌2.1.3 損益表的編製

本章節將以「2019 年第一季度損益表」和「2019 年 1 月損益表」的編製為例，用 EXCEL 來製作。

2.1.3.1. 2019 年第一季度損益表

「2019 年第一季度損益表」的編製，步驟如下。

一、設定「累計試算表」工作表的資訊尋找範圍。

Step 1 打開檔案「CH2.1-04 損益表 - 原始」。

(1)「CH2.1-04 損益表 - 原始」之「日記帳簿」工作表，即為檔案「CH2.1-03 日記帳簿 - 累計試算表」之「日記帳簿」工作表。

(2)「CH2.1-04 損益表 - 原始」之「累計試算表」工作表，即為檔案「CH2.1-03 日記帳簿 - 累計試算表」之「累計試算表 1」工作表。

(3)「CH2.1-04 損益表 - 原始」之「損益表 - 原始」工作表，是「損益表」的基本樣式。如「圖 2.1-34 損益表的基本樣式」所示。為了讓後文的展示更清晰，這一份範例損益表將「管銷財」三費用的內容展開。

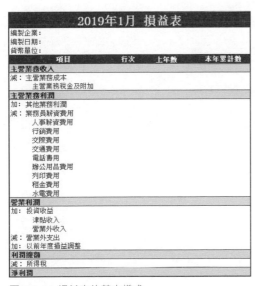

圖 2.1-34 損益表的基本樣式

Step 2 在「累計試算表」工作表中，選中 B4~F21 儲存格。點擊工作列的「公式」
按鍵，並點擊「定義名稱」。

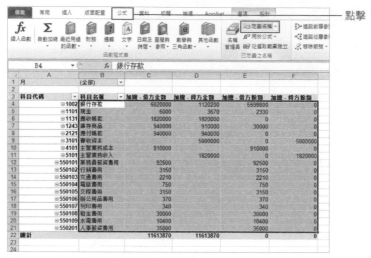

圖 2.1-35 設定資訊尋找範圍 -1

Step 3 在彈出的對話方塊中，把「名稱」中的「銀行存款」改寫為「累計試算表
訊息」。確認「參照到」的資訊為「= 累計試算表 !$B$4:$F$21」。如「圖
2.1 36 設定資訊尋找範圍 -2」所示。

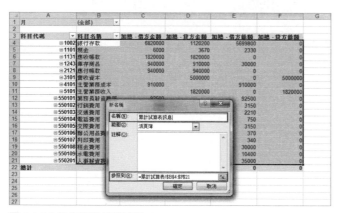

圖 2.1-36 設定資訊尋找範圍 -2

之後，若公式中出現「累計試算表訊息」，則是針對上述定義的區域，即「累
計試算表」工作表的「B4~F21 儲存格」。點擊「確定」。

結果詳見檔案 📂「CH2.1-05 損益表 (季度)- 編製」之「累計試算表」工作表

二、鍵入「損益表」的「表頭」資訊。

Step 1 在檔案「CH2.1-05 損益表 (季度)- 編製」中，按住「Ctrl」按鍵的同時，
點擊「損益表 - 原始」工作表的標籤，並向右移動滑鼠。

按住「Ctrl」按鍵的同時，點擊工作表
的標籤，並向右移動滑鼠

圖 2.1-37 複製「損益表 - 原始」工作表 -1

「損益表 - 原始」工作表的標籤右上角出現黑色三角箭號後，放開滑鼠。

檔案「CH2.1-05 損益表 (季度)- 編製」中出現新的工作表，即「損益表 - 原始 (2)」
工作表。「損益表 - 原始 (2)」工作表的資訊與「損益表 - 原始」工作表的資訊是完
全相同的。

圖 2.1-38 複製「損益表 - 原始」工作表 -2

Step 2 將「損益表 - 原始 (2)」工作表的名稱重新命名為「損益表 -2019 年第一季
度」，並把 B2 儲存格的內容修改 「2019 年第一季度 損益表」。

⑴ B3 儲存格的「編製企業：」後，鍵入「興旺貿易有限企業」。

⑵ B4 儲存格的「編製日期：」後，鍵入「2019 年 3 月 31 日」。

⑶ B5 儲存格的「貨幣單位：」後，鍵入「新臺幣」。

如「圖 2.1 39 填寫損益表的表頭」所示。

鍵入表頭資料

圖 2.1-39 填寫損益表的表頭

三、鍵入「損益表」的「正表」資訊。

Step 1 在 F7 儲存格（主營業務收入）中鍵入「=IF(ISNA(VLOOKUP(B7, 累計試算表訊息 ,4,FALSE)),0,IF(VLOOKUP(B7, 累計試算表訊息 ,4,FALSE)<>0, −VLOOKUP(B7, 累計試算表訊息 ,4,FALSE),VLOOKUP(B7, 累計試算表訊息 ,5,FALSE)))」。

圖 2.1-40 填寫損益表的正表 -1

上述公式的意思是，在「累計試算表訊息」（「累計試算表」工作表的 B4~F21 儲存格）的首欄，尋找與 B7 儲存格資訊（主營業務收入）相同的儲存格。如果找到了，查看與該儲存格位於同一列的 E 欄資訊（0）和 F 欄資訊（1820000），取不為「0」的資訊（1820000）填入 F7 儲存格。如果找不到，則 F7 儲存格為「0」。

N O T E

IS 函數

IS 類函數，可以檢驗值的類型，並根據結果傳回 TRUE 或 FALSE。IS 函數在用公式檢驗計算結果時十分有用，它與函數 IF 結合，可以在公式中查出錯誤值。

IS 函 數 包 括 9 種 語 法， 分 別 是 ISBLANK(value)、ISERR(value)、ISERROR(value)、ISLOGICAL(value)、ISNA(value)、ISNONTEXT(value)、ISNUMBER(value)、ISREF(value)、ISTEXT(value)。公式中，value 引數為需要檢驗的值。

IS 函數的傳回值為邏輯值 TRUE 或者 FALSE。例如，在下列情況下，IS 函數傳回 TRUE。

◆ ISBLANK 的值為空白儲存格。

◆ ISERR 的值為任意錯誤值，#N/A（值不存在）除外。

◆ ISERROR 的值為任意錯誤值，包括 #N/A、#VALUE!、#REF!、#DIV/0!、#NUM!、#NAME?、#NULL! 等。

◆ ISLOGICAL 的值為邏輯值。

◆ ISNA 的值為錯誤值 #N/A。

◆ ISNONTEXT 的值為任意不是文字的項目（數值為空白儲存格時也傳回 TRUE）。

◆ ISNUMBER 的值為數字。

◆ ISREF 的值為參照。

◆ ISTEXT 的值為文字。

> **NOTE**
>
> ## VLOOKUP 函數
>
> VLOOKUP 函數，用於按欄尋找所需的值，傳回被查詢欄所對應的值。與之對應的是 HLOOKUP 函數，用於按列尋找。
>
> VLOOKUP 函數的語法是：VLOOKUP(lookup_value,table_array,col_index_num,range_lookup)。
>
> 各參數的意義是：
>
> ◆ lookup_value：需要在尋找範圍內的第一欄中進行尋找的值，尋找範圍可以是工作表、資訊區域、定義名稱等，文字格式可以是數值、參照或文字字串。
>
> ◆ table_array：值的尋找範圍。
>
> ◆ col_index_num：table_array 中待傳回的比對值的欄序號，用正整數表示。
>
> ◆ range_lookup：表示 VLOOKUP 函數尋找時是精確比對，還是模糊比對。如果 range_lookup 為 FALSE 或 0，則精確比對，當找不到資訊時傳回錯誤值 #N/A。如果 range_lookup 為 TRUE 或 1（不填寫該參數即預設為 TRUE），VLOOKUP 函數尋找模糊比對值，傳回小於 lookup_value 的最大數值。

Step 2 在 F8 儲存格（主營業務成本）中鍵入「=IF(ISNA(VLOOKUP(C8, 累計試算表訊息 ,4,FALSE)),0,IF(VLOOKUP(C8, 累計試算表訊息 ,4,FALSE)<>0, VLOOKUP(C8, 累計試算表訊息 ,4,FALSE), － VLOOKUP(C8, 累計試算表訊息 ,5,FALSE)))」。

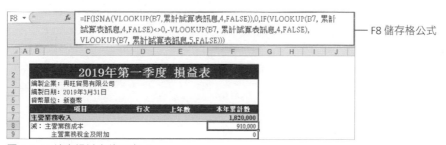

圖 2.1-41 填寫損益表的正表 -2

上述公式的意思是，在「累計試算表訊息」的首欄，尋找與 C8 儲存格資訊（主營業務成本）相同的儲存格。如果找到了，查看與該儲存格位於同一列的 E 欄資訊（910000）和 F 欄資訊（0），取不為「0」的資訊（910000）填入 F8 儲存格。如果找不到，則 F8 儲存格為「0」。

> NOTE
>
> F7 儲存格的公式為「=IF(ISNA(VLOOKUP(B7, 累計試算表訊息 ,4,FALSE)),0,IF(VLOOKUP(B7, 累計試算表訊息 ,4,FALSE)<>0,-VLOOKUP(B7, 累計試算表訊息 ,4,FALSE),VLOOKUP(B7, 累計試算表訊息 ,5,FALSE)))」。
>
> F8 儲存格的公式為「=IF(ISNA(VLOOKUP(C8, 累計試算表訊息 ,4,FALSE)),0,IF(VLOOKUP(C8, 累計試算表訊息 ,4,FALSE)<>0,VLOOKUP(C8, 累計試算表訊息 ,4,FALSE),-VLOOKUP(C8, 累計試算表訊息 ,5,FALSE)))」。
>
> F7 儲存格的公式為何與 F8 儲存格的公式相差一組正負號呢？因為 F7 儲存格「主營業務收入」為「收入」類，數額增加記為貸方，F8 儲存格「主營業務成本」為「成本」類，數額增加記為借方。

Step 3 右鍵點擊 F8 儲存格（主營業務成本），選擇「複製」。

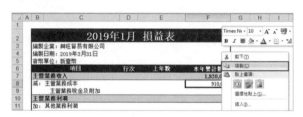

圖 2.1-42 填寫損益表的正表 -3

右鍵點擊 F9 儲存格（主營業務稅金及附加），選擇「貼上選項→僅貼上公式」。

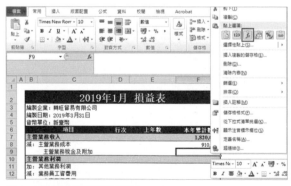

圖 2.1-43 填寫損益表的正表 -4

則 F8 儲存格的公式快速複製到 F9 儲存格。F9 儲存格的公式為「=IF(ISNA (VLOOKUP(C9, 累計試算表訊息 ,4,FALSE)),0,IF(VLOOKUP(C9, 累計試算表訊息 ,4,FALSE)<>0,VLOOKUP(C9, 累計試算表訊息 ,4,FALSE), − VLOOKUP(C9, 累計試算表訊息 ,5,FALSE)))」。即把 F8 儲存格公式中的「C8」調整為「C9」。

Step 4 右鍵點擊 F7 儲存格（主營業務收入），選擇「複製」。

右鍵點擊 F11 儲存格（其他業務收入），選擇「貼上選項→僅貼上公式」。

Step 5 將 F11 儲存格公式中的「B」改寫為「C」。則 F11 儲存格的公式為「=IF(ISNA(VLOOKUP(C11, 累計試算表訊息 ,4,FALSE)),0,IF(VLOOKUP(C11, 累計試算表訊息 ,4,FALSE)<>0, － VLOOKUP(C11, 累計試算表訊息 ,4,FALSE),VLOOKUP(C11, 累計試算表訊息 ,5,FALSE)))」。

這是因為，「主營業務收入」公式中，「主營業務收入」位於「損益表」的 B 欄，而「其他業務利潤」公式中，「其他業務利潤」位於「損益表」的 C 欄，因此，複製公式後，要將原公式中的「B」改成「C」。

Step 6 F12「業務員薪資費用」、F13「人事薪資費用」、F14「行銷費用」、F15「交際費用」、F16「交通費用」、F17「電話費用」、F18「辦公用品費用」、F19「列印費用」、F20「租金費用」、F21「水電費用」的公式與 F8「主營業務成本」類似。用複製公式的方式可快速建立公式。

Step 7 F23「投資收益」、F24「津貼收入」、F25「營業外收入」的公式與 F7「主營業務收入」類似。用複製公式的方式可快速建立公式。公式中要把針對 B 欄的資訊尋找更改為針對 C 欄。

Step 8 F26「營業外支出」公式與 F8「主營業務成本」類似。用複製公式的方式可快速建立公式。

Step 9 F27「以前年度損益調整」，根據企業財務的實際情況調整，並填入「損益表」。

Step 10 F29「所得稅」，根據企業實際支付情況調整，並填入「損益表」。

Step 11 F10 儲存格（主營業務利潤）鍵入「=F7-F8-F9」。

表示「主營業務利潤 = 主營業務收入 － 主營業務成本 － 主營業務稅金及附加」。

Step 12 F22 儲存格（營業利潤）鍵入「=F10+F11-SUM(F12:F21)」。

表示「營業利潤 = 主營業務利潤 + 其他業務利潤 －（業務員薪資費用 + 人事薪資費用 + 行銷費用 + 交際費用 + 交通費用 + 電話費用 + 辦公用品費用 + 列印費用 + 租金費用 + 水電費用）」。

Step 13 F28 儲存格（利潤總額）鍵入「=F22+F23+F24+F25-F26+F27」。

表示「利潤總額 ＝ 營業利潤 ＋ 投資收益 ＋ 津貼收入 ＋ 營業外收入 － 營業外支出 ＋ 以前年度損益調整」。

Step 14 F30 儲存格（淨利潤）鍵入「=F28-F29」。

表示「淨利潤 ＝ 利潤總額 － 所得稅」。

「損益表」正表編製完成，如「圖 2.1-44　填寫損益表的正表 -5」所示。

2019年第一季度 損益表			
編製企業：興旺貿易有限公司			
編製日期：2019年3月31日			
貨幣單位：新壹幣			
項目	行次	上年數	本年累計數
主營業務收入			1,820,000
減：主營業務成本			910,000
主營業務稅金及附加			0
主營業務利潤			910,000
加：其他業務利潤			0
減：業務員薪資費用			92,500
人事薪資費用			35,000
行銷費用			3,150
交際費用			3,150
交通費用			2,210
電話費用			750
辦公用品費用			370
列印費用			340
租金費用			30,000
水電費用			10,400
營業利潤			732,130
加：投資收益			0
津貼收入			0
營業外收入			0
減：營業外支出			0
加：以前年度損益調整			
利潤總額			732,130
減：所得稅			
淨利潤			732,130

圖 2.1-44 填寫損益表的正表 -4

結果詳見檔案 📁「CH2.1-05 損益表 (季度)- 編製」之「損益表 -2019 年第一季度」工作表

由於本章節重點在於給出「本年累計數」的計算方法，故忽略「行次」、「上年數」的具體資訊。

2.1.3.2. 2019 年 1 月損益表

上一章節編製了「2019 年第一季度損益表」，如果要編製「2019 年 1 月損益表」，如何操作呢？

利用之前編製的「累計試算表」，可以在「2019 年第一季度損益表」的基礎上，用很簡單的方式編製「2019 年 1 月損益表」。步驟如下。

一、修改「累計試算表」工作表。

Step 1 打開檔案「CH2.1-05 損益表 (季度)- 編製」。

Step 2 在「累計試算表」工作表中，在第 1 列 B 欄的「月」下拉選單鍵中選擇「1」，表示選擇「1 月」。

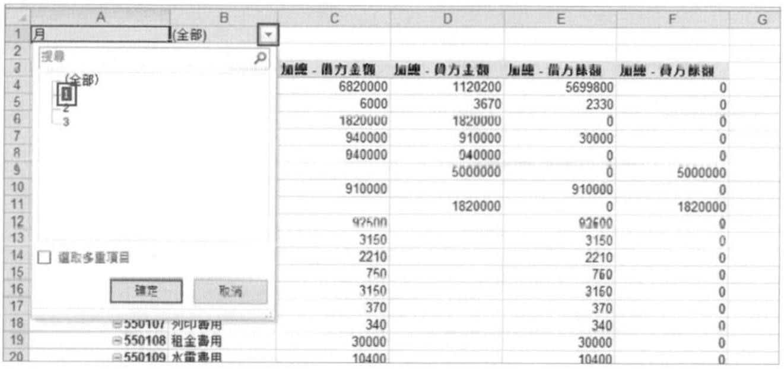

圖 2.1-45 編製損益表 (月度)-1

點擊「確定」，則報表中顯示的是 2019 年 1 月資訊。

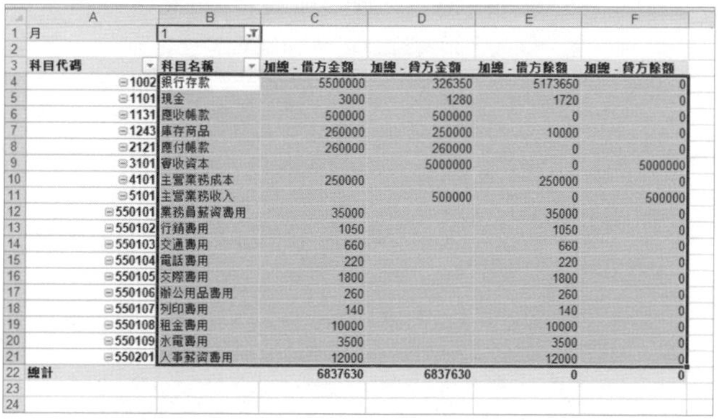

科目代碼	科目名稱	加總 - 借方金額	加總 - 貸方金額	加總 - 借方餘額	加總 - 貸方餘額
1002	銀行存款	5500000	326350	5173650	0
1101	現金	3000	1280	1720	0
1131	應收帳款	500000	500000	0	0
1243	庫存商品	260000	250000	10000	0
2121	應付帳款	260000	260000	0	0
3101	實收資本		5000000	0	5000000
4101	主營業務成本	250000		250000	0
5101	主營業務收入		500000	0	500000
550101	業務員薪資費用	35000		35000	0
550102	行銷費用	1050		1050	0
550103	交通費用	660		660	0
550104	電話費用	220		220	0
550105	交際費用	1800		1800	0
550106	辦公用品費用	260		260	0
550107	列印費用	140		140	0
550108	租金費用	10000		10000	0
550109	水電費用	3500		3500	0
550201	人事薪資費用	12000		12000	0
總計		6837630	6837630	0	0

圖 2.1-46 編製損益表 (月度)-2

二、修改「損益表 -2019 年第一季度」工作表。

Step 1 重新命名「損益表 -2019 年第一季度」，改寫為「損益表 -2019 年 1 月」。

Step 2 在「損益表 -2019 年 1 月」工作表中，改寫 B2 儲存格為「2019 年 1 月 損益表」。「編製時間」可根據實際情況更改，此處略去。

則「2019 年 1 月損益表」工作表編製完成。如「圖 2.1 47 編製損益表 (月度)-3」所示。

2019年1月 損益表

編製企業：興旺貿易有限公司
編製日期：2019年3月31日
貨幣單位：新臺幣

項目	行次	上年數	本年累計數
主營業務收入			500,000
減：主營業務成本			250,000
主營業務稅金及附加			0
主營業務利潤			250,000
加：其他業務利潤			0
減：業務員薪資費用			35,000
人事薪資費用			12,000
行銷費用			1,050
交際費用			1,800
交通費用			660
電話費用			220
辦公用品費用			260
列印費用			140
租金費用			10,000
水電費用			3,500
營業利潤			185,370
加：投資收益			0
津貼收入			0
營業外收入			0
減：營業外支出			0
加：以前年度損益調整			
利潤總額			185,370
減：所得稅			
淨利潤			185,370

圖 2.1-47 編製損益表 (月度)-3

結果詳見檔案 📁「CH2.1-06 損益表 (月度)- 編製」之「損益表 -2019 年 1 月」工作表

資產負債表 2.2

「資產負債表」反映的是企業報告期期末的財務狀況。資產負債表中，左列是企業所擁有的經濟資源（資產），右列是所承受的經濟義務（負債），以及公司股東擁有的權益（所有者權益）。一般來說，資產負債表顯示上市公司的錢從哪裡來，用到什麼地方去。

「資產負債表」提供某個時間節點上企業的三個重要資訊：

1、資產總額及結構，呈現企業擁有或控制的資源及分佈情況。

2、負債總額及結構，呈現企業未來要清償的債務和清償時間。

3、所有者擁有的權益，可以判斷資產保值及增值的情況，以及對企業負債的保障程度。

從開帳起，每一期「資產負債表」的「期末餘額」都會在下一期「資產負債表」的「期初金額」中呈現。因此，「資產負債表」是具有累計性質的財務報表。

▍2.2.1 資產負債表的製表原則

「資產負債表」的計算原則是，針對「資產負債表」的三要素，把握「**資產 = 負債 + 所有者權益**」的平衡原則。

公司的任意一種涉及資產負債表的經營活動，雖然會讓「資產」、「負債」和「所有者權益」的數額發生變化，但是「資產＝負債＋所有者權益」這一恆等式永遠不會改變。因為某項資產的增加，一定是因為某項負債的增加，或是所有者權益的增加，或是另外一項資產的減少。

例如，公司花費現金 10 萬購買一台機器設備，此時，「資產」中的「現金」減少 10 萬，「資產」中的「固定資產」增加 10 萬，而「負債」和「所有者權益」均無變化，恆等式成立。

又如，如果上述購買機器設備的資金來源於公司貸款，此時「資產」和「負債」均發生了變化，「資產」因增加了機器設備而增加 10 萬，「負債」因向銀行貸款同樣增加了 10 萬，「所有者權益」並無變化，恆等式依然成立。

再如，這台機器設備購回後就因使用不甚導致報廢，此時「資產」因少了一台機器設備而減少 10 萬，「負債」沒有變化，但「所有者權益」因報廢了一台機器設備而損失 10 萬，恆等式還是成立的。

我們繼續從「資產負債表」正表的基本結構來強化「資產＝負債＋所有者權益」這一恆等式。

「資產負債表」正表的基本結構包括兩部分，左欄顯示資產的各項目，反映企業資金的分佈狀況和存在形式。右欄顯示權益的各項目，反映企業的負債、所有者權益和增值情況。左右兩欄金額始終保持平衡，呈現「資產」和「權益」的本質聯繫。

簡明的資產負債表，左列是資產，右列是負債以及所有者權益，如圖「2.2-1　資　產負債表的結構」所示。實際使用中的資產負債表，在「資產」、「負債」和「所有者權益」大項下進一步陳列細項，相同類別的細項放在一起，簡潔而清晰。

觀察圖「2.2-1 資產負債表的結構」的金額項，直接表達了「❶資產 ＝ ❷負債 ＋ ❸所有者權益」這一恆等式。

		資產負債表		
項目	金額	項目	金額
資產	❶	負債	❷
		所有者權益	❸
資產總計	❶	負債與所有者權益總計	❷+❸

圖 2.2-1 「資產負債表」的結構

資產，是公司把錢投向的地方，可以是看得見摸得著的機器、廠房、貨品，也可以是無形資產、股權、債券，等等。

資產負債表的資產項的主要會計科目如下。

1、**流動資產項**中的重要細項，包括貨幣資金、應收票據、應收帳款、預付帳款、其他應收款和存貨；

2、**非流動資產項**中的重要細項，包括固定資產、投資性房地產、在建工程、無形資產、商譽和長期待攤費用等。

資產按照流動性可分為流動資產和非流動資產，流動性按照資產變現能力的強弱來確定，變現耗用時間越短的資產，其流動性越強。按照財務報告列報準則的規定，在「資產」大項中，細項按照變現能力由強到弱的順序，從流動資產到非流動資產依次排序。如圖「2.2 2 資產細項的流動性強弱」所示。

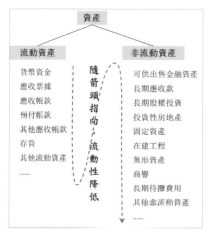

圖 2.2-2　資產細項的流動性強弱

流動資產中，以貨幣資金（相當於現金，隨時存取）為始，以存貨為終，中間依次是應收票據、應收帳款、預付帳款等。

非流動資產中，以可供出售金融資產為始，以長期待攤費用為終，中間依次是長期應收帳款、長期股權投資、投資性房地產、固定資產、在建工程、無形資產、商譽、長期待攤費用等。

查看資產，重點要看資產品質，是否有大幅貶值的風險。比如貨幣資金、應收帳款、其他應收款、存貨等。同時，要關注重點資產科目的金額變動情況，與往年的比較，或與同行的比較，找出金額變動或差異的原因。

負債，是公司欠的錢，可能欠銀行的錢，可能是欠客戶甲的貨物，可能是欠客戶乙的服務，等等。

資產負債表的負債項，主要會計科目如下。

1、**流動負債項**中的重要細項包括短期借款、有息負債、應付帳款、預收帳款、其他應付款；

2、**非流動資產項**中的重要細項包括長期借款等。

負債根據流動性劃分為流動負債和非流動負債。在「負債」大項中，按照償還期限由短到長，從流動負債到非流動負債依次排序。如圖「2.2-3 負債細項的償還期限長短」所示。

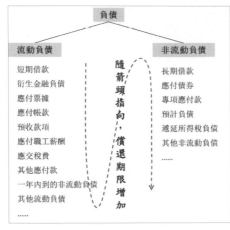

圖 2.2-3 負債細項的償還期限長短

流動負債中，以短期借款為始，以一年內到的非流動負債為終，中間依次是應付票據、應付帳款、預收款項、應付職工薪酬、應交稅費等等。

非流動負債中，以長期借款為始，以遞延所得稅負債為終，中間依次是應付債券、預計負債等等。

查看負債，重點要看負債來源，償債風險的大小。比如長短期借款、應付帳款、其他應付款、預收款項等。本書後續將分別對上述容易產生瑣細的細項講解。

2.2.2 資產負債表的編製

會計帳中的「資產」通常以借方餘額表示，而「負債」和「所有者權益」通常以貸方餘額表示，與「資產負債表」的基本結構對應。

下面將利用「累計試算表」和「損益表」編製「資產負債表」。同樣，本例將忽略「行次」、「期初數」的具體資訊。步驟如下：

一、鍵入「資產負債表」的「表頭」資訊。

Step 1 打開檔案「CH2.2-01 資產負債表 - 原始」。

(1)「CH2.2-01 資產負債表 - 原始」之「日記帳簿」工作表，即為檔案「CH2.1-05 損益表 (季度)- 編製」之「日記帳簿」工作表。

(2)「CH2.2-01 資產負債表 - 原始」之「累計試算表」工作表，即為檔案「CH2.1-05 損益表 (季度)- 編製」之「累計試算表」工作表。

(3)「CH2.2-01 資產負債表 - 原始」之「損益表 -2019 年第一季度」工作表，即為檔案「CH2.1-05 損益表 (季度)- 編製」之「損益表 -2019 年第一季度」工作表。

「CH2.2-01 資產負債表 - 原始」之「資產負債表 - 原始」工作表，是「資產負債表」的基本樣式。 如「圖 2.2-4 編製資產負債表 -1」所示。

圖 2.2-4 編製資產負債表 -1

Step 2 複製「資產負債表 - 原始」工作表，並建立新的工作表「資產負債表 -2019 年第一季度」。

Step 3 在「資產負債表 -2019 年第一季度」工作表的 C3~C5 儲存格中，依次鍵入「表頭」資訊，如「圖 2.2-5 編製資產負債表 -2」所示。

圖 2.2-5 編製資產負債表 -2

二、鍵入「資產負債表」的「正表」資訊─資產。

Step 1 在 G8 儲存格（現金）中鍵入「=IF(ISNA(VLOOKUP(C8, 累計試算表訊息 ,4,FALSE)),0,IF(VLOOKUP(C8, 累計試算表訊息 ,4,FALSE)<>0,VLOOKUP(C8, 累計試算表訊息 ,4,FALSE),-VLOOKUP(C8, 累計試算表訊息 ,5,FALSE)))」。

上述公式的意思是，在「累計試算表訊息」的首欄，尋找與 C8 儲存格資訊（現金）相同的儲存格。如果找到了，查看與該儲存格位於同一列的 E 欄資訊（2330）和 F 欄資訊（0），取不為「0」的資訊（2330）填入 G8 儲存格。如果找不到，則 G8 儲存格為「0」。

Step 2 G9「銀行存款」~G21「其他流動資產」，G24「長期股權投資」~G25「長期債權投資」，G28「固定資產原價」~G34「固定資產清理」，G37「無形資產」~G39「其他長期資產」，以及 G42「遞延稅款借項」的公式與 G8「現金」類似。用複製公式的方式可快速建立公式。

對於減項 G29「累計折舊」、G31「固定資產減值準備」，公式中要把針對 C 欄的資訊尋找更改為針對 D 欄，因為在「資產負債表」的報表中，「累計折舊」、「固定資產減值準備」位於 D 欄。

(1) G22 儲存格（流動資產合計）已預設公式「=SUM(G8:G21)」。

(2) G26 儲存格（長期投資合計）已預設公式「=SUM(G24:G25)」。

(3) G35 儲存格（固定資產合計）已預設公式「=SUM(G32:G34)」。

(4) G40 儲存格（無形資產及其他資產合計）已預設公式「=SUM(G37:G39)」。

(5) G43 儲存格（遞延稅項 (借項) 合計）已預設公式「=G42」。

(6) G44 儲存格（資產合計）已預設公式「=G22+G26+G35+G40+G43」。

表示「資產合計 = 流動資產 + 長期投資 + 固定資產 + 無形資產及其他資產 + 遞延稅項」。

「正表」資訊—資產部分，鍵入完成，如「圖2.2-6編製資產負債表-3」所示。

資產	行次	年初數	期末數
流動資產			
現金			2,330
銀行存款			5,699,800
短期投資			0
應收票據			0
應收股息			0
應收利息			0
應收帳款			0
其他應收款			0
預付帳款			0
應收補貼款			0
庫存商品			30,000
待攤費用			0
一年內到期的長期債權投資			0
其他流動資產			0
流動資產合計			5,732,130
長期投資			
長期股權投資			0
長期債權投資			0
長期投資合計			0
固定資產			
固定資產原價			0
減：累計折舊			0
固定資產淨值			0
減：固定資產減值準備			0
固定資產淨額			0
在建工程			0
固定資產清理			0
固定資產合計			0
無形資產及其他資產			
無形資產			0
長期待攤費用			0
其他長期資產			0
無形資產及其他資產合計			0
遞延稅項			
遞延稅項(借項)合計			0
資產合計			5,732,130

圖2.2-6 編製資產負債表-3

三、鍵入「資產負債表」的「正表」資訊—負債及所有者權益。

Step 1 N8儲存格（短期借款）中鍵入「=IF(ISNA(VLOOKUP(J8, 累計試算表訊息 ,4,FALSE)),0,IF(VLOOKUP(J8, 累計試算表訊息 ,4,FALSE)<>0,-VLOOKUP(J8, 累計試算表訊息 ,4,FALSE),VLOOKUP(J8, 累計試算表訊息 ,5,FALSE)))」。

上述公式的意思是，在「累計試算表訊息」的首欄，尋找與J8儲存格資訊（短期借款）相同的儲存格。如果找到了，查看與該儲存格位於同一列的E欄資訊和F欄資訊，取不為「0」的資訊填入N8儲存格。如果找不到，則N8儲存格為「0」。

Step 2 N9「應付票據」~N21「其他流動負債」，N24「長期借款」~N28「其他長期負債」，N31「遞延稅款貸項」，N36「實收資本」，N39「資本公積」，N40「盈餘公積」、以及N41「法定公益金」的公式與N8「短期借款」類似。用複製公式的方式可快速建立公式。

N41「法定公益金」公式中要把針對J欄的資訊尋找更改為針對K欄。

Step 3 N37「已歸還資本」的公式與G8「現金」類似。用複製公式的方式可快速更新公式。

公式中要把針對J欄的資訊尋找更改為針對K欄。

Step 4 N38 儲存格（實收資本淨額）鍵入「=N36-N37」。表示「實收資本淨額 = 實收資本 − 已歸還資本」。

Step 5 N42 儲存格（未分配利潤），先鍵入「=」，其次點擊「損益表 -2019 年第一季度」工作表的 E30 儲存格，再次鍵入「+」，最後點擊「損益表 -2019 年第一季度」工作表的 F30 儲存格，並按下「Enter」按鍵。

表示「未分配利潤 = 淨利潤上年數 + 淨利潤本年累計數」，「淨利潤上年數」、「淨利潤本年累計數」的資訊可在「損益表 -2019 年第一季度」中找到。

(1) N22 儲存格（流動負債合計）已預設公式「=SUM(N8:N21)」。

(2) N29 儲存格（長期負債合計）已預設公式「=SUM(N24:N28)」。

(3) N32 儲存格（遞延稅項 (貸項) 合計）已預設公式「=N31」。

(4) N33 儲存格（負債合計）已預設公式「=N22+N29+N32」。

(5) N43 儲存格（所有者權益合計）已預設公式「=+N38+N39+N40+N42」。

(6) N44 儲存格（負債和所有者權益合計）已預設公式「=N33+N43」。

「正表」資訊－負債及所有者權益部分，鍵入完成，如「圖 2.2-7 編製資產負債表 -4」所示。

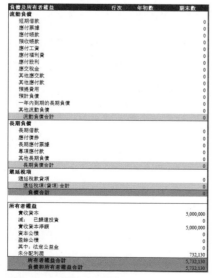

圖 2.2-7 編製資產負債表 -4

完整的「資產負債表」如「圖 2.2-8 編製資產負債表 -5」所示。

2019年第一季度 資產負債表

編製企業：興旺貿易有限公司
編製日期：2019年3月31日
資幣單位：新台幣

資產	行次	年初數	期末數	負債及所有者權益	行次	年初數	期末數
流動資產				流動負債			
現金			2,330	短期借款			0
銀行存款			5,699,800	應付票據			0
短期投資			0	應付帳款			0
應收票據			0	預收帳款			0
應收股利			0	應付工資			0
應收利息			0	應付福利費			0
應收帳款			0	應付股利			0
其他應收款			0	應交稅金			0
預付帳款			0	其他應交款			0
應收補貼款			0	其他應付款			0
庫存商品			30,000	預提費用			0
待攤費用				預計負債			0
一年內到期的長期債權投資			0	一年內到期的長期負債			0
其他流動資產			0	其他流動負債			0
流動資產合計			5,732,130	流動負債合計			0
長期投資				長期負債			
長期股權投資			0	長期借款			0
長期債權投資			0	應付債券			0
長期投資合計			0	長期應付票據			0
固定資產				專項應付款			0
固定資產原價			0	其他長期負債			0
減：累計折舊			0	長期負債合計			0
固定資產淨值			0	遞延稅項			
減：固定資產減值準備			0	遞延稅款貸項			0
固定資產淨額			0	遞延稅項(貸項)合計			0
在建工程				負債合計			0
固定資產清理							
固定資產合計			0	所有者權益			
無形資產及其他資產				實收資本			5,000,000
無形資產			0	減：已歸還投資			0
長期待攤費用			0	實收資本淨額			3,000,000
其他長期資產			0	資本公積			0
無形資產及其他資產合計			0	盈餘公積			0
遞延稅項				其中：法定公益金			0
遞延稅款借項				未分配利潤			732,130
遞延稅項(借項)合計			0	所有者權益合計			5,732,130
資產合計			5,732,130	負債和所有者權益總計			5,732,130

圖 2.2-5 編製資產負債表 -5

結果詳見檔案 📁「CH2.2-02 資產負債表 - 編製」之「資產負債表 -2019年第一季度」工作表

現金流量表 2.3

「現金流量表」顯示的是企業在一定時期（月／季／年，以年為主）內現金流入和流出的狀況，也可預測企業在未來一段時間內對現金的需求量。

企業的資金動用有大有小，數百元、上千萬都有可能，用「現金流量表」進行管理一目了然。

2.3.1 現金流量表的製表原則

「現金流量表」中所說的「現金」，可以是現金，也可以是現金等價物。「現金」，是指企業庫存現金以及可以隨時用於支付的銀行存款。「現金等價物」，是指企業持有的期限短、流動性強、易於轉換為已知金額的現金，以及價值變動風險很小的投資，例如已準備出售變現的短期投資，又如將在三個月內到期的短期投資等。

上市公司僅僅帳面利潤好看不算數，「現金」到手才是真正盈利。「資產負債表」和「損益表」，暗藏著不少人為估算的成分，例如固定資產的折舊年限，壞帳準備的計提標準等，但是現金流流量表卻很直白，排除各種主觀因素。

「現金流量表」的上述特點和現金流量表的編製方法直接相關。有些國家和地區會計準則的標準是，採用直接法編製「現金流量表」。直接法，是指將每筆涉及現金收支的業務按照屬性歸入經營、投資、籌資這三個部分。

而另一些國家和地區使用間接法編製「現金流量表」。間接法，是指從企業的淨利潤出發，調整按照收付實現制與權責發生制這兩種方法記錄不一致的專案，最後倒推出當期經營活動的現金流。間接法，呈現現金流量淨額和淨利潤的巧妙關係。

直接法適用於經營、投資、籌資三大類活動現金流量表的編製，而間接法只適用於經營活動現金流量表的編製，投資和籌資活動仍舊要靠直接法編製。

用直接法編製「現金流量表」時，最常用的格式是將企業的業務活動分為三類，即「經營活動」、「投資活動」和「籌資活動」，如圖「2.3-1 現金流量表的結構」所示。

現金流量表	
項目	金額
一、經營活動產生的現金流量	
二、投資活動產生現金流量	
三、籌資活動產生的現金流量	
四、匯率變動對現金的影響	
五、現金及現金等價物淨增加額	

圖 2.3-1 「現金流量表」的結構

「現金流量」是指企業現金的流動方向，現金流入企業為「流入」，現金流出企業為「流出」。相對應企業的「現金流量」劃分為：

① 經營活動的現金流量（包括「流入」和「流出」）；

② 投資活動的現金流量（包括「流入」和「流出」）；

③ 籌資活動的現金流量（包括「流入」和「流出」）；

④ 匯率變動對現金的影響額（如果企業有外幣業務，會涉及此項）；

⑤ 現金及現金等價物淨增加額（為「經營活動的現金流量」、「投資活動的現金流量」、「籌資活動的現金流量」以及「匯率變動對現金的影響額」的加總，是「期末現金餘額」和「期初現金餘額」的差額）。

2.3.2 現金流量表的編製

「現金流量表」的編製的主要方法是「直接法」。「直接法」確定「日記帳簿」中每筆業務的屬性，歸入按現金流動屬性分類的「經營」、「投資」、「籌資」三類現金收支項目，由現金流入流出淨額合計得到一個期間內的現金淨流量。這種方法下，現金流量表中「經營」、「投資」、「籌資」的流入、流出、流量淨額的關係非常直覺。

以下將利用「直接法」編製「現金流量表」。同樣地，本例將忽略「行次」的具體資訊。步驟如下。

一、鍵入「現金流量表」的「表頭」資訊。

Step 1 打開檔案「CH2.3-01 現金流量表 - 原始」。

⑴「CH2.3-01 現金流量表 - 原始」之「日記帳簿」工作表，即為檔案「CH2.2-01 資產負債表 - 編製」之「日記帳簿」工作表。

⑵「CH2.3-01 現金流量表 - 原始」之「累計試算表」工作表，即為檔案「CH2.2-01 資產負債表 - 編製」之「累計試算表」工作表。

⑶「CH2.3-01 現金流量表 - 原始」之「損益表 -2019 年第一季度」工作表，即為檔案「CH2.2-01 資產負債表 - 編製」之「損益表 -2019 年第一季度」工作表。

⑷「CH2.3-01 現金流量表 - 原始」之「資產負債表 -2019 年第一季度」工作表，即為檔案「CH2.2-01 資產負債表 - 原始」之「資產負債表 -2019 年第一季度」工作表。

「CH2.3-01 現金流量表 - 原始」之「現金流量表 - 原始」工作表，是「現金流量表」的基本樣式。 如「圖 2.3-2 編製現金流量表 -1」所示。

圖 2.3-2 編製現金流量表 -1

Step 2 複製「現金流量表 - 原始」工作表，並建立新的工作表「現金流量表 -2019 年 1~3 月」。

圖 2.3-3 編製現金流量表 -2

二、對「日記帳簿」中涉及「現金」和「銀行存款」的記錄，進行「現金流量項目分類」。

Step 1 打開「CH2.3-01 現金流量表 - 原始」之「日記帳簿」工作表，對於每一組借貸記錄，查看是否涉及「現金」或者「銀行存款」的變化，如果「現金」或者「銀行存款」有變化，才需要進行「現金流量項目分類」。如「圖 2.3-4 編製現金流量表 -3」所示。

普通日記帳簿

年	月	日	傳票類別	傳票號數	摘要	科目代碼	科目名稱	借方	貸方
2019	1	1	記	130101-001	期初開帳	1002	銀行存款	NT$5,000,000	
2019	1	1	記	130101-001	期初開帳	3101	實收資本		NT$5,000,000
2019	1	5	記	130105-002	提取備用金	1101	現金	NT$3,000	
2019	1	5	記	130105-002	轉備用金	1002	銀行存款		NT$3,000
2019	1	5	記	130105-003	購入貨品	1243	庫存商品	NT$100,000	
2010	1	6	記	130106-003	購入貨品	2121	應付帳款		NT$100,000
2019	1	10	記	130110-004	購入貨品	1243	庫存商品	NT$160,000	
2019	1	10	記	130110-004	購入貨品	2121	應付帳款		NT$160,000
2019	1	15	記	130115-005	賣出商品	1131	應收帳款	NT$300,000	
2019	1	15	記	130115-005	賣出商品	5101	主營業務收入		NT$300,000
2019	1	15	記	130115-006	庫存商品轉主營業務成本	4101	主營業務成本	NT$150,000	
2019	1	15	記	130115-006	庫存商品轉主營業務成本	1243	庫存商品		NT$150,000
2019	1	20	記	130120-007	賣出商品	1131	應收帳款	NT$200,000	
2019	1	20	記	130120-007	賣出商品	5101	主營業務收入		NT$200,000
2019	1	20	記	130120-008	庫存商品轉主營業務成本	4101	主營業務成本	NT$100,000	
2019	1	20	記	130120-008	庫存商品轉主營業務成本	1243	庫存商品		NT$100,000
2019	1	25	記	130125-009	1月租金	550108	租金費用	NT$10,000	
2019	1	25	記	130125-009	1月水電	550109	水電費用	NT$3,500	
2019	1	25	記	130125-009	付1月租金、水電費	1002	銀行存款		NT$13,500
2019	1	25	記	130125-010	1月交通費	550103	交通費用	NT$660	

需要進行「現金流量項目分類」示例

需要進行「現金流量項目分類」示例

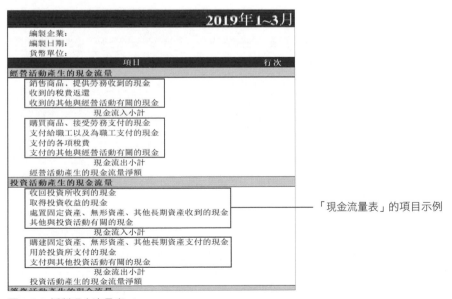

圖 2.3-4 編製現金流量表 -3

「現金流量項目分類」的項目按照「現金流量表」的項目編製。如「圖 2.3-5 編製現金流量表 -4」所示。

2019年1~3月

編製企業：
編製日期：
貨幣單位：

項目	行次
經營活動產生的現金流量	
銷售商品、提供勞務收到的現金	
收到的稅費返還	
收到的其他與經營活動有關的現金	
現金流入小計	
購買商品、接受勞務支付的現金	
支付給職工以及為職工支付的現金	
支付的各項稅費	
支付的其他與經營活動有關的現金	
現金流出小計	
經營活動產生的現金流量淨額	
投資活動產生的現金流量	
收回投資所收到的現金	
取得投資收益的現金	
處置固定資產、無形資產、其他長期資產收到的現金	
其他與投資活動有關的現金	
現金流入小計	
購建固定資產、無形資產、其他長期資產支付的現金	
用於投資所支付的現金	
支付與其他投資活動有關的現金	
現金流出小計	
投資活動產生的現金流量淨額	

「現金流量表」的項目示例

圖 2.3-5 編製現金流量表 -4

實際操作時，「現金流量項目分類」的項目，要在相應的「現金流量表」的項目之前加上「經營活動—」或「投資活動—」或「籌資活動—」，使得各項目與其對應的業務活動相符。例如，「圖 2.3-5 編製現金流量表 -4」中 C8 儲存格（「銷售商品、提供勞務收到的現金」）對應的「現金流量項目分類」的項目，應是「經營活動—銷售商品、提供勞務收到的現金」。

Step 2 在「日記帳簿」工作表中，K2 儲存格中鍵入「現金流量項目分類」，表示 K 欄將添加「現金流量項目分類」，記錄「日記帳簿」對應的「現金流量表」項目。

F	G	H	I	J	K
普通日記帳簿					
摘要	科目代碼	科目名稱	借方	貸方	現金流量項目分類
期初開帳	1002	銀行存款	NT$5,000,000		
期初開帳	3101	實收資本		NT$5,000,000	
提取備用金	1101	現金	NT$3,000		
轉備用金	1002	銀行存款		NT$3,000	
購入貨品	1243	庫存商品	NT$100,000		

—— 鍵入「現金流量項目分類」

圖 2.3-6 編製現金流量表 -5

Step 3 第 1 組（憑證號數 130101 － 001），K4 儲存格（「實收資本」）中鍵入「籌資活動 1—吸收投資所收到的現金」。如「圖 2.3 7 編製現金流量表 -6」所示。

F	G	H	I	J	K
普通日記帳簿					
摘要	科目代碼	科目名稱	借方	貸方	現金流量項目分類
期初開帳	1002	銀行存款	NT$5,000,000		
期初開帳	3101	實收資本		NT$5,000,000	籌資活動1—吸收投資所收到的現金
提取備用金	1101	現金	NT$3,000		
轉備用金	1002	銀行存款		NT$3,000	
購入貨品	1243	庫存商品	NT$100,000		

—— 鍵入「籌資活動 1—吸收投資所收到的現金」

圖 2.3-7 編製現金流量表 -6

第 1 組借記「銀行貸款」，貸記「實收資本」，「實收資本」對應到「籌資活動—吸收投資所收到的現金」。同時，由於「日記帳簿」涉及到「1 月」、「2 月」、「3 月」的帳目，因此把 1 月的「籌資活動」表示為「籌資活動 1」，以對月份作區別，便於「現金流量表」對資訊的參照。對於「經營活動」、「投資活動」、「籌資活動」後出現的「1」、「2」、「3」均是這個原因，不再贅述。

Step 4 第 2 組（憑證號數 130105 － 002），不用進行「現金流量項目分類」。

第 2 組借記「現金」，貸記「銀行存款」，由於兩者都是資金帳戶，互相調撥，並非對外的流入或流出。

Step 5 第 3 組（憑證號數 130105 － 003），不用進行「現金流量項目分類」。

第 3 組借記「庫存商品」，貸記「應付帳款」，由於未涉及「現金」或「銀行存款」，不計入「現金流量表」。

其他未涉及「現金」或「銀行存款」的組別均做類似的操作，不再贅述。

Step 6 第 9 組（憑證號數 130125 － 009），K19 儲存格 K19 儲存格（「租金費用」）和 K20 儲存格（「水電費用」）中分別鍵入「經營活動 1—支付的其他與經營活動有關的現金」。

第 9 組借記「租金費用」和「水電費用」，貸記「銀行存款」，「租金費用」和「水電費用」對應到「經營活動 1—支付的其他與經營活動有關的現金」。

第 10 組和第 11 組的「現金流量項目分類」，與第 9 組是類似的。

Step 7 第 12 組（憑證號數 130131 － 012），K30 儲存格（「業務員薪資費用」）和 K31 儲存格（「人事薪資費用」）中分別鍵入「經營活動 1—支付給職工以及為職工支付的現金」。

第 12 組借記「業務員薪資費用」和「人事薪資費用」，貸記「銀行存款」，「業務員薪資費用」和「人事薪資費用」對應到「經營活動 1—支付給職工以及為職工支付的現金」。

Step 8 第 13 組（憑證號數 130131 － 013），K34 儲存格（「應收帳款」）中鍵入「經營活動 1—銷售商品、提供勞務收到的現金」。

第 13 組借記「銀行存款」，貸記「應收帳款」，「應收帳款」對應到「經營活動 1—銷售商品、提供勞務收到的現金」。

第 14 組的「現金流量項目分類」，與第 13 組是類似的。

Step 9 第 15 組（憑證號數 130131 － 015），K37 儲存格（「應付帳款」）中鍵入「經營活動 1—購買商品、接受勞務支付的現金」。

第 15 組借記「應付帳款」，貸記「銀行存款」，「應收帳款」對應到「經營活動 1—購買商品、接受勞務支付的現金」。

第 16 組的「現金流量項目分類」，與第 15 組是類似的。

「1 月」的「現金流量項目分類」完成，如「圖 2.3-7 編製現金流量表 -7」所示。

科目代碼	科目名稱	借方	貸方	現金流量項目分類
1002	銀行存款	NT$5,000,000		
3101	實收資本		NT$5,000,000	籌資活動1—吸收投資所收到的現金
1101	現金	NT$3,000		
1002	銀行存款		NT$3,000	
1243	庫存商品	NT$100,000		
2121	應付帳款		NT$100,000	
1243	庫存商品	NT$160,000		
2121	應付帳款		NT$160,000	
1131	應收帳款	NT$300,000		
5101	主營業務收入		NT$300,000	
4101	主營業務成本	NT$150,000		
1243	庫存商品		NT$150,000	
1131	應收帳款	NT$200,000		
5101	主營業務收入		NT$200,000	
4101	主營業務成本	NT$100,000		
1243	庫存商品		NT$100,000	
550108	租金費用	NT$10,000		經營活動1—支付的其他與經營活動有關的現金
550109	水電費用	NT$3,500		經營活動1—支付的其他與經營活動有關的現金
1002	銀行存款		NT$13,500	
550103	交通費用	NT$660		經營活動1—支付的其他與經營活動有關的現金
550104	電話費用	NT$220		經營活動1—支付的其他與經營活動有關的現金
550106	辦公用品費用	NT$260		經營活動1—支付的其他與經營活動有關的現金
550107	列印費用	NT$140		經營活動1—支付的其他與經營活動有關的現金
1101	現金		NT$1,280	
550102	行銷費用	NT$1,050		經營活動1—支付的其他與經營活動有關的現金
550105	交際費用	NT$1,800		經營活動1—支付的其他與經營活動有關的現金

——— 1 月「現金流量項目分類」示例

圖 2.3-8 編製現金流量表 -7

「2 月」和「3 月」的「現金流量項目分類」與「1 月」類似。

三、鍵入「現金流量表」的「正表」資訊。

Step 1 在「現金流量表 -2019 年 1~3 月」工作表之 E8 儲存格（1月，經營活動—銷售商品、提供勞務收到的現金）中鍵入「=SUMIF(日記帳簿!$K$3:$K$114," 經營活動 1—銷售商品、提供勞務收到的現金 ", 日記帳簿!$J$3:$J$114)」。

上述公式表示，在「日記帳簿」工作表的 K3~K114 儲存格中，如果找到「經營活動1—銷售商品、提供勞務收到的現金」，則將所有「經營活動1—銷售商品、提供勞務收到的現金」儲存格對應的 J 欄資訊加總。

「日記帳簿!$K$3:$K$114」是將「日記帳簿!K3:K114」設定為「絕對位置」，當其他儲存格的公式同樣參照「K3~K114 儲存格」時，便於公式的複製。「日記帳簿!$J$3:$J$114」是同樣的道理。

NOTE

SUMIF 函數

SUMIF 函數根據指定條件對若干儲存格、區域或參照求和。SUMIF 函數語法是 SUMIF(range, criteria, sum_range)。各參數的意義是：

◆ range：範圍，用於條件判斷的儲存格區域。

◆ criteria：準則，由數字、邏輯運算式等組成的判定條件。criteria 參數可使用萬用字元，包括問號 (?) 和星號 (*)。問號 (?) 比對任意單個字元，星號 (*) 比對任意一串字元。如果要

尋找實際的問號或星號，在該字元前鍵入波狀符號 (~)。

◆ sum_range：選擇性，實際求和區域，需要求和的儲存格、區域或參照。當省略第三個參數時，則條件區域即為實際求和區域。

Step 2 E12 儲存格（1月，經營活動—購買商品、接受勞務支付的現金）中鍵入「=SUMIF(日記帳簿!$K$3:$K$114,"經營活動1—購買商品、接受勞務支付的現金",日記帳簿!$I$3:$I$114)」。

上述公式表示，在「日記帳簿」工作表的K3~K114儲存格中，如果找到「經營活動1—購買商品、接受勞務支付的現金」，則將所有「經營活動1—購買商品、接受勞務支付的現金」J欄資訊加總。

Step 3 E8 儲存格公式「=SUMIF(日記帳簿!$K$3:$K$114,"經營活動1—銷售商品、提供勞務收到的現金",日記帳簿!$J$3:$J$114)」，E12 儲存格公式「=SUMIF(日記帳簿!$K$3:$K$114,"經營活動1—購買商品、接受勞務支付的現金",日記帳簿!$I$3:$I$114)」，兩者除了加總條件參照的對象不同，實際加總區域相差一欄，即前者J欄、後者I欄。

E8 儲存格貸記「經營活動—銷售商品、提供勞務收到的現金」，而 E12 儲存格借記「經營活動—購買商品、接受勞務支付的現金」，因此前者的實際加總區域位於貸方，而後者的實際加總區域位於借方。

Step 4 E9 儲存格（1月，經營活動—收到的稅費返還）~ E10 儲存格（1月，經營活動—收到的其他與經營活動有關的現金），E19儲存格（1月，投資活動—收回投資所收到的現金）~ E22 儲存格（1月，投資活動—其他與投資活動有關的現金），E30 儲存格（1月，籌資活動—吸收投資所收到的現金）~ E32 儲存格（1月，籌資活動—收到的其他與籌資活動有關的現金），與 E8 儲存格（記貸方）做類似的操作。

Step 5 E12 儲存格（1月，經營活動—購買商品、接受勞務支付的現金）~ E15 儲存格（1月，經營活動—支付的其他與經營活動有關的現金），E24 儲存格（1月，投資活動—購建固定資產、無形資產、其他長期資產支付的現金）~ E26 儲存格（1月，投資活動—支付與其他投資活動有關的現金），E34 儲存格（1月，籌資活動—償還債務所支付的現金）~ E36 儲存格（1月，籌資活動—支付的其他與籌資活動有關的現金），與 E12 儲存格（記借方）做類似的操作。

Step 6 E11 儲存格（1 月，經營活動一現金流入小計）中鍵入「=sum(E8:E10)」。表示 E11 儲存格（小計）是「1 月，經營活動一現金流入」各項的加總。

Step 7 E23 儲存格（1 月，投資活動一現金流入小計）和 E33 儲存格（1 月，籌資活動一現金流入小計），與 E11 儲存格做類似的操作。

Step 8 E16 儲存格（1 月，經營活動一現金流出小計）中鍵入「=SUM(E12:E15)」。表示 E16 儲存格（小計）是「1 月，經營活動一現金流出」各項的加總。

Step 9 E27 儲存格（1 月，投資活動一現金流出小計）和 E37 儲存格（1 月，籌資活動一現金流出小計），與 E16 儲存格做類似的操作。

Step 10 E17 儲存格（1 月，投資活動一經營活動產生的現金流量淨額）中鍵入「=E11-E16」。表示 E17 儲存格（現金流量淨額）是「1 月，經營活動一現金流入」和「1 月，經營活動一現金流出」的差額。

Step 11 E28 儲存格（1 月，投資活動一經營活動產生的現金流量淨額）和 E38 儲存格（1 月，籌資活動一經營活動產生的現金流量淨額），與 E17 儲存格做類似的操作。

Step 12 E39 儲存格（1 月，匯率變動對現金的影響額），根據實際情況填寫。

Step 13 E40 儲存格（1 月，現金及現金等價物淨增加額）中鍵入「=E17+E28+E38」。

表示「現金及現金等價物的淨增加額 = 經營活動產生的現金流量 + 投資活動產生的現金流量 + 籌資活動產生的現金流量 + 匯率變動影響額」。

「1 月」的「現金流量表」資訊設定完畢。

Step 14 「2 月」和「3 月」的第 8 列～第 38 列資訊，只需在同列「1 月」資訊的基礎上，改寫公式中的「1」（1 月）為「2」（2 月）或「3」（3 月）即可。

例如 F15 儲存格（2 月，經營活動一支付的其他與經營活動有關的現金），則將 E15 儲存格公式「=SUMIF(日記帳簿 !$K$3:$K$114," 經營活動 1一支付的其他與經營活動有關的現金 ", 日記帳簿 !$I$3:$I$114)」公式中 " 經營活動 1一支付的其他與經營活動有關的現金 " 改寫為 " 經營活動 2一支付的其他與經營活動有關的現金 " 即可，即「=SUMIF(日記帳簿 !$K$3:$K$114," 經營活動 2一支付的其他與經營活動有關的現金 ", 日記帳簿 !$J$3:$J$114)」。

Step 15 「2月」和「3月」的第39列～第40列資訊，與「1月」資訊做類似的操作。

「現金流量表」編製完成，如「1月」所示。

項目	行次	1月	2月	3月
經營活動產生的現金流量				
銷售商品、提供勞務收到的現金		500,000	620,000	700,000
收到的稅費返還		0	0	0
收到的其他與經營活動有關的現金		0	0	0
現金流入小計		500,000	620,000	700,000
購買商品、接受勞務支付的現金		260,000	360,000	320,000
支付給職工以及為職工支付的現金		47,000	47,500	33,000
支付的各項稅費		0	0	0
支付的其他與經營活動有關的現金		17,630	17,300	15,440
現金流出小計		324,630	424,800	368,440
經營活動產生的現金流量淨額		175,370	195,200	331,560
投資活動產生的現金流量				
收回投資所收到的現金		0	0	0
取得投資收益的現金		0	0	0
處置固定資產、無形資產、其他長期資產收到的現金		0	0	0
其他與投資活動有關的現金		0	0	0
現金流入小計		0	0	0
購建固定資產、無形資產、其他長期資產支付的現金		0	0	0
用於投資所支付的現金		0	0	0
支付與其他投資活動有關的現金		0	0	0
現金流出小計		0	0	0
投資活動產生的現金流量淨額		0	0	0
籌資活動產生的現金流量				
吸收投資所收到的現金		5,000,000	0	0
借款所收到的現金		0	0	0
收到的其他與籌資活動有關的現金		0	0	0
現金流入小計		5,000,000	0	0
償還債務所支付的現金		0	0	0
分配股利、利潤、償付利息所支付的現金		0	0	0
支付的其他與籌資活動有關的現金		0	0	0
現金流出小計		0	0	0
籌資活動產生的現金流量淨額		5,000,000	0	0
匯率變動對現金的影響額				
現金及現金等價物淨增加額		5,175,370	195,200	331,560

2019年1～3月 現金流量表

編製企業：興旺貿易有限公司
編製日期：2019年3月31日
貨幣單位：新台幣

圖 2.3-9 編製現金流量表 -8

結果詳見檔案 📁「CH2.3-02 現金流量表 - 編製」之「現金流量表 -2019 年 1~3 月」工作表

四、檢驗「現金流量表」的正確性。

Step 1 打開「CH2.3-02 現金流量表 - 編製」之「現金流量表 -2019 年 1~3 月」工作表。

將「現金流量表」中「1月」、「2月」、「3月」的「現金及現金等價物淨增加額」加總，得「5,175,370+195,200+331,560=5,702,130」。

籌資活動產生的現金流量淨額		5,000,000	0	0
匯率變動對現金的影響額				
現金及現金等價物淨增加額		5,175,370	195,200	331,560

— 加總

圖 2.3-10 編製現金流量表 -9

Step 2 打開「CH2.3-02 現金流量表 - 編製」之「資產負債表 -2019 年第一季度」工作表。

    (1)計算「資產負債表」中「現金」增加額,即「現金」的「期末數」與「年初數」的差額,得「2,330-0=2,330」。

		2019年第一季度
編製企業: 興旺貿易有限公司		
編製日期: 2019年3月31日		
貨幣單位: 新台幣		

資產	行次	年初數	期末數
流動資產			
現金			2,330
銀行存款			5,699,800
短期投資			0
應收票據			0

圖 2.3-11 編製現金流量表 -10

    (2)計算「資產負債表」中「銀行存款」增加額,即「銀行存款」的「期末數」與「年初數」的差額,得「5,699,800-0=5,699,800」。

		2019年第一季度
編製企業: 興旺貿易有限公司		
編製日期: 2019年3月31日		
貨幣單位: 新台幣		

資產	行次	年初數	期末數
流動資產			
現金			2,330
銀行存款			5,699,800
短期投資			0
應收票據			0

圖 2.3-12 編製現金流量表 -10

    (3)將「資產負債表」中「現金」和「銀行存款」增加額加總,得「2,330+5,699,800=5,702,130」。

Step 3 「現金流量表」中「1 月」、「2 月」、「3 月」的「現金及現金等價物淨增加額」加總為 5,702,130,「資產負債表」中「現金」和「銀行存款」增加額加總為 5,702,130,因此「現金流量表」的編製無誤。

若兩者不等,則「現金流量表」的編製有誤。

Chapter 3

會計報表分析

透過上一章節的介紹，我們知道財務報表的編製方法。事實上，在實務運用中，最重要的是利用會計報表的編製結果，找出有用的資訊並作深入分析。

「財務報表分析」通常包括「定性分析」和「定量分析」兩種類型。「定性分析」是指分析人員根據自己的知識、經驗以及對企業內部情況、外部環境的瞭解程度所做出的非量化的分析和評價。「定量分析」是分析人員運用一定的數學方法和分析工具、分析技巧對有關指標所做的量化分析。「定量分析」的方法中，最常用的是「比率分析法」。

比率分析法 3.1

「比率分析法」對同一張會計報表的不同項目、不同類別進行比率關係的比較,或是對兩張會計報表相關項目進行比率關係的比較,用相對數量解釋財務報表,運用數學方法把財務報表中的某些項目聯繫起來。運用「比率分析法」的前提是,比率中的各項目之間存互相有關連。

「比率分析法」可以為財務分析提供線索,是會計報表分析的重要方法之一,對於企業同一時期的財務分析較為全面。

▌3.1.1 資產結構分析

「資產負債表」中眾多的數據,可以整理成許多有用的資訊,供企業主或者財務人員參考,是瞭解企業發展狀況的重要途徑之 。企業「資產結構」直接關係到企業財務結構的穩健程度。

本章節將利用比率分析法分析企業「資產結構」的重要指標,包括「資產負債率」、「股東權益比率」等。步驟如下。

一、查看「資產結構分析」的內容。

打開檔案「CH3.1-01 比率分析法 - 原始」。

⑴查看「資產負債表」工作表。該「資產負債表」是本章節實例使用的 S 企業「2019年 資產負債表」。

⑵查看「損益表」工作表。該「損益表」是本章節實例使用的 S 企業「2019 年 損益表」。

⑶查看「現金流量表」工作表。該「現金流量表」是本章節實例使用的 S 企業「2019年 現金流量表」。

⑷查看「資產結構分析」工作表。該工作表給出「資產負債率」和「股東權益比率」兩項指標,以及指標的意義。如「圖 3.1-1 資產結構分析 -1」所示。

	A	B	C	D	E
1					
2			資產結構分析表		
3			年初數	期末數	備註
4		1、資產負債率			表示總資產中負債構成比例，評估對債權人的利益保障程度
5		2、股東權益比率			反映企業自有資金占比，比率愈高則財務狀況愈穩健、企業經營愈保守
6					

圖 3.1-1 資產結構分析 -1

二、分析「資產負債率」。

「資產負債率」的公式為「**資產負債率** $= \dfrac{\text{負債合計}}{\text{資產合計}}$ 」

「負債合計」和「資產合計」的資訊可在「資產負債表」中找到。

Step 1 在「資產結構分析」工作表的 C4 儲存格（年初資產負債率）中鍵入「=」。

Step 1 點擊「資產負債表」工作表的 M33 儲存格（年初負債合計）。鍵入「/」。

Step 3 點擊「資產負債表」工作表的 F44 儲存格（年初資產合計）。按下「Enter」按鍵。

則「資產結構分析」工作表的 C4 儲存格（年初資產負債率）的值為「38.70%」，即

$$年初資產負債率 = \frac{年初負債合計}{年初資產合計}$$

$$= \frac{資產負債表!M33（6,502,800）}{資產負債表!F44（16,802,800）} = 38.70\% 。$$

如「圖 3.1-2 資產結構分析 -2」所示。

C4		fx	=資產負債表M33/資產負債表F44		
	A	B	C	D	E
1					
2			資產結構分析表		
3			年初數	期末數	備註
4		1、資產負債率	38.70%		表示總資產中負債構成比例，評估對債權人的利益保障程度
5		2、股東權益比率			反映企業自有資金占比，比率愈高則財務狀況愈穩健、企業經營愈保守
6					

圖 3.1-2 資產結構分析 -2

Step 3 儲存格（期末資產負債率）的公式設定與 C4 儲存格類似。

C4 儲存格公式中為「負債合計」和「資產合計」的年初數，D4 儲存格公式中為「負債合計」和「資產合計」的期末數即可。

D4 儲存格（期末資產負債率）的值為「33.83%」，即

$$期末資產負債率 = \frac{期末負債合計}{期末資產合計}$$

$$= \frac{資產負債表 !N33（5,475,919）}{資產負債表 !G44（16,187,290）} = 33.83\%。$$

「資產負債率」是負債總額與資產總額的比例，表示企業的總資產中負債的構成比例，同時評估企業清算時對債權人的利益保障程度。

從債權人角度看，關心的是貸給企業款項的安全程度，也就是能否按期收回本金和利息。如果股東提供的資本與企業資本總額相只占較小的比例，則企業的風險將主要由債權人負擔，對債權人不利。因此，債權人希望債務比例越低越好。

從股東角度看，由於企業透過舉債籌措的資金與股東提供的資金在經營中發揮同樣的作用，所以，股東關心全部資本的利潤率是否超過借入款項的利率。當企業全部資本的利潤率超過因借款而支付的利率時，股東所得到的利潤才會加大。

從經營者的角度看，如果舉債很多，超出債權人心理承受程度，企業借不到錢。如果舉債很少，說明企業畏縮不前，企業的經營活動的能力很差。要在二者之間權衡利害得失。

三、分析「股東權益比率」。

對於股份有限制企業，

$$股東權益比率 = 所有者權益比率 = \frac{所有者權益合計}{資產合計}$$

「所有者權益合計」和「資產合計」的資訊可在「資產負債表」中找到。

Step 1 在「資產結構分析」工作表的 C5 儲存格（年初股東權益比率）中鍵入「=」。

Step 2 點擊「資產負債表」工作表的 M43 儲存格（年初所有者權益合計）。鍵入「/」。

Step 3 點擊「資產負債表」工作表的 F44 儲存格（年初資產合計）。按下「Enter」按鍵。

則「資產結構分析」工作表的 C5 儲存格（年初股東權益比率）的值為「61.30%」，即

$$年初股東權益比率 = \frac{年初所有者權益合計}{年初資產合計}$$

$$= \frac{資產負債表 !M43（10,300,000）}{資產負債表 !F44（16,802,800）} = 61.30\%。$$

如「圖 3.1-3 資產結構分析 -3」所示。

圖 3.1-3 資產結構分析 -3

Step 4 D5 儲存格（期末股東權益比率）的公式設定與 C5 儲存格類似。

C5 儲存格公式中為「所有者權益合計」和「資產合計」的年初數，D5 儲存格公式中為「所有者權益合計」和「資產合計」的期末數即可。

D5 儲存格（期末股東權益比率）的值為「66.17%」，即

$$期末股東權益比率 = \frac{期末所有者權益合計}{期末資產合計}$$

$$= \frac{資產負債表\,!N43\,（10,711,371）}{資產負債表\,!G44\,（16,187,290）} = 66.17\%。$$

「股東權益比率」反映企業自有資金的占比，該比率越高，企業財務狀況越穩健，但由於舉債少可能導致企業經營過於保守。

四、「資產結構分析」結論。

「資產結構分析」的結果如「圖 3.1-4 資產結構分析 -4」所示。

	B	年初數	期末數	備註
			資產結構分析表	
1.	資產負債率	38.70%	33.83%	表示總資產中負債構成比例，評估對債權人的利益保障程度
2.	股東權益比率	61.30%	66.17%	反映企業自有資金占比，比率愈高則財務狀況愈穩健、企業經營愈保守

圖 3.1-4 資產結構分析 -4

結果詳見檔案 📂 「CH3.1-02 比率分析法 - 計算」之「資產結構分析」工作表

就「資產負債率」以及「所有者權益比率」兩個指標而言，兩者總和為 100%。因此「資產負債率」越高，則「所有者權益比率」越低，反之亦然。

從「資產結構」分析結果來看，「資產負債率」小於「股東權益比率」，說明企業總資產中自有資金數額高於舉債數額，企業財務狀況較為穩定。

在年初數和期末數的比較中，可以看到期初資產負債率略高於期末，則資產負債表的結算期間中，企業財務狀況在向更加穩定的方向發展。

值得注意的是，由於所處行業不同及季節性因素，或者企業處在不同的發展階段，「資產結構」的「健康值」不盡相同。因此，得到「資產結構」的分析數據後，通常要與往年同期的資訊或者與行業資訊比較，排除干擾因素，得出客觀的評價結果。後續數據的分析過程中，這一點同樣適用。

3.1.2 償債能力分析

「償債能力」，指企業用其資產償還長期債務與短期債務的能力，是反映企業財務狀況和經營能力的重要標誌。企業有無「現金支付能力」和「償債能力」，是企業能否健康發展的關鍵。

「償債能力」分析中，「短期償債能力」的財務分析指標包括「流動比率」、「速動比率」、「利息保障倍數」等。「長期償債能力」，它的財務分析指標主要是「產權比率」。

「償債能力」的分析步驟如下。

一、查看「償債能力分析」的內容。

打開檔案「CH3.1-01 比率分析法 - 原始」。

查看「償債能力分析」工作表。該工作表給出「流動比率」、「速動比率」、「利息保障倍數」和「產權比率」四項指標，以及指標的意義。如「圖 3.1-5 償債能力分析 -1」所示。

	A	B	C	D	E
1					
2		償債能力分析表			
3			年初數	期末數	備註
4		1、短期償債能力分析			
5		流動比率			企業運用流動資產償還流動負債的能力，經驗值為2:1
6		速動比率			較流動速率更準確地反映企業的短期償債能力，經驗值1:1
7		利息保障倍數			息前稅前利潤與利息費用的比率，衡量企業償付借款利息的能力
8		2、長期償債能力分析			
9		產權比率			負債總額與股東權益總額的比例，反映企業基本財務結構是否穩定
10					

圖 3.1-5 償債能力分析 -1

二、分析「流動比率」。

「流動比率」的公式為「**流動比率** = $\frac{\textbf{流動資產}}{\textbf{流動負債}}$」，「流動資產」和「流動負債」的資訊可在「資產負債表」中找到。

Step 1 在「償債能力分析」工作表的 C5 儲存格（年初流動比率）中鍵入「=」。

Step 2 點擊「資產負債表」工作表的 F22 儲存格（年初流動資產）。鍵入「/」。

Step 3 點擊「資產負債表」工作表的 M22 儲存格（年初流動負債）。按下「Enter」按鍵。

則「償債能力分析」工作表的 C5 儲存格（年初流動比率）的值為「179.20%」，即

$$年初流動比率=\frac{年初流動資產}{年初流動負債}$$

$$=\frac{資產負債表\ !F22（9,502,800）}{資產負債表\ !M22（5,302,800）}=179.20\%。$$

如「圖 3.1-6 償債能力分析 -2」所示

C5　=資產負債表!F22/資產負債表!M22

償債能力分析表			
	年初數	期末數	備註
1、短期償債能力分析			
流動比率	179.20%		企業運用流動資產償還流動負債的能力，經驗值為2:1
速動比率			較流動速率更準確地反映企業的短期償債能力，經驗值1:1
利息保障倍數			息前稅前利潤與利息費用的比率，衡量企業償付借款利息的能力
2、長期償債能力分析			
產權比率			負債總額與股東權益總額的比例，反映企業基本財務結構是否穩定

圖 3.1-6 償債能力分析 -2

Step 4 D5 儲存格（期末流動比率）的公式設定與 C5 儲存格類似。

C5 儲存格公式中為「流動資產」和「流動負債」的年初數，D5 儲存格公式中為「流動資產」和「流動負債」的期末數即可。

D5 儲存格（期末流動比率）的值為「262.66%」，即

$$期末流動比率=\frac{期末流動資產}{期末流動負債}$$

$$=\frac{資產負債表\ !G22（8,289,290）}{資產負債表\ !N22（3,155,919）}=262.66\%。$$

「流動比率」是「流動資產」和「流動負債」的比例，反映企業運用其「流動資產」償還「流動負債」的能力。「流動負債」具有償還期不確定的特點，而「流動資產」具有容易變現的特點，可以滿足「流動負債」的償還需要。因此，「流動比率」是用來分析短期清償能力的。

實踐中，將「流動比率」保持在「2:1」左右是比較適宜的，這是一個經驗資訊。經驗資訊會因為所處行業及季節性等因素作調整，這一點在上一章節中已作說明。運用「流動比率」分析企業「短期償債能力」時，還應結合「存貨」的規模大小、周轉速度、變現能力和變現價值等指標進行綜合分析。如果企業「流動比率」很高，但其「存貨」規模大，周轉速度慢，有可能造成「存貨」變現能力弱，變現價值低，那麼，企業的實際「短期償債能力」就要比指標反映的弱。

三、分析「速動比率」。

「速動比率」的公式為「**速動比率** $= \dfrac{\textbf{速動資產}}{\textbf{流動資產}} = \dfrac{\textbf{流動資產 - 存貨}}{\textbf{流動負債}}$」

「流動資產」、「存貨」和「流動負債」的資訊可在「資產負債表」中找到。

Step 1 在「償債能力分析」工作表的 C6 儲存格（年初速動比率）中鍵入「=(」。

Step 2 點擊「資產負債表」工作表的 F22 儲存格（年初流動資產）。鍵入「-」。

Step 3 點擊「資產負債表」工作表的 F18 儲存格（年初庫存商品）。鍵入「)/」。

Step 4 點擊「資產負債表」工作表的 M22 儲存格（年初流動負債）。按下「Enter」按鍵。

則「償債能力分析」工作表的 C6 儲存格（年初速動比率）的值為「81.90%」，即

$$年初速動比率 = \frac{年初流動資產 - 年初存貨}{年初流動負債}$$

$$= \frac{資產負債表\ !F22\ (9,502,800) - 資產負債表\ !F18\ (5,160,000)}{資產負債表\ !M22\ (5,302,800)}$$

=81.90%。

如「圖 3.1-7 償債能力分析 -3」所示。

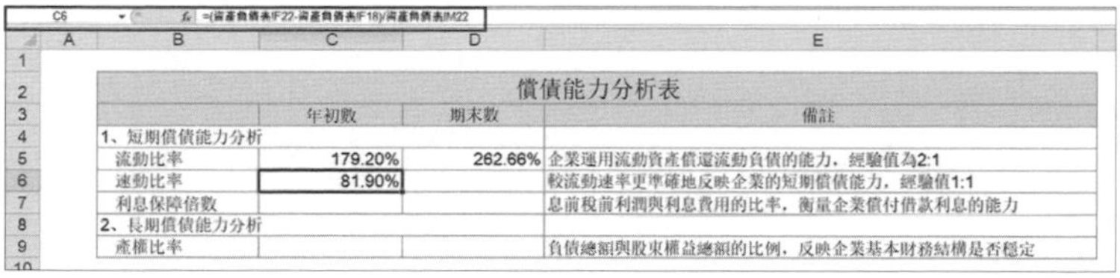
C6 =(資產負債表!F22-資產負債表!F18)/資產負債表!M22

	A	B	C	D	E
1					
2		償債能力分析表			
3			年初數	期末數	備註
4		1、短期償債能力分析			
5		流動比率	179.20%	262.66%	企業運用流動資產償還流動負債的能力，經驗值為2:1
6		速動比率	81.90%		較流動速率更準確地反映企業的短期償債能力，經驗值1:1
7		利息保障倍數			息前稅前利潤與利息費用的比率，衡量企業償付借款利息的能力
8		2、長期償債能力分析			
9		產權比率			負債總額與股東權益總額的比例，反映企業基本財務結構是否穩定

圖 3.1-7 償債能力分析 -3

Step 5 D6 儲存格（期末速動比率）的公式設定與 C6 儲存格類似。C5 儲存格公式中為「流動資產」、「存貨」和「流動負債」的年初數，D6 儲存格公式中為「流動資產」、「存貨」和「流動負債」的期末數即可。

D6 儲存格（期末流動比率）的值為「99.49%」，即

$$期末速動比率 = \frac{期末流動資產 - 期末存貨}{期末流動負債}$$

$$= \frac{資產負債表 !G22（8,289,290）- 資產負債表 !G18（5,149,400）}{資產負債表 !N22（3,155,919）}$$

$$=99.49\%。$$

「速動比率」是「速動資產」和「流動負債」的比例。「速動資產」，是指可以及時的、不貶值的轉換為可以直接償債的資產形式的「流動資產」，是「流動資產」剔除「存貨」後的值。「流動資產」剔除「存貨」等變現能力較弱的資產後，求得的「速動比率」能夠更準確地反映企業的「短期償債能力」。

企業的速動比率為「1:1」時通常是恰當的。此時，即便所有「流動負債」要求同時償還，也有足夠的資產用來償債。運用「速動比率」分析企業「短期償債能力」時，應結合「應收帳款」的規模、周轉速度、「其他應收款」的規模，以及它們的變現能力進行綜合分析。如果企業「速動比率」雖然很高，但「應收帳款」周轉速度慢，且「應收帳款」與「其他應收款」的規模大，變現能力差，那麼企業真實的「短期償債能力」要比該指標反映的差。

四、分析「利息保障倍數」。

「利息保障倍數」的公式為「**利息保障倍數 $= \dfrac{稅後淨利 + 所得稅 + 利息}{利息}$**」

「稅後淨利」即為「損益表」中的「淨利潤」，「所得稅」即為「損益表」中的「所得稅」，「利息」視為損益表中的「財務費用」，實際操作中可根據利息的確切金額鍵入。

「利息保障倍數」針對的是「損益表」統計期間的值，故無年初值、期末值之分。

Step 1 在「償債能力分析」工作表的 D7 儲存格（利息保障倍數）中鍵入「=(」。

Step 2 點擊「損益表」工作表的 F23 儲存格（淨利潤）。鍵入「+」。

Step 3 點擊「損益表」工作表的 F22 儲存格（所得稅）。鍵入「+」。

Step 4 點擊「損益表」工作表的 F14 儲存格（財務費用）。鍵入「)/」。

Step 5 點擊「損益表」工作表的 F14 儲存格（財務費用）。按下「Enter」按鍵。

「償債能力分析」工作表的 D7 儲存格（利息保障倍數）的值為「8.5」，即

$$\text{利息保障倍數} = \frac{\text{稅後淨利} + \text{所得稅} + \text{利息}}{\text{利息}}$$

$$= \frac{\text{損益表 !F23}(340{,}000) + \text{損益表 !F22}(110{,}000) + \text{損益表 !F14}(60{,}000)}{\text{損益表 !F14}(60{,}000)}$$

=8.5。

如「圖 3.1-8 償債能力分析 -4」所示。

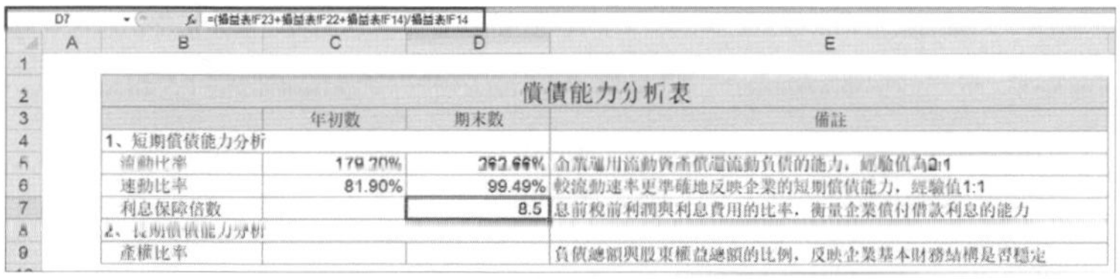

D7 =(損益表!F23+損益表!F22+損益表!F14)/損益表!F14

	A	B	C	D	E
1					
2		償債能力分析表			
3			年初數	期末數	備註
4		1、短期償債能力分析			
5		流動比率	179.70%	262.66%	企業運用流動資產償還流動負債的能力，經驗值為2:1
6		速動比率	81.90%	99.49%	較流動速率更準確地反映企業的短期償債能力，經驗值1:1
7		利息保障倍數		8.5	息前稅前利潤與利息費用的比率，衡量企業償付借款利息的能力
8		2、長期償債能力分析			
9		產權比率			負債總額與股東權益總額的比例，反映企業基本財務結構是否穩定

圖 3.1-8 償債能力分析 -4

「利息保障倍數」，是指企業生產經營所獲得的「息前稅前利潤」與「利息費用」的比率，用來衡量企業償付借款利息的能力。企業生產經營所獲得的「息前稅前利潤」與「利息費用」相比，倍數越大，說明企業支付利息費用的能力越強。

透過「利息保障倍數」的定義可知，當該指標等於「1」時，企業創造的利潤與企業需支付的利息費用相等；該指標小於「1」時，企業創造的利潤不足以支付其利息費用；該指標大於「1」時，企業創造的利潤除了支付利息費用外，尚有結餘。

五、分析「產權比率」。

對於股份有限制企業，

「產權比率」的公式為「產權比率 $= \dfrac{負債合計}{股東權益合計} = \dfrac{負債合計}{所有者權益合計}$」，

「負債合計」和「所有者權益合計」的資訊可在「資產負債表」中找到。

Step 1 在「償債能力分析」工作表的 C9 儲存格（年初產權比率）中鍵入「=」。

Step 2 點擊「資產負債表」工作表的 M33 儲存格（年初負債合計）。鍵入「/」。

Step 3 點擊「資產負債表」工作表的 M43 儲存格（年初所有者權益合計）。按下「Enter」按鍵。

則「償債能力分析」工作表的 C9 儲存格（年初產權比率）的值為「63.13%」，即

$$年初產權比率 = \dfrac{年初負債合計}{年初所有者權益合計}$$

$$= \dfrac{資產負債表!M33（6,502,800）}{資產負債表!M43（10,300,000）} = 63.13\%。$$

如「圖 3.1-9 償債能力分析 -5」所示。

圖 3.1-9 償債能力分析 -5

Step 4 D9 儲存格（期末產權比率）的公式設定與 C9 儲存格類似。

C9 儲存格公式中為「負債合計」和「所有者權益合計」的年初數，D9 儲存格公式中為「負債合計」和「所有者權益合計」的期末數即可。

D9 儲存格（期末產權比率）的值為「51.12%」，即

$$期末產權比率 = \dfrac{期末負債合計}{期末所有者權益合計}$$

$$= \dfrac{資產負債表!N33（5,475,919）}{資產負債表!N43（10,711,371）} = 51.12\%。$$

「產權比率」是「負債總額」與「股東權益總額」的比率，是債權人提供的資本與股東提供的資本的相對關係，反映企業基本財務結構是否穩定。「產權比率」越高則企業償還長期債務的能力越弱，「產權比率」越低則企業償還長期債務的能力越強。

從股東角度來看，在通貨膨脹加劇時期，企業多借債可以把損失和風險轉嫁給債權人。在經濟繁榮時期，多借債可以獲得額外的利潤。在經濟萎縮時期，少借債可以減少利息負擔和財務風險。「產權比率」高，是高風險、高報酬的財務結構，「產權比率」低，是低風險、低報酬的財務結構。

六、「償債能力分析」結論。

「償債能力分析」的結果如「圖 3.1-10 償債能力分析 -6」所示。

	A	B	C	D	E
1					
2			償債能力分析表		
3			年初數	期末數	備註
4		1、短期償債能力分析			
5		流動比率	179.20%	262.66%	企業運用流動資產償還流動負債的能力，經驗值為2:1
6		速動比率	81.90%	99.49%	較流動速率更準確地反映企業的短期償債能力，經驗值1:1
7		利息保障倍數		8.5	息稅前利潤與利息費用的比率，衡量企業償付借款利息的能力
8		2、長期償債能力分析			
9		產權比率	63.13%	51.12%	負債總額與股東權益總額的比例，反映企業基本財務結構是否穩定

圖 3.1-10 償債能力分析 -6

結果詳見檔案 [📁] 「CH3.1-02 比率分析法 - 計算」之「償債能力分析」工作表

「流動比率」的值與「經驗值 2:1」相比，應處於較為合理的範圍。

「速動比率」的值與「經驗值 1:1」相比，應處於較為合理的範圍。

「利息保障倍數」達「8.5」，企業償付借款利息的能力較強。

「產權比率」反映企業基本財務結構較為穩定。

3.1.3 營運能力分析

「營運能力」,主要指企業營運資產的效率與效益,即企業的產出額與資產佔用額之間的比率,可以用「周轉率」或「周轉速度」來表示。

「營運能力」的分析步驟如下。

一、查看「營運能力分析」的內容。

打開檔案「CH3.1-01 比率分析法 - 原始」。

查看「營運能力分析」工作表。該工作表給出「應收帳款周轉率」、「應收帳款周轉天數」、「存貨周轉率」、「存貨周轉天數」和「總資產周轉率」五項指標,以及指標的意義。如「圖 3.1-11 營運能力分析 -1」所示。

	A	B	C	D
1				
2		營運能力分析表		
3			值	備註
4		應收帳款周轉率		反映企業應收帳款的周轉速度,轉率愈高表示公司收款速度愈快,經驗值300%
5		應收帳款周轉天數		反映企業將應收帳款轉換為現金所需的時間,周轉天數愈短則流動資金使用效率愈好
6		存貨周轉率		反映存貨的流動性及存貨資金占用量是否合理,周轉率愈高則存貨變現速度愈快
7		存貨周轉天數		企業消耗存貨的天數,周轉天數愈少則存貨變現速度愈快
8		總資產周轉率		綜合評價企業全部資產經營品質和利用效率,周轉率愈高則營運能力愈強
9				

圖 3.1-11 營運能力分析 -1

二、分析「應收帳款周轉率」和「應收帳款周轉天數」。

「應收帳款周轉率」的公式為「應收帳款周轉率 $= \dfrac{\text{主營業務收入}}{\text{平均應收帳款}}$」

「平均應收帳款」是「期初應收帳款」與「期末應收帳款」的平均值,「期初應收帳款」和「期末應收帳款」的資訊可在「資產負債表」中找到。「主營業務收入」的資訊可在「損益表」中找到。

Step 1 在「營運能力分析」工作表的 C4 儲存格(應收帳款周轉率)中鍵入「=」。

Step 2 點擊「損益表」工作表的 F7 儲存格(主營業務收入)。鍵入「/((」。

Step 3 點擊「資產負債表」工作表的 F14 儲存格(年初應收帳款)。鍵入「+」。

Step 4 點擊「資產負債表」工作表的 G14 儲存格（期末應收帳款）。鍵入「)/2)」。
按下「Enter」按鍵。

則「營運能力分析」工作表的 C4 儲存格（應收帳款周轉率）的值為
「222.89%」，即

$$應收帳款周轉率 = \frac{主營業務收入}{平均應收帳款}$$

$$= \frac{損益表 !F7（2,000,000）}{\dfrac{資產負債表 !F14（598,200）+ 資產負債表 !G14（1,196,400）}{2}}$$

$$=222.89\% 。$$

如「圖 3.1-12 營運能力分析 -2」所示。

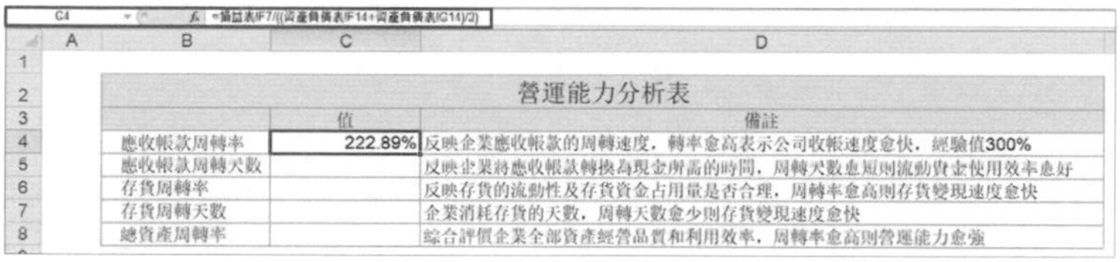

圖 3.1-12 營運能力分析 -2

「應收帳款周轉率」，反映了企業「應收帳款」的周轉速度，表示一定期間內企業「應收帳款」轉為現金的平均次數。「應收帳款」周轉率越高，表示企業收帳速度越快，平均收帳期越短，壞帳損失越少，資產流動越快，償債能力越強。「應收帳款」的業內經驗值是 300%。

本例的「應收帳款周轉率」為「222.89%」，略低於合理水準。

用時間表示的「應收帳款周轉速度」的指標為「應收帳款周轉天數」。「應收帳款周轉天數」的公式為「應收帳款周轉天數 $= \dfrac{365}{應收帳款周轉率}$」。

在「營運能力分析」工作表的 C5 儲存格（應收帳款周轉天數）中鍵入「=365/」。

Step 5 點擊「營運能力分析」工作表的 C4 儲存格（應收帳款周轉率）。按下「Enter」按鍵。

則「營運能力分析」工作表的 C5 儲存格（應收帳款周轉天數）的值為「164」，即

$$應收帳款周轉天數 = \frac{365}{應收帳款周轉率} = \frac{365}{C4} = 164。$$

如「圖 3.1-13 營運能力分析 -3」所示。

圖 3.1-13 營運能力分析 -3

「應收帳款周轉天數」反映了企業從取得「應收帳款」的權利到收回款項、轉換為現金所需要的時間，是「應收帳款周轉率」的輔助性指標。「應收帳款周轉天數」越短，說明流動資金使用效率越好。

三、分析「存貨周轉率」和「存貨周轉天數」。

「存貨周轉率」的公式為「$存貨周轉率 = \dfrac{主營業務成本}{平均存貨}$」

「平均存貨」是「期初存貨」與「期末存貨」的平均值，「存貨」即為「資產負債表」中的「庫存商品」。「期初存貨」和「期末存貨」的資訊可在「資產負債表」中找到。「主營業務成本」的資訊可在「損益表」中找到。

Step 1 在「營運能力分析」工作表的 C6 儲存格（存貨周轉率）中鍵入「=」。

Step 2 點擊「損益表」工作表的 F8 儲存格（主營業務成本）。鍵入「/((」。

Step 3 點擊「資產負債表」工作表的 F18 儲存格（年初庫存商品）。鍵入「+」。

Step 4 點擊「資產負債表」工作表的 G18 儲存格（期末庫存商品）。鍵入「)/2)」。按下「Enter」按鍵。

則「營運能力分析」工作表的 C6 儲存格（存貨周轉率）的值為「23.28%」，即

$$存貨周轉率 = \frac{主營業務成本}{平均存貨}$$

$$= \frac{損益表!F8（1,200,000）}{\dfrac{資產負債表!F18（5,160,000）+資產負債表!G18（5,149,400）}{2}}$$

$$=23.28\% \, 。$$

如「圖 3.1-14 營運能力分析 -4」所示。

圖 3.1-14 營運能力分析 -4

「存貨周轉率」，是企業一定時期「銷貨成本」與「平均存貨餘額」的比率，用於反映存貨的周轉速度，即存貨的流動性及存貨資金占用量是否合理，促使企業在保證生產經營連續性的同時，提高資金的使用效率，增強企業的「短期償債能力」。「存貨周轉率」越高，說明存貨變現速度越快。

用時間表示的「存貨周轉速度」的指標為「存貨周轉天數」。

「存貨周轉天數」的公式為「存貨周轉天數 $= \dfrac{365}{存貨周轉率}$」。

Step 5 在「營運能力分析」工作表的 C7 儲存格（存貨周轉天數）中鍵入「=365/」。

Step 6 點擊「營運能力分析」工作表的 C6 儲存格（存貨周轉率）。按下「Enter」按鍵。

則「營運能力分析」工作表的 C7 儲存格（存貨周轉天數）的值為「1568」，即

$$存貨周轉天數 = \frac{365}{存貨周轉率} = \frac{365}{C6} = 1568。$$

如「圖 3.1-15 營運能力分析 -5」所示。

	A	B	C	D
C7			f_x =365/C6	
1				
2		營運能力分析表		
3			值	備註
4		應收帳款周轉率	222.89%	反映企業應收帳款的周轉速度，轉率愈高表示公司收款速度愈快，經驗值300%
5		應收帳款周轉天數	164	反映企業將應收帳款轉換為現金所需的時間，周轉天數愈短則流動資金使用效率愈好
6		存貨周轉率	23.28%	反映存貨的流動性及存貨資金占用量是否合理，周轉率愈高則存貨變現速度愈快
7		存貨周轉天數	1568	企業消耗存貨的天數，周轉天數愈少則存貨變現速度愈快
8		總資產周轉率		綜合評價企業全部資產經營品質和利用效率，周轉率愈高則營運能力愈強

圖 3.1-15 營運能力分析 -4

「存貨周轉天數」指企業從取得存貨開始，至消耗、銷售為止所經歷的天數。「存貨周轉天數」越少，說明存貨變現的速度越快。

四、分析「總資產周轉率」。

「總資產周轉率」的公式為「$總資產周轉率 = \dfrac{主營業務收入}{平均資產合計}$」

「平均資產合計」是「期初資產合計」與「期末資產合計」的平均值，「期初資產合計」和「期末資產合計」的資訊可在「資產負債表」中找到。「主營業務收入」的資訊可在「損益表」中找到。

Step 1 在「營運能力分析」工作表的 C8 儲存格（總資產周轉率）中鍵入「=」。

Step 2 點擊「損益表」工作表的 F7 儲存格（主營業務收入）。鍵入「/((」。

Step 3 點擊「資產負債表」工作表的 F44 儲存格（年初資產合計）。鍵入「+」。

Step 4 點擊「資產負債表」工作表的 G44 儲存格（期末資產合計品）。鍵入「)/2)」。按下「Enter」按鍵。

則「營運能力分析」工作表的 C8 儲存格（總資產周轉率）的值為「12.12%」，即

$$總資產周轉率 = \frac{主營業務收入}{平均資產合計}$$

$$= \frac{損益表\,!F7（2,000,000）}{\dfrac{資產負債表\,!F44（16,802,800）+ 資產負債表\,!G44（16,187,290）}{2}}$$

$$=12.12\%。$$

如「圖 3.1-16 營運能力分析 -6」所示。

圖 3.1-16 營運能力分析 -6

結果詳見檔案 「CH3.1-02 比率分析法 - 計算」之「營運能力分析」工作表

「總資產周轉率」是綜合評價企業全部資產經營品質和利用效率的重要指標。一般來說，周轉次數越多或周轉天數越少，表示其周轉速度越快，營運能力也就越強。

3.1.4 盈利能力分析

「盈利能力」指企業獲取利潤的能力，通常表現為一定時期內企業收益數額的多少及其水準的高低。反映「盈利能力」的指標眾多，最常用的包括「營業毛利率」、「營業淨利率」、「總資產報酬率」、「淨資產收益率」、「資本收益率」等。

「盈利能力」的分析步驟如下。

一、查看「營運能力分析」的內容。

打開檔案「CH3.1-01 比率分析法 - 原始」。

查看「盈利能力分析」工作表。該工作表給出「營業毛利率」、「營業淨利率」、「總資產報酬率」、「淨資產收益率」和「資本收益率」五項指標，以及指標的意義。如「圖 3.1-17 盈利能力分析 -1」所示。

	A	B	C	D
1				
2		盈利能力分析表		
3			值	備註
4		營業毛利率		反映企業的基本盈利能力，毛利率愈高，主營業務的獲利能力愈強
5		營業淨利率		反映企業營業收入創造淨利潤的能力，營業淨利率愈高則獲利能力愈強
6		總資產報酬率		總資產所取得的收益，比率愈高則企業的資產利用效益愈好
7		淨資產收益率		反映股東權益的淨收益，比率愈高則淨利潤愈高，通常應高於同期銀行存款利率
8		資本收益率		反映投資者原始投資的收益率，比率愈高則自有投資的經濟效益愈好，投資者風險愈少

圖 3.1-17 盈利能力分析 -1

二、分析「營業毛利率」。

「營業毛利率」的公式為「**營業毛利率** $= \dfrac{\textbf{主營業務收入 - 主營業務成本}}{\textbf{主營業務收入}}$」

「主營業務收入」和「主營業務成本」的資訊可在「損益表」中找到。

Step 1 在「盈利能力分析」工作表的 C4 儲存格（營業毛利率）中鍵入「=(」。

Step 2 點擊「損益表」工作表的 F7 儲存格（主營業務收入）。鍵入「-」。

Step 3 點擊「損益表」工作表的 F8 儲存格（主營業務成本）。鍵入「)/」。

Step 4 點擊「損益表」工作表的 F7 儲存格（主營業務收入）。按下「Enter」按鍵。

則「盈利能力分析」工作表的 C4 儲存格（營業毛利率）的值為「40.00%」，即

$$\text{營業毛利率} = \frac{\text{主營業務收入 - 主營業務成本}}{\text{主營業務收入}}$$

$$= \frac{\text{損益表 !F7（2,000,000）- 損益表 !F8（1,200,000）}}{\text{損益表 !F7（2,000,000）}} = 40.00\%\text{。}$$

如「圖 3.1-18 盈利能力分析 -2」所示。

C4 f_x =(損益表!F7-損益表!F8)/損益表!F7

	A	B	C	D
1				
2		盈利能力分析表		
3			值	備註
4		營業毛利率	40.00%	反映企業的基本盈利能力，毛利率愈高，主營業務的獲利能力愈強
5		營業淨利率		反映企業營業收入創造淨利潤的能力，營業淨利率愈高則獲利能力愈強
6		總資產報酬率		總資產所取得的收益，比率愈高則企業的資產利用效益愈好
7		淨資產收益率		反映股東權益的淨收益，比率愈高則淨利潤愈高，通常應高於同期銀行存款利率
8		資本收益率		反映投資者原始投資的收益率，比率愈高則自有投資的經濟效益愈好，投資者風險愈少

圖 3.1-18 盈利能力分析 -2

「營業毛利率」，表示「銷售收入」扣除「銷售成本」之後，有多少錢可以用於各項期間費用的支出，以及形成利潤。「營業毛利率」反映企業的基本盈利能力，毛利率越高，企業主營業務的獲利能力越強。

三、分析「營業淨利率」。

「營業淨利率」的公式為「**營業淨利率 $= \dfrac{淨利潤}{營業收入}$**」

「營業收入」包含「主營業務收入」、「投資收益」、「津貼收入」和「營業外收入」等各項收入。「淨利潤」和「營業收入」的資訊可在「損益表」中找到。

Step 1 在「盈利能力分析」工作表的 C5 儲存格（營業淨利率）中鍵入「=」。

Step 2 點擊「損益表」工作表的 F23 儲存格（淨利潤）。鍵入「/(」。

Step 3 點擊「損益表」工作表的 F7 儲存格（主營業務收入）。鍵入「+」。

Step 4 點擊「損益表」工作表的 F16 儲存格（投資收益）。鍵入「+」。

Step 5 點擊「損益表」工作表的 F17 儲存格（津貼收入）。鍵入「+」。

Step 6 點擊「損益表」工作表的 F18 儲存格（營業外收入）。鍵入「)」。按下「Enter」按鍵。

則「盈利能力分析」工作表的 C5 儲存格（營業淨利率）的值為「16.41%」，即

$$營業淨利率 = \frac{淨利潤}{營業收入}$$

$$= \frac{損益表!F23（340,000）}{損益表!F7（2,000,000）+損益表!F16（32,500）+損益表!F17（0）+損益表!F18（40,000）}$$

$$=16.41\%。$$

如「圖 3.1-19 盈利能力分析 -3」所示。

圖 3.1-19 盈利能力分析 -3

「營業淨利率」是企業業務的最終獲利能力指標，反映企業營業收入創造淨利潤的能力。「營業淨利率」越高，說明企業的獲利能力越強。與「營業毛利率」相比，「營業淨利率」考慮與營業活動有直接關係的所有收支因素。

四、分析「總資產報酬率」。

「總資產報酬率」的公式為「**總資產報酬率** $= \dfrac{稅前淨利潤 + 利息}{平均資產合計}$」

「平均資產合計」為「期初資產合計」與「期末資產合計」的平均值,「期初資產合計」和「期末資產合計」的資訊可在「資產負債表」中找到。「稅前淨利潤」即為「損益表」中的「利潤總額」,「利息」即為「損益表」中的「財務費用」。

Step 1 在「盈利能力分析」工作表的 C6 儲存格(總資產報酬率)中鍵入「=(」。

Step 2 點擊「損益表」工作表的 F21 儲存格(利潤總額)。鍵入「+」。

Step 3 點擊「損益表」工作表的 F14 儲存格(財務費用)。鍵入「)/((」。

Step 4 點擊「資產負債表」工作表的 F44 儲存格(年初資產合計)。鍵入「+」。

Step 5 點擊「資產負債表」工作表的 G44 儲存格(期末資產合計)。鍵入「)/2)」。按下「Enter」按鍵。

則「盈利能力分析」工作表的 C6 儲存格(總資產報酬率)的值為「3.09%」,即

$$總資產報酬率 = \frac{稅前淨利潤 + 利息}{平均資產合計}$$

$$= \frac{損益表\,!F21(450,000) + 損益表\,!F14(60,000)}{\dfrac{資產負債表\,!F44(16,802,800) + 資產負債表\,!G44(16,187,290)}{2}}$$

$$= 3.09\%。$$

如「圖 3.1-20 盈利能力分析 -4」所示。

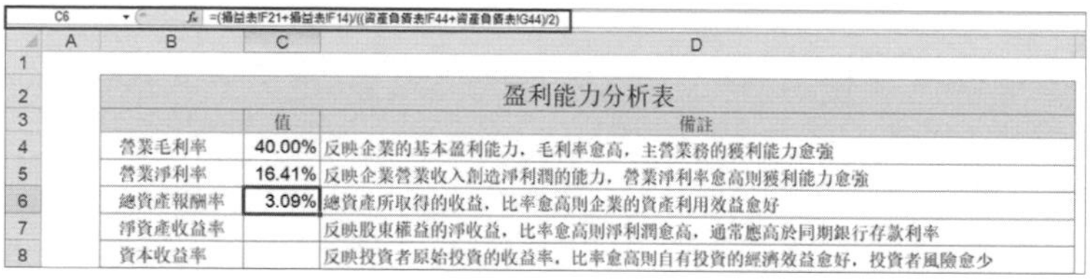

圖 3.1-20 盈利能力分析 -4

「總資產報酬率」指總資產所取得的收益,也是反映企業盈利能力的有效指標。「資產報酬率」的比率越高,表示企業的資產利用效益越好,整個企業盈利能力越強,經營管理水準越高。這項指標能促進企業全面改善生產經營管理,不斷提高企業的經濟效益。

五、分析「淨資產收益率」。

「淨資產收益率」的公式為「**淨資產收益率 = $\dfrac{淨利潤}{所有者權益平均值}$**」

「所有者權益平均值」為「期初所有者權益」與「期末所有者權益」的平均值,「期初所有者權益」和「期末所有者權益」的資訊可在「資產負債表」中找到。「淨利潤」的資訊可在「損益表」中找到。

Step 1 在「盈利能力分析」工作表的 C7 儲存格(淨資產收益率)中鍵入「=」。

Step 2 點擊「損益表」工作表的 F23 儲存格(淨利潤)。鍵入「/((」。

Step 3 點擊「資產負債表」工作表的 M43 儲存格(年初所有者權益)。鍵入「+」。

Step 4 點擊「資產負債表」工作表的 N43 儲存格(期末所有者權益)。鍵入「)2)」。按下「Enter」按鍵。

則「盈利能力分析」工作表的 C7 儲存格(淨資產收益率)的值為「3.24%」,即

$$淨資產收益率 = \frac{淨利潤}{所有者權益平均值}$$

$$\frac{損益表\,!F23\,(340,000)}{\dfrac{資產負債表\,!M43(10,300,000)+\,資產負債表\,!N43(10,711,371)}{2}}$$

$$=3.24\%。$$

如「圖 3.1-21 盈利能力分析 -5」所示。

	值	備註
		盈利能力分析表
營業毛利率	40.00%	反映企業的基本盈利能力,毛利率愈高,主營業務的獲利能力愈強
營業淨利率	16.41%	反映企業營業收入創造淨利潤的能力,營業淨利率愈高則獲利能力愈強
總資產報酬率	3.09%	總資產所取得的收益,比率愈高則企業的資產利用效益愈好
淨資產收益率	3.24%	反映股東權益的淨收益,比率愈高則淨利潤愈高,通常應高於同期銀行存款利率
資本收益率		反映投資者原始投資的收益率,比率愈高則自有投資的經濟效益愈好,投資者風險愈少

圖 3.1-21 盈利能力分析 -5

「淨資產收益率」反映股東權益的淨收益水準,該指標越高,說明投資的淨利潤越高。通常情況下,「淨資產收益率」應高於同期銀行存款利率。只有當淨資產達到一定規模,且持續成長,保證較高的「淨資產收益率」,才能說明企業股東具有較好的回報。

六、分析「資本收益率」。

「資本收益率」的公式為「$資本收益率 = \dfrac{淨利潤}{實收資本平均值}$」

「實收資本平均值」為「期初實收資本」與「期末實收資本」的平均值，「期初實收資本」和「期末實收資本」的資訊可在「資產負債表」中找到。「淨利潤」的資訊可在「損益表」中找到。

Step 1 在「盈利能力分析」工作表的 C8 儲存格（資本收益率）中鍵入「=」。

Step 2 點擊「損益表」工作表的 F23 儲存格（淨利潤）。鍵入「/((」。

Step 3 點擊「資產負債表」工作表的 M36 儲存格（年初實收資本）。鍵入「+」。

Step 4 點擊「資產負債表」工作表的 N36 儲存格（期末實收資本）。鍵入「)2)」。按下「Enter」按鍵。

則「盈利能力分析」工作表的 C8 儲存格（資本收益率）的值為「3.40%」，即

$$資本收益率 = \dfrac{淨利潤}{實收資本平均值}$$

$$= \dfrac{損益表 !F23（340,000）}{\dfrac{資產負債表 !M36(10,000,000)+ 資產負債表 !N36(10,000,000)}{2}}$$

$$=3.40\%。$$

如「圖 3.1-22 盈利能力分析 -6」所示。

圖 3.1-22 盈利能力分析 -6

結果詳見檔案 「CH3.1-02 比率分析法 - 計算」之「盈利能力分析」工作表

「資本收益率」反映企業投資者原始投資的收益率。「資本收益率」越高，說明企業自有投資的經濟效益越好，投資者的風險越少。

趨勢分析法　3.2

「趨勢分析法」又稱為「水平分析法」，將企業連續若干會計年度的報表資訊在不同年度間進行橫向比對，確定不同年度間的差異額或差異率，以分析企業報表中各項目的變動情況及變動趨勢。

比較時，可以用「絕對數比較」，也可以用「相對數比較」，「絕對數比較」分析報告期與基期各指標的絕對變化。「相對數比較」分析對比各指標之間的比例關係，以及各指標在整體中所占的相對比重，揭示企業財務狀況和經營成果。進行比較時要對關鍵資訊進行分析，以便瞭解財務變動的重要原因，判斷財務狀況的變化趨勢是否有利企業發展，並根據會計表的歷史資訊測算企業未來財務狀況和發展趨勢。

以下舉例說明「趨勢分析法」在「成長能力」分析中的運用。

「成長能力」，指企業未來發展趨勢與發展速度，例如企業資產規模、盈利能力、市場佔有率持續增長的能力等，反映企業未來的發展前景。「成長能力」的分析指標主要包括「主營業務增長率」、「主營利潤增長率」、「淨利潤增長率」等。「成長能力」的分析通常要對兩年及以上的數據進行比較，得出成長數據。

「成長能力」的分析步驟如下。

一、查看「成長能力分析」的內容。

打開檔案「CH3.2-01 趨勢分析法 - 原始」。

(1) 查看「損益表 2018 年」工作表。該「損益表」是本章節實例使用的 S 企業「2018年 損益表」。

(2) 查看「損益表 2019 年」工作表。該「損益表」是本章節實例使用的 S 企業「2019年 損益表」。

(3) 查看「成長能力分析」工作表。該工作表給出「主營業務增長率」、「主營利潤增長率」和「淨利潤增長率」三項指標，以及指標的意義。如「圖 3.2-1 成長能力分析 -1」所示。

圖 3.2-1 成長能力分析 -1

二、分析「主營業務增長率」。

「主營業務增長率」的公式為「$主營業務增長率 = \dfrac{本期主營業務收入 - 上期主營業務收入}{上期主營業務收入}$」

「本期主營業務收入」的資訊可在「2019 年 損益表」中找到,「上期主營業務收入」的資訊可在「2018 年 損益表」中找到。

Step 1 在「成長能力分析」工作表的 C4 儲存格(主營業務增長率)中鍵入「=(」。

Step 2 點擊「損益表 2019 年」工作表的 F7 儲存格(本期主營業務收入)。鍵入「-」。

Step 3 點擊「損益表 2018 年」工作表的 F7 儲存格(上期主營業務收入)。鍵入「)/」。

Step 4 點擊「損益表 2019 年」工作表的 F7 儲存格(本期主營業務收入)。按下「Enter」按鍵。

則「成長能力分析」工作表的 C4 儲存格(主營業務增長率)的值為「17.50%」,即

$主營業務增長率 = \dfrac{本期主營業務收入 - 上期主營業務收入}{上期主營業務收入}$

$= \dfrac{損益表 2019 年 !F7(2,000,000)- 損益表 2018 年 !F7(1,650,000)}{損益表 2019 年 !F7(2,000,000)} = 17.50\%。$

如「圖 3.2-2 成長能力分析 -2」所示。

圖 3.2-2 成長能力分析 -2

「主營業務增長率」體現主營業務收入的成長性，可以較好地反映企業的成長性。具有成長性的企業，多數主營業務突出、經營比較單一，因此「主營業務增長率」對於整個企業的發展狀況具有代表性。「主營業務收入」增長率高，表示企業產品的市場需求大，業務擴張能力強。

三、分析「主營利潤增長率」。

「主營利潤增長率」的公式為「**主營利潤增長率** $= \dfrac{\textbf{本期主營業務利潤 - 上期主營業務利潤}}{\textbf{上期主營業務利潤}}$」

「本期主營業務利潤」的資訊可在「2019 年 損益表」中找到，「上期主營業務利潤」的資訊可在「2018 年 損益表」中找到。

Step 1 在「成長能力分析」工作表的 C5 儲存格（主營利潤增長率）中鍵入「=(」。

Step 2 點擊「損益表 2019 年」工作表的 F10 儲存格（本期主營業務利潤）。鍵入「-」。

Step 3 點擊「損益表 2018 年」工作表的 F10 儲存格（上期主營業務利潤）。鍵入「)/」。

Step 4 點擊「損益表 2019 年」工作表的 F10 儲存格（本期主營業務利潤）。按下「Enter」按鍵。

則「成長能力分析」工作表的 C5 儲存格（主營利潤增長率）的值為「19.01%」，即

$$主營利潤增長率 = \frac{本期主營業務利潤 - 上期主營業務利潤}{上期主營業務利潤}$$

$$= \frac{損益表 2019 年 !F10（710,000）- 損益表 2018 年 !F10（575,000）}{損益表 2019 年 !F10（710,000）} =19.01\%。$$

如「圖 3.2-3 成長能力分析 -3」所示。

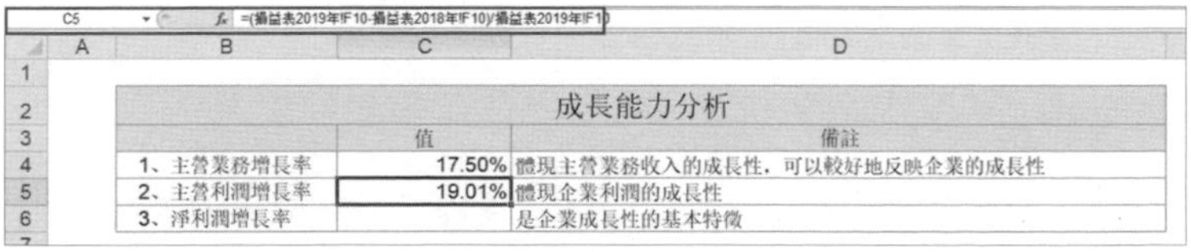

	成長能力分析	
	值	備註
1、主營業務增長率	17.50%	體現主營業務收入的成長性，可以較好地反映企業的成長性
2、主營利潤增長率	19.01%	體現企業利潤的成長性
3、淨利潤增長率		是企業成長性的基本特徵

圖 3.2-3 成長能力分析 -3

「主營利潤增長率」表現企業利潤的成長性。當企業「主營利潤」穩定增長，且占利潤總額的比例呈增長趨勢，該企業處在成長期。一些企業儘管年度內利潤總額有較大幅度的增加，但「主營業務利潤」卻未相應增加，甚至大幅下降，可能蘊藏巨大風險，也可能存在資產管理費用居高不下等問題。

四、分析「淨利潤增長率」。

「淨利潤增長率」的公式為「$淨利潤增長率 = \dfrac{本期淨利潤 - 上期淨利潤}{上期淨利潤}$」

「本期淨利潤」的資訊可在「2019 年 損益表」中找到，「上期淨利潤」的資訊可在「2018 年 損益表」中找到。

Step 1 在「成長能力分析」工作表的 C6 儲存格（淨利潤增長率）中鍵入「=(」。

Step 2 點擊「損益表 2019 年」工作表的 F23 儲存格（本期淨利潤）。鍵入「-」。

Step 3 點擊「損益表 2018 年」工作表的 F23 儲存格（上期淨利潤）。鍵入「)/」。

Step 4 點擊「損益表 2019 年」工作表的 F23 儲存格（本期淨利潤）。按下「Enter」按鍵。

「成長能力分析」表中的 C6 儲存格（淨利潤增長率）的值為「27.26%」，即

$$淨利潤增長率 = \frac{本期淨利潤 - 上期淨利潤}{上期淨利潤}$$

$$= \frac{損益表 2019 年 !F23（340,000）- 損益表 2018 年 !F23（247,300）}{損益表 2019 年 !F23（340,000）} = 27.26\%。$$

如「圖 3.2-4 成長能力分析 -4」所示。

	成長能力分析	
	值	備註
1、主營業務增長率	17.50%	體現主營業務收入的成長性，可以較好地反映企業的成長性
2、主營利潤增長率	19.01%	體現企業利潤的成長性
3、淨利潤增長率	27.26%	是企業成長性的基本特徵

圖 3.2-4 成長能力分析 -4

結果詳見檔案 📂「CH3.2-02 趨勢分析法 - 計算」之「成長能力分析」工作表

「淨利潤」是企業經營業績的最終結果，「淨利潤增長率」是企業成長性的基本特徵，淨利潤增幅較大，表示企業經營業績突出，市場競爭能力強。

因素分析法 3.3

「因素分析法」，依據分析指標與其影響因素的關係，從數量上確定各因素對分析指標影響的方向和影響的程度。「因素分析法」既可以全面分析各因素對某一經濟指標的影響，又可以單獨分析某個因素對經濟指標的影響，在財務分析中應用頗為廣泛。

運用「因素分析法」，準確計算各個影響因素對分析指標的影響方向和影響程度，有利於企業進行事前計畫、事中控制和事後監督，促進企業進行目標管理，提高企業經營管理水準。

以下舉例說明「因素分析法」在「現金流量表」分析中的運用。

「現金流量表」的分析包括「現金收入結構分析」、「現金支出結構分析」、「現金淨額比較分析」、「現金流入流出比例分析」等。分析步驟如下。

一、查看「現金流量表分析」的內容。

打開檔案「CH3.3-01 因素分析法 - 原始」。

(1) 查看「現金流量表」工作表。該「現金流量表」是本章節實例使用的 S 企業「2019 年 現金流量表」。

(2) 查看「現金流量表分析」工作表。該工作表給出「現金收入結構分析」、「現金支出結構分析」、「現金淨額比較分析」和「現金流入流出比例分析」四項內容及細分指標。如「圖 3.3-1 現金流量表分析 -1」所示。

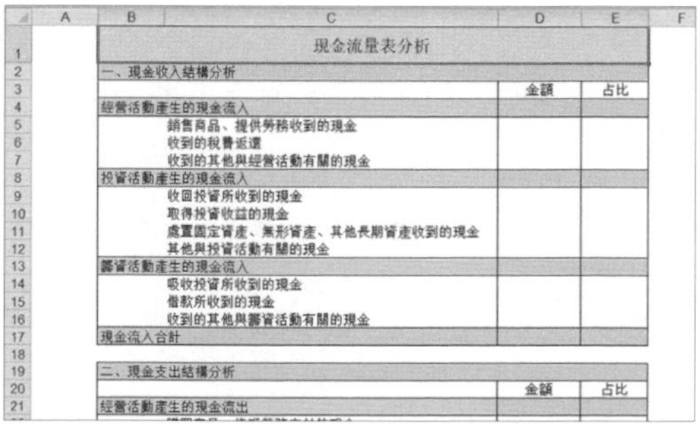

	A	B	C	D	E	F
1		現金流量表分析				
2		一、現金收入結構分析				
3				金額	占比	
4		經營活動產生的現金流入				
5			銷售商品、提供勞務收到的現金			
6			收到的稅費返還			
7			收到的其他與經營活動有關的現金			
8		投資活動產生的現金流入				
9			收回投資所收到的現金			
10			取得投資收益的現金			
11			處置固定資產、無形資產、其他長期資產收到的現金			
12			其他與投資活動有關的現金			
13		籌資活動產生的現金流入				
14			吸收投資所收到的現金			
15			借款所收到的現金			
16			收到的其他與籌資活動有關的現金			
17		現金流入合計				
18						
19		二、現金支出結構分析				
20				金額	占比	
21		經營活動產生的現金流出				

圖 3.3-1 現金流量表分析 -1

二、分析「現金收入結構」。

「現金收入結構分析」的各項資訊可在「現金流量表」中找到。

Step 1 在「現金流量表分析」工作表的 D5 儲存格（經營活動一銷售商品、提供勞務收到的現金）中鍵入「=」。

Step 2 點擊「現金流量表」工作表的 E8 儲存格（經營活動一銷售商品、提供勞務收到的現金）。按下「Enter」按鍵。

則「現金流量表分析」工作表的 D5 儲存格（經營活動一銷售商品、提供勞務收到的現金）的值為「500,000」，即「經營活動一銷售商品、提供勞務收到的現金」。

Step 3 對於 D6~D7 儲存格、D9~D12 儲存格、D14~D16 儲存格，做類似的操作。結果如「圖 3.3-2 現金流量表分析 -2」所示。

	A	B	C	D	E
1		現金流量表分析			
2		一、現金收入結構分析			
3				金額	占比
4		經營活動產生的現金流入			
5			銷售商品、提供勞務收到的現金	500,000	
6			收到的稅費返還	0	
7			收到的其他與經營活動有關的現金	30,000	
8		投資活動產生的現金流入			
9			收回投資所收到的現金	0	
10			取得投資收益的現金	32,500	
11			處置固定資產、無形資產、其他長期資產收到的現金	0	
12			其他與投資活動有關的現金	0	
13		籌資活動產生的現金流入		0	
14			吸收投資所收到的現金	0	
15			借款所收到的現金	0	
16			收到的其他與籌資活動有關的現金	0	
17		現金流入合計			

圖 3.3-2 現金流量表分析 -2

(1) 在「現金流量表分析」工作表的 D4 儲存格（經營活動產生的現金流入）中鍵入「=SUM(D5:D7)」。則「經營活動產生的現金流入」細項加總為「530,000」。

(2) 在「現金流量表分析」工作表的 D8 儲存格（投資活動產生的現金流入）中鍵入「=SUM(D9:D12)」。則「投資活動產生的現金流入」細項加總為「32,500」。

(3) 在「現金流量表分析」工作表的 D13 儲存格（籌資活動產生的現金流入）中鍵入「=SUM(D14:D16)」。則「籌資活動產生的現金流入」細項加總為「0」。

(4)在「現金流量表分析」工作表的 D17 儲存格（現金流入合計）中鍵入
「=D4+D8+D13」。則「經營活動」、「投資活動」和「籌資活動」產
生的「現金流入」加總為「562,500」。

結果如「圖 3.3-3 現金流量表分析 -3」所示。

圖 3.3-3　現金流量表分析 -3

Step 4　在「現金流量表分析」工作表的 E4 儲存格（「經營活動產生的現金流入」
在「現金流入合計中」的占比）中鍵入「=D4/D17」。則「經營活動產生
的現金流入」在「現金流入合計中」的占比為「94.2%」。

(1)在「現金流量表分析」工作表的 E8 儲存格（「投資活動產生的現金流入」
在「現金流入合計中」的占比）中鍵入「=D8/D17」。則「投資活動產
生的現金流入」在「現金流入合計中」的占比為「5.8%」。

(2)在「現金流量表分析」工作表的 E13 儲存格（「籌資活動產生的現金流入」
在「現金流入合計中」的占比）中鍵入「=D13/D17」。則「籌資活動產
生的現金流入」在「現金流入合計中」的占比為「0%」。

(3)在「現金流量表分析」工作表的 E17 儲存格中鍵入「=E4+E8+E13」。
E17 儲存格的值應固定為「100%」。如「圖 3.3-4 現金流量表分析 -4」
所示。

圖 3.3-3　現金流量表分析 -3

「現金收入結構分析」反映企業經營活動、投資活動以及籌資活動的現金流入,以及占總現金流入的比例。

三、分析「現金支出結構」。

「現金支出結構分析」的各項資訊可在「現金流量表」中找到。

「現金支出結構分析」的各項資訊鍵入,與「現金收入結構分析」做類似的操作。

結果如「圖 3.3-5 現金流量表分析 -5」所示。

	B	C	D	E	F
18					
19	二、現金支出結構分析				
20			金額	占比	
21	經營活動產生的現金流出		1,163,000	67.1%	
22		購買商品、接受勞務支付的現金	700,000		
23		支付給職工以及為職工支付的現金	300,000		
24		支付的各項稅費	110,000		
25		支付的其他與經營活動有關的現金	53,000		
26	投資活動產生的現金流出		570,610	32.9%	
27		購建固定資產、無形資產、其他長期資產支付的現金	0		
28		用於投資所支付的現金	570,610		
29		支付與其他投資活動有關的現金	0		
30	籌資活動產生的現金流出		0	0.0%	
31		償還債務所支付的現金	0		
32		分配股利、利潤、償付利息所支付的現金	0		
33		支付的其他與籌資活動有關的現金	0		
34	現金流出合計		1,733,610	100.0%	

圖 3.3-5 現金流量表分析 -5

「現金支出結構分析」反映企業經營活動、投資活動以及籌資活動的現金流出,以及其占總現金流入的比例。

四、分析「現金淨額比較」。

Step 1 在「現金流量表分析」工作表的 D38 儲存格(經營活動產生的現金流量淨額)中鍵入「=」。

Step 2 點擊「現金流量表」工作表的 E17 儲存格(經營活動產生的現金流量淨額)。按下「Enter」按鍵。

則「現金流量表分析」工作表的 D38 儲存格(經營活動產生的現金流量淨額)的值為「-633,000」,即「經營活動產生的現金流量淨額」。

Step 3 對於 D39 儲存格(投資活動產生的現金流量淨額)、D40 儲存格(籌資活動產生的現金流量淨額),做類似的操作。結果如「圖 3.3-2 現金流量表分析 -2」所示。

(1) 在「現金流量表分析」工作表的 D41 儲存格（現金流量淨額合計）中鍵入「=SUM(D38:D40)」。則「經營活動、投資活動以及籌資活動的現金流入的現金流量淨額加總」為「-1,171,000」。

結果如「圖 3.3-6 現金流量表分析 -6」所示。

	A	B	C	D	E
35					
36		三、現金淨額比較分析			
37				金額	占比
38		經營活動產生的現金流量淨額		-633,000	
39		投資活動產生的現金流量淨額		-538,110	
40		籌資活動產生的現金流量淨額		0	
41		現金流量淨額合計		-1,171,110	

圖 3.3-6 現金流量表分析 -6

(2) 在「現金流量表分析」工作表的 E38 儲存格（「經營活動產生的現金流量淨額」在「現金流量淨額合計」中的占比）中鍵入「=D38/D41」。

(3) 在「現金流量表分析」工作表的 E39 儲存格（「投資活動產生的現金流量淨額」在「現金流量淨額合計」中的占比）中鍵入「=D39/D41」。

(4) 在「現金流量表分析」工作表的 E40 儲存格（「籌資活動產生的現金流量淨額」在「現金流量淨額合計」中的占比）中鍵入「=D40/D41」。

(5) 在「現金流量表分析」工作表的 E41 儲存格中鍵入「=E38+E39+E40」。E41 儲存格的值應固定為「100%」。

由於本例中的「現金流淨額」為負值，故計算「現金流量淨額」在「現金流量淨額合計」中的占比無意義。

結果如「圖 3.3-7 現金流量表分析 -7」所示。

	A	B	C	D	E
35					
36		三、現金淨額比較分析			
37				金額	占比
38		經營活動產生的現金流量淨額		-633,000	54.1%
39		投資活動產生的現金流量淨額		-538,110	45.9%
40		籌資活動產生的現金流量淨額		0	0.0%
41		現金流量淨額合計		-1,171,110	100.0%

圖 3.3-7 現金流量表分析 -7

「現金淨額比較分析」反映企業現金餘額的構成結構。

五、分析「現金流入流出比例」。

⑴ 在「現金流量表分析」工作表的 E45 儲存格（經營活動流入與流出之比）中鍵入「=D4/D21」。則「經營活動流入與流出之比」為「45.6%」。

⑵ 在「現金流量表分析」工作表的 E46 儲存格（投資活動流入與流出之比）中鍵入「=D8/D26」。則「投資活動流入與流出之比」為「5.7%」。

⑶ 在「現金流量表分析」工作表的 E47 儲存格（籌資活動流入與流出之比）中鍵入「=D13/D30」。則「籌資活動流入與流出之比」顯示為「#DIV/0!」，這是因為，「籌資活動產生的現金流出」為「0」，公式計算報錯。

結果如「圖 3.3-8 現金流量表分析 -8」所示。

	A	B	C	D	E
42					
43		四、現金流入流出比例分析			
44					比例
45		經營活動流入與流出之比			45.6%
46		投資活動流入與流出之比			5.7%
47		籌資活動流入與流出之比			#DIV/0!
48					

圖 3.3-8 現金流量表分析 -8

結果詳見檔案 📁「CH3.3-02 因素分析法 - 計算」之「現金流量分析」工作表

「現金流入流出比例分析」是在「現金收入結構分析」和「現金支出結構分析」的基礎上，綜合分析企業現金收入和現金支出的比例關係。

杜邦分析 3.4

「杜邦分析法」利用財務比率之間的關係，綜合分析企業財務狀況，評價企業贏利能力、股東權益回報水準、企業績效等內容。這種分析方法最早由美國杜邦企業使用，故稱為「杜邦分析法」。

「杜邦分析法」的基本思想是，將企業「淨資產收益率」逐級分解為多項財務比率乘積，這樣有助於深入分析企業經營業績。「杜邦分析」以「淨資產收益率」為核心財務指標，透過財務指標的內在聯繫，系統、綜合地分析企業的盈利水準，具有鮮明的層次結構。

「杜邦分析」的分析步驟如下。

一、查看「杜邦分析」的結構層次。

打開檔案「CH3.4-01 杜邦分析 - 原始」。

(1) 查看「資產負債表」工作表。該「資產負債表」是本章節實例使用的 S 企業「2019 年 資產負債表」。

(2) 查看「損益表」工作表。該「損益表」是本章節實例使用的 S 企業「2019 年 損益表」。

(3) 查看「現金流量表」工作表。該「現金流量表」是本章節實例使用的 S 企業「2019 年 現金流量表」。

(4) 查看「杜邦分析」工作表。該工作表給出「杜邦分析」的結構。如「圖 3.4-1 杜邦分析 -1」所示。

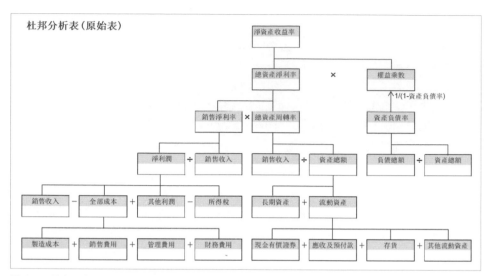

杜邦分析表（原始表）

圖 3.4-1 杜邦分析 -1

將公式「淨資產收益率 = $\dfrac{總資產淨利潤}{所有者權益平均值}$」簡化為「淨資產收益率 = $\dfrac{總資產淨利潤}{所有者權益}$」。

則由「圖 3.4-1 杜邦分析 -1」可知，**「杜邦分析」的公式為：**

$$淨資產收益率 = \frac{淨利潤}{所有者權益} = \frac{淨利潤}{總資產} \times \frac{總資產}{所有者權益}$$

$$= \frac{淨利潤}{銷售收入} \times \frac{銷售收入}{總資產} \times \frac{總資產}{所有者權益}$$

$$= \frac{淨利潤}{銷售收入} \times \frac{銷售收入}{總資產} \times \frac{1}{\dfrac{所有者權益}{總資產}} = \frac{淨利潤}{銷售收入} \times \frac{銷售收入}{總資產} \times \frac{1}{\dfrac{總資產 - 總負債}{總資產}}$$

$$= \frac{淨利潤}{銷售收入} \times \frac{銷售收入}{總資產} \times \frac{1}{1 - \dfrac{淨利潤}{總資產}}$$

由「杜邦分析」的結構圖可知：

◆「淨資產收益率」是綜合性最強的財務分析指標，是「杜邦分析」系統的核心。

◆「總資產淨利率」是影響「淨資產收益率」的重要指標之一，「總資產淨利率」取決於「銷售淨利率」和「總資產周轉率」。

「總資產周轉率」反映總資產的周轉速度。「總資產周轉率」的分析依賴於影響總資產周轉的各因素，以判斷影響企業總資產周轉的主要問題在哪裡。

「銷售淨利率」反映銷售收入的收益水準。擴大銷售收入、降低成本費用是提高「銷售淨利率」的根本途徑，而擴大銷售也是提高「資產周轉率」的必要條件和途徑。

◆「權益乘數」表示企業的負債程度，反映企業財務槓桿的利用程度。「資產負債率」高，「權益乘數」就大，說明企業負債程度高，企業收穫較多槓桿利益的同時風險提高。反之，「資產負債率」低，「權益乘數」就小，企業負債程度低，企業的槓桿利益較小，但相應承擔的風險也較低。

由「杜邦分析」的公式可知，**決定企業「獲利能力」的三個因素是：**

1、成本費用控制能力。

$$銷售淨利率 = \frac{淨利潤}{銷售收入} = \frac{銷售收入 -(全部成本 + 所得稅)}{銷售收入} = 1 - \frac{全部成本 + 所得稅}{銷售收入}，$$

其中，「$\frac{全部成本 + 所得稅}{銷售收入}$」受成本費用控制能力的影響，即成本費用控制能力影響「銷售淨利潤率」。

2、資產的使用效率。

$$資產周轉率 = \frac{銷售收入}{總資產}$$

表示融資活動獲得的資金，透過投資形成企業總資產，其每一單位資產能產生的銷售收入。雖然不同行業的「資產周轉率」差異很大，但對同一個企業，「資產周轉率」越大，表示該企業的資產使用效率越高。

3、財務上的融資能力。

$$權益乘數 = \frac{1}{1 - \frac{總負債}{總資產}} = \frac{總資產}{總資產 - 總負債} = \frac{總資產}{所有者權益}$$

「權益乘數」表示股東每投入一個單位的資金，企業能借到的資金單位數。例如「權益乘數」為「4」，表示股東每投入一個單位的資金，企業就能用到四個單位的資金。「權益乘數」越大，則「資產負債率」越高，企業的債務融資能力越強。

二、鍵入「杜邦分析」的「底層資訊—1 區」。

在文件「CH3.4-01 杜邦分析 - 原始」的「杜邦分析表」工作表中，需鍵入的底層資訊（粗框線）如「圖 3.4-2 杜邦分析 -2」所示。這些資訊可在「資產負債表」和「損益表」中找到。

上層資訊（無粗框線）將根據「杜邦分析表」的結構層次鍵入公式，並完成計算。

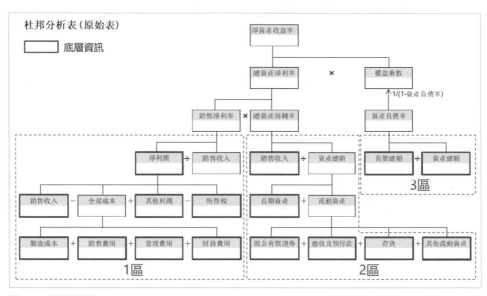

圖 3.4-2 杜邦分析 -2

Step 1 將「杜邦分析」工作表重命名為「S 企業杜邦分析結果」。

Step 2 將「S 企業杜邦分析結果」工作表的 B2 儲存格資訊「杜邦分析表（原始表）」改寫為「S 企業杜邦分析結果」。

Step 3 在「S 企業杜邦分析結果」工作表的 B24 儲存格（製造成本）中鍵入「=」。

Step 4 點擊「損益表」工作表 F8 儲存格（主營業務成本）。鍵入「+」。

Step 5 點擊「損益表」工作表 F9 儲存格（主營業務稅金及附加）。按下「Enter」按鍵。

則「S 企業杜邦分析結果」工作表的 B24 儲存格（製造成本）的值為「1,290,000」，即

製造成本 = 主營業務成本 + 主營業務稅金及附加 = 損益表 !F8（1,200,000）+ 損益表 !F9（90,000）=1,290,000。

Step 6 在「S 企業杜邦分析結果」工作表的 D24 儲存格（銷售費用）中鍵入「=」。

Step 7 點擊「損益表」工作表 F12 儲存格（營業費用）。按下「Enter」按鍵。

則「S 企業杜邦分析結果」工作表的 D24 儲存格（銷售費用）的值為「120,000」，即

銷售費用 = 營業費用 = 損益表 !F12（120,000）=120,000。

Step 8 在「S 企業杜邦分析結果」工作表的 F24 儲存格（管理費用）中鍵入「=」。

Step 9 點擊「損益表」工作表的 F13 儲存格（管理費用）。按下「Enter」按鍵。

則「S 企業杜邦分析結果」工作表的 F24 儲存格（管理費用）的值為「170,000」，即

管理費用 = 損益表 !F13（170,000）=170,000。

Step 10 在「S 企業杜邦分析結果」工作表的 H24 儲存格（財務費用）中鍵入「=」。

Step 11 點擊「損益表」工作表的 F14 儲存格（財務費用）。按下「Enter」按鍵。

則「S 企業杜邦分析結果」工作表的 H24 儲存格（財務費用）的值為「60,000」，即

財務費用 = 損益表 !F14（60,000）=60,000。

Step 12 在「S 企業杜邦分析結果」工作表的 B20 儲存格（銷售收入）中鍵入「=」。

Step 13 點擊「損益表」工作表 F7 儲存格（主營業務收入）。鍵入「+」。

Step 14 點擊「損益表」工作表 F16 儲存格（投資收益）。鍵入「+」。

Step 15 點擊「損益表」工作表 F17 儲存格（津貼收入）。鍵入「+」。

Step 16 點擊「損益表」工作表 F18 儲存格（營業外收入）。鍵入「-」。

Step 17 點擊「損益表」工作表 F19 儲存格（營業外支出）。按下「Enter」按鍵。

則「S 企業杜邦分析結果」工作表的 B20 儲存格（銷售收入）的值為「2,050,000」，即

銷售收入 = 主營業務收入 + 投資收益 + 津貼收入 + 營業外收入 - 營業外支出 = 損益表 !F7（2,000,000）+ 損益表 !F16（32,500）+ 損益表 !F17（0）+ 損益表 !F18（40,000）- 損益表 !F19（22,500）=2,050,000。

Step 18 在「S 企業杜邦分析結果」工作表的 F20 儲存格（其它利潤）中鍵入「=」。

Step 19 點擊「損益表」工作表的 F11 儲存格（其它業務利潤）。按下「Enter」按鍵。

則「S 企業杜邦分析結果」工作表的 F20 儲存格（其它利潤）的值為「40,000」，即

其它利潤 = 其它業務利潤 = 損益表 !F11（40,000）=40,000。

Step 20 在「S 企業杜邦分析結果」工作表的 H20 儲存格（所得稅）中鍵入「=」。

Step 21 點擊「損益表」工作表的 F22 儲存格（所得稅）。按下「Enter」按鍵。

則「S 企業杜邦分析結果」工作表的 H20 儲存格（所得稅）的值為「110,000」，即

所得稅 = 損益表 !F22（110,000）=110,000。

Step 22 「S 企業杜邦分析結果」工作表的 H16 儲存格（銷售收入）的設定，與 B20 儲存格（銷售收入）做相同的操作。

「底層資訊—1 區」的資訊鍵入完成，如「圖 3.4-3 杜邦分析 -3」所示。

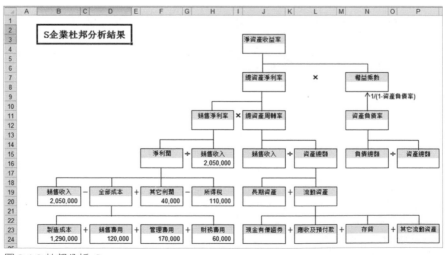

圖 3.4-3 杜邦分析 -3

三、鍵入「杜邦分析」的「底層資訊—2 區」。

Step 1 在「S 企業杜邦分析結果」工作表的 J24 儲存格（現金有價證券）中鍵入「=」。

Step 2 點擊「資產負債表」工作表 G8 儲存格（現金）。鍵入「+」。

Step 3 點擊「資產負債表」工作表 G9 儲存格（銀行存款）。鍵入「+」。

Step 4 點擊「資產負債表」工作表 G10 儲存格（短期投資）。按下「Enter」按鍵。

則「S 企業杜邦分析結果」工作表的 J24 儲存格（現金有價證券）的值為「1,641,490」，即

現金有價證券＝現金＋銀行存款＋短期投資＝資產負債表 !G8（3,364）＋資產負債表 !G9（1,638,126）＋資產負債表 !G10（0）=1,641,490。

Step 5 在「S 企業杜邦分析結果」工作表的 L24 儲存格（應收及預付款）中鍵入「=」。

Step 6 點擊「資產負債表」工作表的 G11 儲存格（應收票據）。鍵入「+」。

Step 7 點擊「資產負債表」工作表的 G12 儲存格（應收股利）。鍵入「+」。

Step 8 點擊「資產負債表」工作表的 G13 儲存格（應收利息）。鍵入「+」。

Step 9 點擊「資產負債表」工作表的 G14 儲存格（應收帳款）。鍵入「+」。

Step 10 點擊「資產負債表」工作表的 G15 儲存格（其他應收款）。鍵入「+」。

Step 11 點擊「資產負債表」工作表的 G16 儲存格（預付帳款）。鍵入「+」。

Step 12 點擊「資產負債表」工作表的 G17 儲存格（應收津貼款）。按下「Enter」按鍵。

則「S 企業杜邦分析結果」工作表的 L24 儲存格（應收及預付款）的值為「1,498,400」，即

應收及預付款＝應收票據＋應收股利＋應收利息＋應收帳款＋其他應收款＋預付帳款＋應收津貼款＝資產負債表 !G11（92,000）＋資產負債表 !G12（0）＋資產負債表 !G13（0）＋資產負債表 !G14（1,196,400）＋資產負債表 !G15（10,000）＋資產負債表 !G16（200,000）＋資產負債表 !G17（0）=1,498,400。

Step 13 在「S企業杜邦分析結果」工作表的 N24 儲存格（存貨）中鍵入「=」。

Step 14 點擊「資產負債表」工作表的 G18 儲存格（庫存商品）。按下「Enter」按鍵。

則「S企業杜邦分析結果」工作表的 N24 儲存格（存貨）的值為「5,149,400」，即

存貨＝庫存商品＝資產負債表 !G18（5,149,400）=5,149,400。

Step 15 在「S企業杜邦分析結果」工作表的 P24 儲存格（其他流動資產）中鍵入「=」。

Step 16 點擊「資產負債表」工作表的 G19 儲存格（待攤費用）。鍵入「+」。

Step 17 點擊「資產負債表」工作表的 G20 儲存格（一年內到期的長期債券投資）。鍵入「+」。

Step 18 點擊「資產負債表」工作表的 G21 儲存格（其他流動資產）。按下「Enter」按鍵。

則「S企業杜邦分析結果」工作表的 P24 儲存格（其他流動資產）的值為「0」，即

其他流動資產＝待攤費用＋一年內到期的長期債券投資＋其他流動資產＝資產負債表 !G19（0）+資產負債表 !G20（0）+資產負債表 !G21（0）=0。

Step 19 在「S企業杜邦分析結果」工作表的 J20 儲存格（長期資產）中鍵入「=」。

Step 20 點擊「資產負債表」工作表的 G26 儲存格（長期投資合計）。鍵入「+」。

Step 21 點擊「資產負債表」工作表的 G35 儲存格（固定資產合計）。鍵入「+」。

Step 22 點擊「資產負債表」工作表的 G40 儲存格（無形資產及其他資產合計）。鍵入「+」。

Step 23 點擊「資產負債表」工作表的 G43 儲存格（遞延稅項合計）。按下「Enter」按鍵。

則「S企業杜邦分析結果」工作表的 J20 儲存格（長期資產）的值為「7,898,000」，即

長期資產＝長期投資合計＋固定資產合計＋無形資產及其他資產合計＋遞延稅項合計＝資產負債表!G26（500,000）＋資產負債表!G35（5,918,000）＋資產負債表!G40（1,480,000）＋資產負債表!G43（0）＝7,898,000。

Step 24 「S 企業杜邦分析結果」工作表的 J16 儲存格（銷售收入）的設定，與 B20 儲存格（銷售收入）做相同的操作。

「底層資訊—2 區」的資訊鍵入完成，如「圖 3.4-4 杜邦分析 -4」所示。

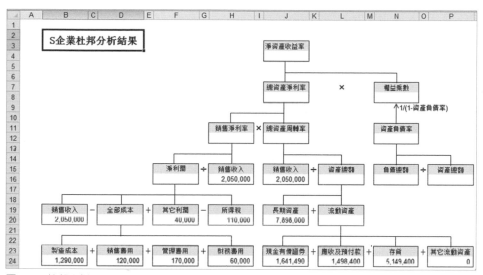

圖 3.4-4 杜邦分析 -4

四、鍵入「杜邦分析」的「底層資訊—3 區」。

Step 1 在「S 企業杜邦分析結果」工作表的 N16 儲存格（負債總額）中鍵入「=」。

Step 2 點擊「資產負債表」工作表的 N33 儲存格（負債合計）。按下「Enter」按鍵。

則「S 企業杜邦分析結果」工作表的 N16 儲存格（負債總額）的值為「5,475,919」，即

負債總額＝負債合計＝資產負債表!N33（5,475,919）＝5,475,919。

Step 3 在「S 企業杜邦分析結果」工作表的 P16 儲存格（資產總額）中鍵入「=」。

Step 4 點擊「資產負債表」工作表的 G44 儲存格（資產合計）。按下「Enter」按鍵。

則「S 企業杜邦分析結果」工作表的 P16 儲存格（資產總額）的值為「16,187,290」，即

資產總額 = 資產合計 = 資產負債表 !G44（16,187,290）=16,187,290。

Step 5 「底層資訊—3 區」的資訊鍵入完成，如「圖 3.4-5 杜邦分析 -5」所示。

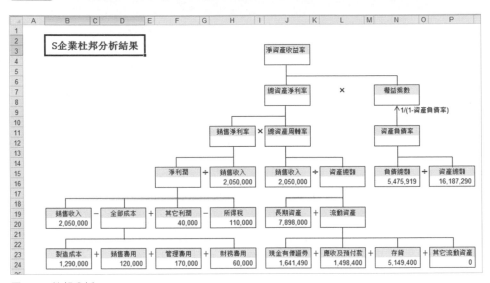

圖 3.4-5 杜邦分析 -5

五、鍵入「杜邦分析」的「上層資訊」。

Step 1 在「S 企業杜邦分析結果」工作表的 D20 儲存格（全部成本）中鍵入「= B24+D24+F24+H24」。

則「S 企業杜邦分析結果」工作表的 D20 儲存格（全部成本）的值為「1,640,000」，即

全部成本 = 製造成本 + 銷售費用 + 管理費用 + 財務費用 =B24（1,290,000）+D24（120,000）+F24（170,000）+H24（60,000）=1,640,000。

Step 2 在「S 企業杜邦分析結果」工作表的 F16 儲存格（淨利潤）中鍵入「=B20-D20+F20-H20」。

則「S 企業杜邦分析結果」工作表的 F16 儲存格（淨利潤）的值為「340,000」，即

淨利潤 = 銷售收入 - 全部成本 + 其他利潤 - 所得稅 =B20（2,050,000）-D20（1,640,000）+F20（40,000）-H20（110,000）=340,000。

Step 3 在「S 企業杜邦分析結果」工作表的 H12 儲存格（銷售淨利率）中鍵入「=F16/H16」。

則「S 企業杜邦分析結果」工作表的 H12 儲存格（銷售淨利率）的值為「16.59%」，即

$$銷售淨利率 = \frac{淨利潤}{銷售收入} = \frac{F16（340,000）}{H16（2,050,000）} = 16.59\% 。$$

Step 4 在「S 企業杜邦分析結果」工作表的 L20 儲存格（流動資產）中鍵入「=J24+L24+N24+P24」。

則「S 企業杜邦分析結果」工作表的 L20 儲存格（流動資產）的值為「8,289,290」，即

流動資產 = 現金有價證券 + 應收及預付款 + 存貨 + 其它流動資產 =J24（1,641,490）+L24（1,498,400）+N24（5,149,400）+P24（0）=8,289,290。

Step 5 在「S 企業杜邦分析結果」工作表的 L16 儲存格（資產總額）中鍵入「=J20+L20」。

則「S 企業杜邦分析結果」工作表的 L16 儲存格（資產總額）的值為「16,187,290」，即

資 產 總 額 = 長 期 資 產 + 流 動 資 產 =J20（7,898,000）+L20（8,289,290）=16,187,290。

Step 6 在「S 企業杜邦分析結果」工作表的 J8 儲存格（總資產淨利率）中鍵入「=H12*J12」。

則「S 企業杜邦分析結果」工作表的 J8 儲存格（總資產淨利率）的值為「2.10%」，即

總資產淨利率 = 銷售淨利率 × 總資產周轉率 =H12（16.59%）×J12（12.66%）=2.10%。

Step 7 在「S 企業杜邦分析結果」工作表的 N12 儲存格（資產負債率）中鍵入「=N16/P16」。

則「S 企業杜邦分析結果」工作表的 N12 儲存格（資產負債率）的值為「33.83%」，即

$$資產負債率 = \frac{負債總額}{資產總額} = \frac{N16（5,475,919）}{P16（16,187,290）} = 33.83\%。$$

Step 8 在「S 企業杜邦分析結果」工作表的 N8 儲存格（權益乘數）中鍵入「=1/(1-N12)」。

則「S 企業杜邦分析結果」工作表的 N8 儲存格（權益乘數）的值為「1.51」，即

$$權益乘數 = \frac{1}{1-\ 資產負債率} = \frac{1}{1-N12（33.83\%）} = 1.51。$$

Step 9 在「S 企業杜邦分析結果」工作表的 J4 儲存格（淨資產收益率）中鍵入「=J8*N8」。

則「S 企業杜邦分析結果」工作表的 J4 儲存格（淨資產收益率）的值為「3.17%」，即

$$淨資產收益率 = 總資產淨利率 \times 權益乘數 = J8（2.10\%）\times N8（1.51）= 3.17\%。$$

「杜邦分析」結果如「圖 3.4-6 杜邦分析 -6」所示。

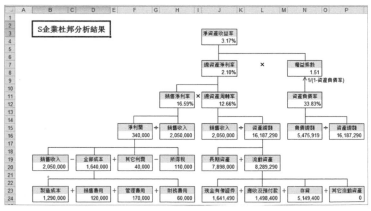

圖 3.4-6 杜邦分析 -6

結果詳見檔案 📁「CH3.4-02 杜邦分析 - 計算」之「S 企業杜邦分析結果」工作表

六、檢驗「淨資產收益率」的計算結果。

Step 1 打開檔案「CH3.1-02 比率分析法 - 計算」之「盈利能力分析」工作表。

C7 儲存格「淨資產收益率」的計算結果為「3.24%」。

	盈利能力分析表	
	值	備註
營業毛利率	40.00%	反映企業的基本盈利能力，毛利率愈高，主營業務的獲利能力愈強
營業淨利率	16.41%	反映企業營業收入創造淨利潤的能力，營業淨利率愈高則獲利能力愈強
總資產報酬率	3.09%	總資產所取得的收益，比率愈高則企業的資產利用效益愈好
淨資產收益率	3.24%	反映股東權益的淨收益，比率愈高則淨利潤愈高，通常應高於同期銀行存款利率
資本收益率	3.40%	反映投資者原始投資的收益率，比率愈高則自有投資的經濟效益愈好，投資者風險愈少

圖 3.4-7 杜邦分析 -7

Step 2 打開檔案「CH3.4-02 杜邦分析 - 計算」之「S 企業杜邦分析結果」工作表。

J4 儲存格「淨資產收益率」的計算結果為「3.17%」。

「3.24%」和「3.17%」有差異，這是因為「盈利能力分析」的「淨資產收益率」公式取用了「所有者權益平均值」，而「杜邦分析」的「淨資產收益率」公式取用「所有者權益」的期末值。

七、編製同行業中 S 企業和 X 企業的「杜邦分析」比較資訊。

打開檔案「CH3.4-03 杜邦比較 - 原始」。

⑴ 查看「S 企業杜邦分析結果」工作表。「S 企業杜邦分析結果」即上一步驟的分析結果。

⑵ 查看「X 企業杜邦分析結果」工作表。X 企業是行業中「淨資產收益率」表現較優秀的企業。

⑶ 查看「S 企業與 X 企業的比較」工作表。該表格將 S 企業和 X 企業的同期數據作對比分析。

為了更好地體現比較結果，對杜邦分析表中部分資訊作處理，去除不必要的比較資訊，並將部分資訊取其與銷售收入的比較值，之後再進行企業之間的比較。

比較表格中，藍底色項目直接取用了「S 企業杜邦分析結果」工作表和「X 企業杜邦分析結果」工作表的資訊。粉底色項目則在計算後再作比較。如「圖 3.4-8 杜邦分析 -8」所示。

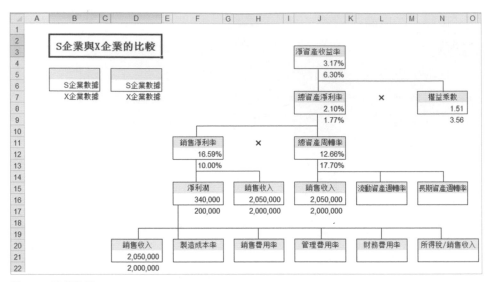

圖 3.4-8 杜邦分析 -8

Step 1 在「S 企業與 X 企業的比較」工作表的 F21 儲存格（S 企業製造成本率）中鍵入「=」。

Step 2 點擊「S 企業杜邦分析結果」工作表 B24 儲存格（S 企業製造成本）。鍵入「/」。

Step 3 點擊「S 企業杜邦分析結果」工作表 B20 儲存格（S 企業銷售收入）。按下「Enter」按鍵。

則「S 企業與 X 企業的比較」工作表的 F21 儲存格（S 企業製造成本率）的值為「62.93%」，即

$$S 企業製造成本率 = \frac{S 企業製造成本}{S 企業銷售收入}$$

$$= \frac{S 企業杜邦分析結果!B24（1,290,000）}{S 企業杜邦分析結果!B20（2,050,000）} = 62.93\%。$$

對「S 企業與 X 企業的比較」工作表的 F22 儲存格（X 企業製造成本率）做類似的操作。

則「S 企業與 X 企業的比較」工作表的 F22 儲存格（X 企業製造成本率）的值為「65.50%」，即

$$X\,企業製造成本率 = \frac{X\,企業製造成本}{X\,企業銷售收入}$$

$$= \frac{X\,企業杜邦分析結果\,!B24\,(1,310,000)}{X\,企業杜邦分析結果\,!B20\,(2,000,000)} = 65.50\%\,。$$

Step 4 在「S 企業與 X 企業的比較」工作表的 H21 儲存格（S 企業銷售費用率）中鍵入「＝」。

Step 5 點擊「S 企業杜邦分析結果」工作表 D24 儲存格（S 企業銷售費用）。鍵入「/」。

Step 6 點擊「S 企業杜邦分析結果」工作表 B20 儲存格（S 企業銷售收入）。按下「Enter」按鍵。

則「S 企業與 X 企業的比較」工作表的 H21 儲存格（S 企業銷售費用率）的值為「5.85%」，即

$$S\,企業銷售費用率 = \frac{S\,企業銷售費用}{S\,企業銷售收入}$$

$$= \frac{S\,企業杜邦分析結果\,!D24\,(120,000)}{S\,企業杜邦分析結果\,!B20\,(2,050,000)} = 5.85\%\,。$$

對「S 企業與 X 企業的比較」工作表的 H22 儲存格（X 企業銷售費用率）做類似的操作。

則「S 企業與 X 企業的比較」工作表的 H22 儲存格（X 企業銷售費用率）的值為「6.50%」，即

$$X\,企業銷售費用率 = \frac{X\,企業銷售費用}{X\,企業銷售收入}$$

$$= \frac{X\,企業杜邦分析結果\,!D24\,(130,000)}{X\,企業杜邦分析結果\,!B20\,(2,000,000)} = 6.50\%\,。$$

Step 7 在「S 企業與 X 企業的比較」工作表的 J21 儲存格（S 企業管理費用率）中鍵入「＝」。

Step 8 點擊「S 企業杜邦分析結果」工作表 F24 儲存格（S 企業管理費用）。鍵入「/」。

Step 9 點擊「S 企業杜邦分析結果」工作表 B20 儲存格（S 企業銷售收入）。按下「Enter」按鍵。

則「S 企業與 X 企業的比較」工作表的 J21 儲存格（S 企業管理費用率）的值為「8.29%」，即

$$S 企業管理費用率 = \frac{S 企業管理費用}{S 企業銷售收入}$$

$$= \frac{S 企業杜邦分析結果 !F24（170,000）}{S 企業杜邦分析結果 !B20（2,050,000）} = 8.29\%。$$

對「S 企業與 X 企業的比較」工作表的 J22 儲存格（X 企業管理費用率）做類似的操作。

則「S 企業與 X 企業的比較」工作表的 J22 儲存格（X 企業管理費用率）的值為「8.00%」，即

$$X 企業管理費用率 = \frac{X 企業管理費用}{X 企業銷售收入}$$

$$= \frac{X 企業杜邦分析結果 !F24（160,000）}{X 企業杜邦分析結果 !B20（2,000,000）} = 8.00\%。$$

Step 10 在「S 企業與 X 企業的比較」工作表的 L21 儲存格（S 企業財務費用率）中鍵入「=」。

Step 11 點擊「S 企業杜邦分析結果」工作表 H24 儲存格（S 企業財務費用）。鍵入「/」。

Step 12 點擊「S 企業杜邦分析結果」工作表 B20 儲存格（S 企業銷售收入）。按下「Enter」按鍵。

則「S 企業與 X 企業的比較」工作表的 L21 儲存格（S 企業財務費用率）的值為「2.93%」，即

$$S 企業財務費用率 = \frac{S 企業財務費用}{S 企業銷售收入}$$

$$= \frac{S 企業杜邦分析結果 !H24（60,000）}{S 企業杜邦分析結果 !B20（2,050,000）} = 2.93\%。$$

對「S 企業與 X 企業的比較」工作表的 L22 儲存格（X 企業財務費用率）做類似的操作。

則「S 企業與 X 企業的比較」工作表的 L22 儲存格（X 企業財務費用率）的值為「7.50%」，即

$$X 企業財務費用率 = \frac{X 企業財務費用}{X 企業銷售收入}$$

$$= \frac{X 企業杜邦分析結果 !H24（150,000）}{X 企業杜邦分析結果 !B20（2,000,000）} = 7.50\%。$$

Step 13 在「S 企業與 X 企業的比較」工作表的 N21 儲存格（S 企業所得稅 / 銷售收入）中鍵入「=」。

Step 14 點擊「S 企業杜邦分析結果」工作表 H20 儲存格（S 企業所得稅）。鍵入「/」。

Step 15 點擊「S 企業杜邦分析結果」工作表 B20 儲存格（S 企業銷售收入）。按下「Enter」按鍵。

則「S 企業與 X 企業的比較」工作表的 N21 儲存格（S 企業所得稅 / 銷售收入）的值為「5.37%」，即

$$S 企業所得稅 / 銷售收入 = \frac{S 企業所得稅}{S 企業銷售收入}$$

$$= \frac{S 企業杜邦分析結果 !H20（110,000）}{S 企業杜邦分析結果 !B20（2,050,000）} = 5.37\%。$$

對「S 企業與 X 企業的比較」工作表的 N22 儲存格（X 企業所得稅 / 銷售收入）做類似的操作。

則「S 企業與 X 企業的比較」工作表的 N22 儲存格（X 企業所得稅 / 銷售收入）的值為「3.25%」，即

$$X 企業所得稅 / 銷售收入 = \frac{X 企業所得稅}{X 企業銷售收入}$$

$$= \frac{X 企業杜邦分析結果 !H20（65,000）}{X 企業杜邦分析結果 !B20（2,000,000）} = 3.25\%。$$

Step 16 在「S 企業與 X 企業的比較」工作表的 L16 儲存格（S 企業流動資產週轉率）中鍵入「=」。

Step 17 點擊「S 企業杜邦分析結果」工作表 B20 儲存格（S 企業銷售收入）。鍵入「/」。

Step 18 點擊「S 企業杜邦分析結果」工作表 L20 儲存格（S 企業流動資產）。按下「Enter」按鍵。

則「S 企業與 X 企業的比較」工作表的 L16 儲存格（S 企業流動資產週轉率）的值為「24.73%」，即

$$S \text{ 企業流動資產週轉率} = \frac{S \text{ 企業銷售收入}}{S \text{ 企業流動資產}}$$

$$= \frac{S \text{ 企業杜邦分析結果 !B20（2,050,000）}}{S \text{ 企業杜邦分析結果 !L20（8,289,290）}} = 24.73\% \text{。}$$

對「S 企業與 X 企業的比較」工作表的 L17 儲存格（X 企業流動資產週轉率）做類似的操作。

則「S 企業與 X 企業的比較」工作表的 L17 儲存格（X 企業流動資產週轉率）的值為「26.15%」，即

$$X \text{ 企業流動資產週轉率} = \frac{X \text{ 企業銷售收入}}{X \text{ 企業流動資產}}$$

$$= \frac{X \text{ 企業杜邦分析結果 !B20（2,000,000）}}{X \text{ 企業杜邦分析結果 !L20（7,649,210）}} = 26.15\% \text{。}$$

Step 19 在「S 企業與 X 企業的比較」工作表的 N16 儲存格（S 企業長期資產週轉率）中鍵入「=」。

Step 20 點擊「S 企業杜邦分析結果」工作表 B20 儲存格（S 企業銷售收入）。鍵入「/」。

Step 21 點擊「S 企業杜邦分析結果」工作表 J20 儲存格（S 企業長期資產）。按下「Enter」按鍵。

則「S 企業與 X 企業的比較」工作表的 N16 儲存格（S 企業長期資產週轉率）的值為「25.96%」，即

$$S \text{ 企業長期資產週轉率} = \frac{S \text{ 企業銷售收入}}{S \text{ 企業長期資產}}$$

$$= \frac{S \text{ 企業杜邦分析結果 !B20（2,050,000）}}{S \text{ 企業杜邦分析結果 !J20（7,898,000）}} = 25.96\% \text{。}$$

對「S 企業與 X 企業的比較」工作表的 N17 儲存格（X 企業長期資產週轉率）做類似的操作。

則「S 企業與 X 企業的比較」工作表的 N17 儲存格（X 企業長期資產週轉率）的值
為「54.79%」，即

$$X \text{ 企業長期資產週轉率} = \frac{X \text{ 企業銷售收入}}{X \text{ 企業長期資產}}$$

$$= \frac{X \text{ 企業杜邦分析結果 }!B20（2,000,000）}{X \text{ 企業杜邦分析結果 }!J20（3,650,225）} = 54.79\%。$$

S 企業和 X 企業的「杜邦分析」比較資訊如「圖 3.4-9 杜邦分析 -9」所示。

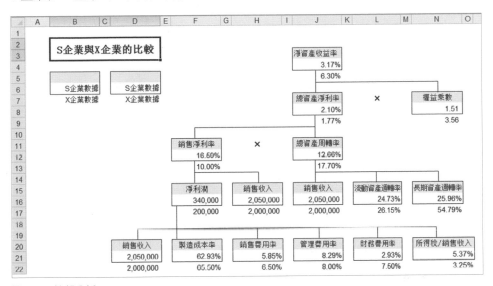

圖 3.4-9 杜邦分析 -9

結果詳見檔案 📁「CH3.4-04 杜邦比較 - 計算」之「S 企業與 X 企業的比較」工作表

八、分析 S 企業和 X 企業的「杜邦分析」比較資訊。

打開檔案「CH3.4-04 杜邦比較 - 計算」之「S 企業與 X 企業的比較」工作表。

1、企業獲利能力比較。

S 企業淨資產收益率（3.17%）< X 企業淨資產收益率（6.30%）：說明 S 企業獲利能力相對較差。

2、S 企業獲利能力相對較差的原因。

S 企業權益係數（1.51）< X 企業淨資產收益率（3.56）：S 企業獲利能力相對較差的原因是財務融資能力差。

S 企業總資產淨利率（2.10%）> X 企業淨資產收益率（1.77%）：S 企業獲利能力相對較差不是因為總資產淨利潤差，S 企業的總資產淨利率對獲利起積極作用。

3、S 企業資產淨利潤較高的原因。

S 企業總資產周轉率（12.66%）< X 企業總資產周轉率（17.70%）：S 企業資產淨利潤較高，不是因為資產使用效率高。

S 企業銷售淨利率（16.59%）> X 企業總銷售淨利率（10.00%）：S 企業資產淨利潤較高，是因為銷售淨利率高，即成本費用控制得好。

4、S 企業資產使用效率低的原因。

S 企業流動資產週轉率（24.73%）< X 企業流動資產週轉率（26.15%）：兩個企業在流動資產週轉率方面沒有明顯差異。

S 企業長期資產週轉率（25.96%）< X 企業長期資產週轉率（54.79%）：S 企業資產使用效率低，是因為長期資產使用效率低。

5、S 企業成本費用控制得好的原因。

S 企業的製造成本率、銷售費用率、管理費用率、財務費用率均小於或略大於 X 企業的相關數據，對成本費用的控制起到積極作用。

「杜邦分析表」的重要意義在於，運用「杜邦分析」的結構圖分析企業財務狀況及其形成原因。這種分析通常是針對兩份或是兩份以上的「杜邦分析表」，可以是比較同一企業前後若干期的資訊，也可以是與同行業中其他企業的同期數據作比較，或與行業平均水準的資訊作比較。

Chapter 4

銀行業務管理

「銀行業務」即銀行辦理的業務。「銀行業務」的種類很多，本章節主要介紹最基本的業務，包括「銀行帳戶管理」、「銀行存款的利潤分析」、「銀行浮動利率定存的實務應用」、「銀行貸款分期償還的應用等」。

銀行帳戶管理 4.1

企業日常的資金管理、所有業務交易都透過銀行帳戶進行收入與支出。通常，企業有多個銀行帳戶，操作不同的功能。財務人員必須隨時掌握所有銀行帳戶的資訊，便於資金調度和管理。

4.1.1 建立銀行帳戶管理記錄表

建立銀行帳戶管理記錄表，財務人員可及時整理、核對、查找銀行帳戶的各項操作記錄。銀行帳戶管理記錄表的建立步驟如下。

一、查看銀行帳戶管理的資訊來源。

打開「CH4.1-01 銀行帳戶管理 - 原始」。

查看「銀行帳戶訊息」工作表。「銀行帳戶訊息」清單表列企業所有往來銀行的名稱與帳號。如「圖 4.1-1 銀行帳戶管理 -1」所示。

	A	B	C
1			
2		銀行帳戶訊息	
3		銀行名稱	銀行帳號
4		臺灣銀行	62121000980
5		第一銀行	12200376911
6		土地銀行	71168763876
7		中國信託銀行	82239118764

圖 4.1-1 銀行帳戶管理 -1

查看「帳戶管理記錄」工作表。「銀行帳戶管理記錄」列表將詳細記錄企業在各個銀行的交易記錄資訊，內容主要包括銀行名稱、銀行帳號、發生日期（年／月／日）、摘要、存款金額、取款金額等。如「圖 4.1-2 銀行帳戶管理 -2」所示。

	A	B	C	D	E	F	G	H	I
1									
2		銀行帳戶管理記錄							
3		銀行名稱	銀行帳號	年	月	日	摘要	存款金額	取款金額
4									
5									

圖 4.1-2　銀行帳戶管理 -2

Step 1 在「銀行帳戶訊息」工作表中，選中 B4~C7 儲存格。

點擊工作列「公式」按鍵，並點擊「定義名稱」。

圖 4.1-3 銀行帳戶管理 -3

Step 2 在彈出的對話方塊中，把「名稱」中的「臺灣銀行」改寫為「銀行帳戶訊息」。 點擊「確定」。

圖 4.1 4 銀行帳戶管理 4

Step 3 在「銀行帳戶訊息」工作表中，選中 B4~B7 儲存格。

點擊工作列「公式」按鍵，並點擊「定義名稱」。

圖 4.1-5 銀行帳戶管理 -5

Step 4 在彈出的對話方塊中，把「名稱」中的「臺灣銀行」改寫為「銀行名稱」。
點擊「確定」。

圖 4.1-6 銀行帳戶管理 -6

結果詳見檔案 📁「CH4.1-02 銀行帳戶管理 - 編製 1」之「銀行帳戶訊息」工作表

二、編製「銀行帳戶管理記錄」。

打開檔案「CH4.1-02 銀行帳戶管理 - 編製 1」之「帳戶管理記錄」工作表。

Step 1 選中 B4~B42 儲存格。

點擊工作列「資料」按鍵，並點擊「資料驗證」。

圖 4.1-7 銀行帳戶管理 -7

Step 2 在彈出的對話方塊中，在「儲存格內允許」中選擇「清單」。如「圖 4.1-8
銀行帳戶管理 -8」所示。

在「來源」中鍵入「= 銀行名稱」。如「圖 4.1-8 銀行帳戶管理 -8」所示。

表示 B4~B42 儲存格的資訊，只能在「銀行名稱」（「銀行帳戶訊息」工作表的
B4~B7 儲存格）中選擇。點擊「確定」。

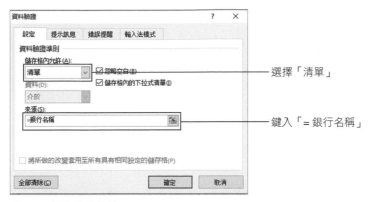

圖 4.1-8 銀行帳戶管理 -8

Step 3 點擊 B4 儲存格,該儲存格的右下角出現「下拉選單鍵」。

點擊該「下拉選單鍵」,出現「清單」(臺灣銀行、第一銀行、土地銀行、中國信託銀行)供選擇。該「清單」的資訊即為經「名稱定義」的「銀行名稱」的資訊。

圖 4.1-9 銀行帳戶管理 -9

選擇「下拉選單鍵」中的「臺灣銀行」。

圖 4.1-10 銀行帳戶管理 -10

Step 4 在 C4 儲存格中鍵入「=IF(B4="","",VLOOKUP(B4, 銀行帳戶訊息 ,2,0))」。

上述公式的意思是，如果 B4 儲存格中無資訊，則 C4 儲存格中也無資訊。如果 B4
儲存格中有資訊（臺灣銀行），則在「銀行帳戶訊息」（「銀行帳戶訊息」工作表的
B4~C7 儲存格）的首欄，尋找與 B4 儲存格資訊相同的儲存格（臺灣銀行），並查看
與該儲存格位於同一列的 C 欄（銀行帳號）資訊（62121000980），作為 C4 儲存格
的資訊（62121000980）。

圖 4.1-11 銀行帳戶管理 -11

Step 5 選中 B4 儲存格。點擊「Delete」按鍵。

Step 6 選中 B4 和 C4 儲存格。

按住 C4 儲存格右下角的黑色小方塊，並向下拖移至 C42 儲存格，放開滑鼠。
表示將 B4 和 C4 儲存格的公式複製到 B5~C42 儲存格。

圖 4.1-11 銀行帳戶管理 -11

則 B5~B42 儲存格的公式與 B4 儲存格的公式完全一樣。C5~C42 儲存格的資訊為同
列 B 欄儲存格中「銀行名稱」對應的「銀行帳號」。

Step 7 在 B4 儲存格（銀行名稱）中選擇「臺灣銀行」，則 C4 儲存格（銀行帳號）
自動顯示「臺灣銀行」對應的「銀行帳號」（62121000980）。

Step 8 該條記錄的發生時間為「2019 年 1 月 1 日」。

⑴在 D4 儲存格（年）中鍵入「2019」。

⑵在 E4 儲存格（月）中鍵入「1」。

⑶在 F4 儲存格（日）中鍵入「1」。

在 G4 儲存格（摘要）中鍵入「開戶存款」。

Step 9 在 H4 儲存格（存款金額）中鍵入「2,000,000」。

在 I4 儲存格（取款金額）中鍵入「0」。

則一條完整的「銀行帳戶管理記錄」編製完成。

	A	B	C	D	E	F	G	H	I	
1										
2		銀行帳戶管理記錄								
3		銀行名稱	銀行帳號	年	月	日	摘要	存款金額	取款金額	
4		臺灣銀行	62121000980	2019	1	1	開戶存款	2,000,000	0	── 一條完整的「銀行
5										帳戶管理記錄」
6										

圖 4.1-13 銀行帳戶管理 -13

Step 10 在「帳戶管理記錄」工作表的第 4 列 ～ 第 42 列，逐列鍵入企業的「銀行帳戶管理記錄」，如「圖 4.1-14 銀行帳戶管理 -14」所示。

	A	B	C	D	E	F	G	H	I
1									
2				銀行帳戶管理記錄					
3		銀行名稱	銀行帳號	年	月	日	摘要	存款金額	取款金額
4		臺灣銀行	62121000980	2019	1	1	開戶存款	2,000,000	0
5		第一銀行	12200376911	2019	1	1	開戶存款	1,000,000	0
6		土地銀行	71168763876	2019	1	1	開戶存款	1,000,000	0
7		中國信託銀行	82239118764	2019	1	1	開戶存款	1,000,000	0
8		第一銀行	12200376911	2019	1	5	提取備用金	0	3,000
9		中國信託銀行	82239118764	2019	1	31	購入貨品	0	100,000
10		中國信託銀行	82239118764	2019	1	31	購入貨品	0	160,000
11		中國信託銀行	82239118764	2019	1	31	賣出商品	300,000	0
12		中國信託銀行	82239118764	2019	1	31	賣出商品	200,000	0
13		土地銀行	71168763876	2019	1	25	租金支出	0	10,000
14		土地銀行	71168763876	2019	1	25	水電支出	0	3,500
15		第一銀行	12200376911	2019	1	31	營銷費支出	0	1,050
16		第一銀行	12200376911	2019	1	31	交際費支出	0	1,800
17		臺灣銀行	62121000980	2019	1	31	業務員薪資	0	35,000
18		臺灣銀行	62121000980	2019	1	31	人事薪資	0	12,000
19		中國信託銀行	82239118764	2019	2	28	購入貨品	0	210,000

圖 4.1-14 銀行帳戶管理 -14

結果詳見檔案 📂「CH4.1-03 銀行帳戶管理 - 編製 2」之「帳戶管理記錄」工作表

三、對「銀行帳戶管理記錄」的資訊分組。

打開檔案「CH4.1-03 銀行帳戶管理 - 編製 2」之「帳戶管理記錄」工作表。

第 4~18 列是「2019 年 1 月的銀行帳戶管理記錄」，第 19~28 列是「2019 年 2 月的銀行帳戶管理記錄」，第 29~40 列是「2019 年 3 月的銀行帳戶管理記錄」。

Step 1 選中第 19 列。右鍵點擊第 19 列，選擇「插入」。

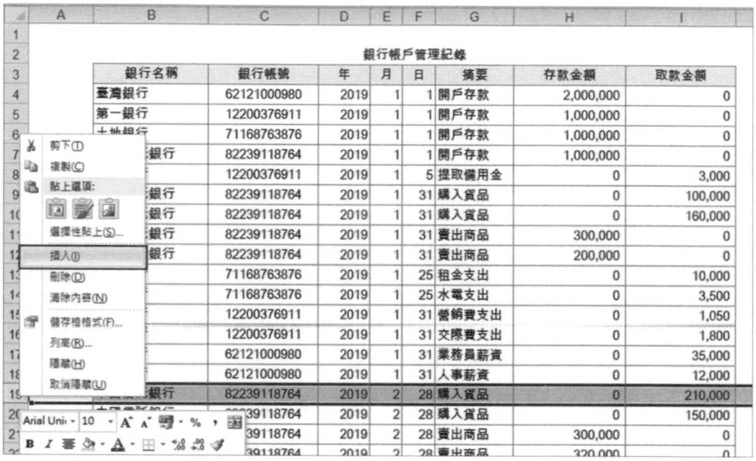

圖 4.1-15 銀行帳戶管理 -15

第 19 列為插入的空列。

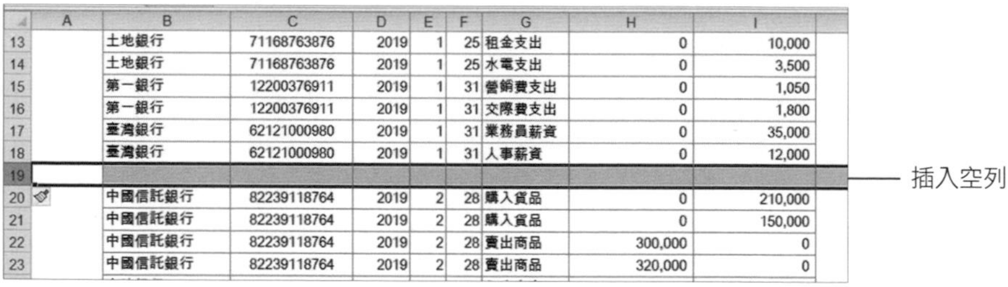

圖 4.1-16 銀行帳戶管理 -16

利用 EXCEL 2010 進行群組前，先要在不同的群組之間先插入空列，否則會造成群組錯誤。因此，在「2019 年 1 月的銀行帳戶管理記錄」和「2019 年 2 月的銀行帳戶管理記錄」之間插入空列。

Step 2 選中第 30 列。右鍵點擊第 30 列，選擇「插入」。第 30 列為插入的空列。

	A	B	C	D	E	F	G	H	I
25		土地銀行	71168763876	2019	2	25	水電支出	0	3,800
26		第一銀行	12200376911	2019	2	28	營銷費支出	0	1,300
27		第一銀行	12200376911	2019	2	28	交際費支出	0	900
28		臺灣銀行	62121000980	2019	2	28	業務員薪資	0	35,500
29		臺灣銀行	62121000980	2019	2	28	人事薪資	0	12,000
30									
31		第一銀行	12200376911	2019	3	5	提取備用金	0	3,000
32		中國信託銀行	82239118764	2019	3	31	購入貨品	0	130,000
33		中國信託銀行	82239118764	2019	3	31	購入貨品	0	190,000
34		中國信託銀行	82239118764	2019	3	31	賣出商品	100,000	0
35		中國信託銀行	82239118764	2019	3	31	賣出商品	280,000	0

——— 插入空列

圖 4.1-17 銀行帳戶管理 -17

即在「2019 年 2 月的銀行帳戶管理記錄」和「2019 年 3 月的銀行帳戶管理記錄」之間插入空列。

Step 3 選中第 4~18 列（2019 年 1 月的銀行帳戶管理記錄）。點擊工作列「資料」按鍵，並點擊「群組」。

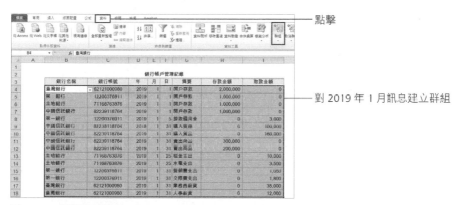

——— 點擊

——— 對 2019 年 1 月訊息建立群組

圖 4.1-18 銀行帳戶管理 -18

Step 4 「帳戶管理記錄」工作表的最左側出現「查看層級選擇」按鈕和「收起」按鈕。

——— 「查看層級選擇」按鈕

——— 「收起」按鈕

圖 4.1-19 銀行帳戶管理 -19

Step 5 「查看層級選擇」按鈕中，點擊 **1**，則顯示各「群組」被收起的狀態。即上一步所建的「群組」（第 4~18 列）被收起，同時出現「展開」按鈕。

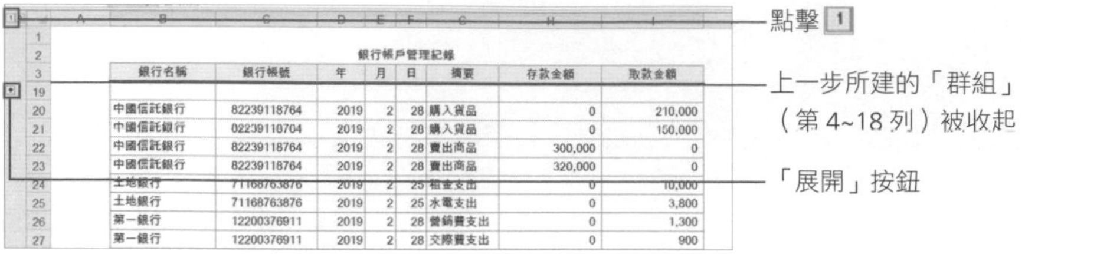

圖 4.1-20 銀行帳戶管理 -20

「查看層級選擇」按鈕中，點擊 **2**，則顯示各「群組」被展開的狀態。即逐條顯示「銀行帳戶管理記錄」，同時出現「收起」按鈕。

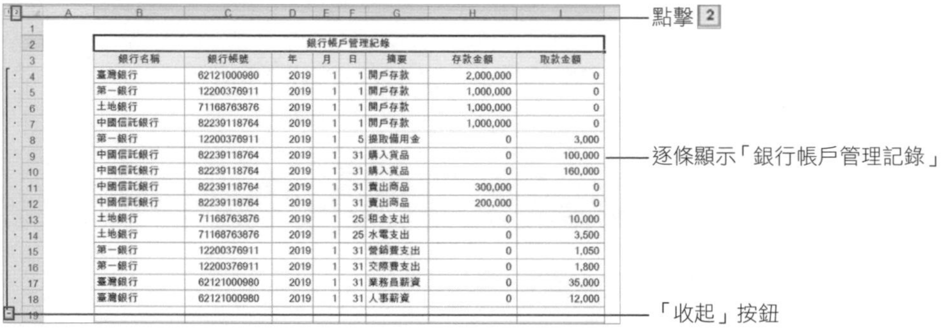

圖 4.1-21 銀行帳戶管理 -21

Step 6 點擊「收起」按鈕，表示該「收起」按鈕所指「群組」（第 4~18 列）被收起，形成「展開」按鈕。

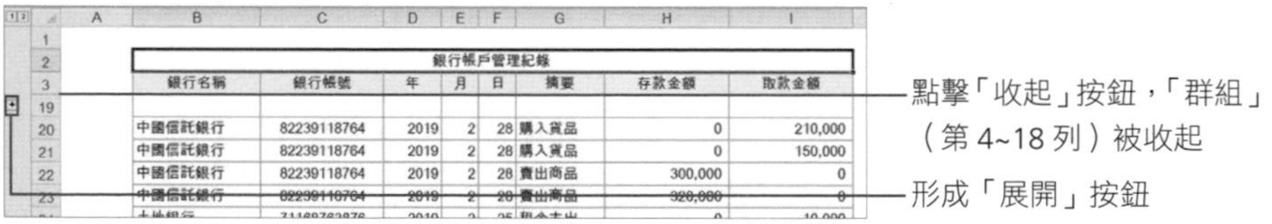

圖 4.1-22 銀行帳戶管理 -22

點擊「展開」按鈕，表示該「展開」按鈕所指「群組」（第 4~18 列）被展開，逐一顯示記錄，形成「收起」按鈕。

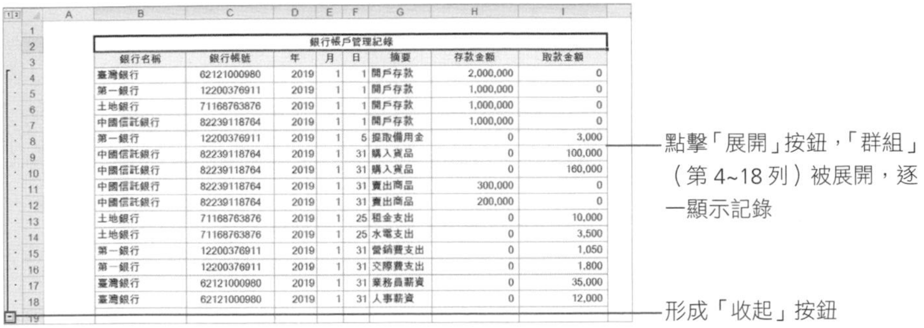

圖 4.1-23 銀行帳戶管理 -23

Step 7 選中第 20~29 列（2019 年 2 月的銀行帳戶管理記錄）。

點擊工作列「資料」按鍵，並點擊「群組」。結果如「圖 4.1-24 銀行帳戶管理 -24」所示。

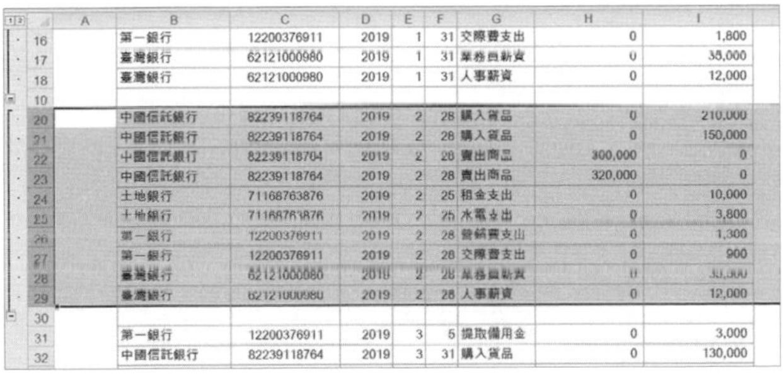

圖 4.1-24 銀行帳戶管理 -24

Step 8 選中第 31~42 列（2019 年 3 月的銀行帳戶管理記錄）。

點擊工作列「資料」按鍵，並點擊「群組」。結果如「圖 4.1-25 銀行帳戶管理 -25」所示。

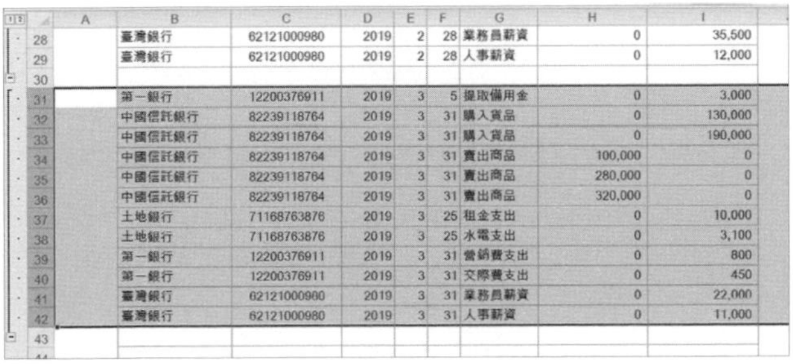

圖 4.1-25 銀行帳戶管理 -25

Step 9 「查看層級選擇」按鈕中，點擊 1 ，則三個「群組」均被收起。

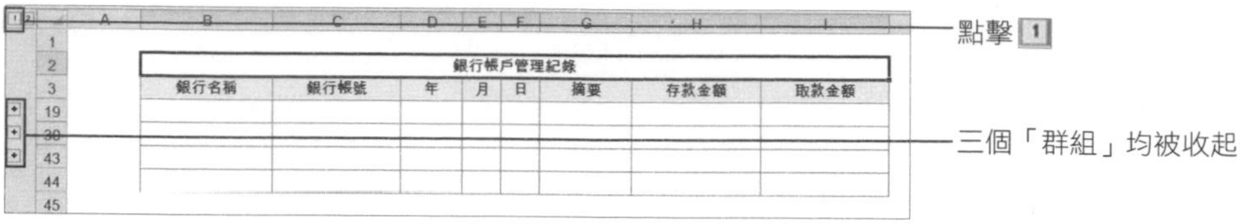

	A	B	C	D	E	F	G	H	I
1									
2		銀行帳戶管理記錄							
3		銀行名稱	銀行帳號	年	月	日	摘要	存款金額	取款金額
19									
30									
43									
44									
45									

圖 4.1-26 銀行帳戶管理 -26

Step 10 點擊第 2 個「展開」按鍵，則僅顯示「2019 年 2 月的銀行帳戶管理記錄」。

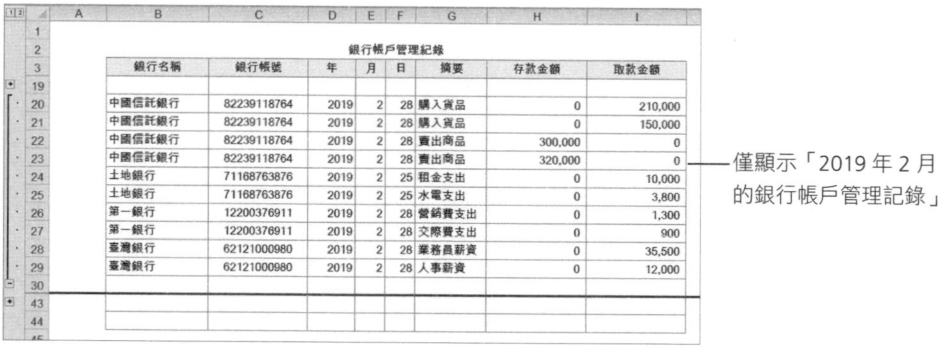

	A	B	C	D	E	F	G	H	I
1									
2		銀行帳戶管理紀錄							
3		銀行名稱	銀行帳號	年	月	日	摘要	存款金額	取款金額
19									
20		中國信託銀行	82239118764	2019	2	28	購入貨品	0	210,000
21		中國信託銀行	82239118764	2019	2	28	購入貨品	0	150,000
22		中國信託銀行	82239118764	2019	2	28	賣出商品	300,000	0
23		中國信託銀行	82239118764	2019	2	28	賣出商品	320,000	0
24		土地銀行	71168763876	2019	2	25	租金支出	0	10,000
25		土地銀行	71168763876	2019	2	25	水電支出	0	3,800
26		第一銀行	12200376911	2019	2	28	營銷費支出	0	1,300
27		第一銀行	12200376911	2019	2	28	交際費支出	0	900
28		臺灣銀行	62121000980	2019	2	28	業務員薪資	0	35,500
29		臺灣銀行	62121000980	2019	2	28	人事薪資	0	12,000
30									
43									
44									

圖 4.1-27 銀行帳戶管理 -27

「查看層級選擇」按鈕中，點擊 2 ，則顯示所有「銀行帳戶管理記錄」。

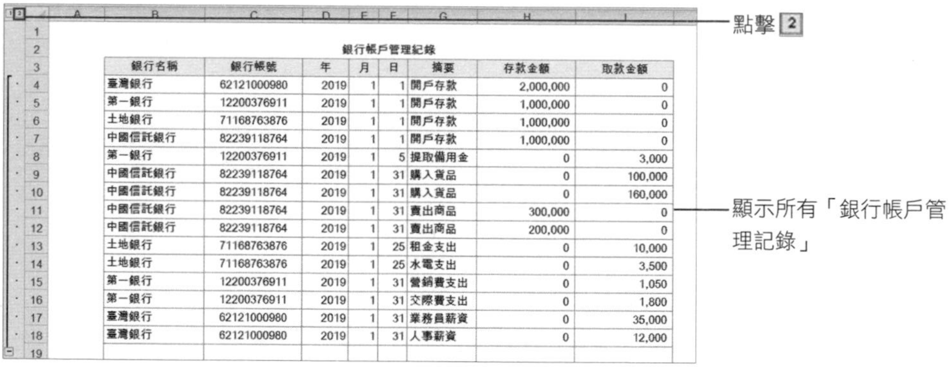

	A	B	C	D	E	F	G	H	I
1									
2		銀行帳戶管理紀錄							
3		銀行名稱	銀行帳號	年	月	日	摘要	存款金額	取款金額
4		臺灣銀行	62121000980	2019	1	1	開戶存款	2,000,000	0
5		第一銀行	12200376911	2019	1	1	開戶存款	1,000,000	0
6		土地銀行	71168763876	2019	1	1	開戶存款	1,000,000	0
7		中國信託銀行	82239118764	2019	1	1	開戶存款	1,000,000	0
8		第一銀行	12200376911	2019	1	5	提取備用金	0	3,000
9		中國信託銀行	82239118764	2019	1	31	購入貨品	0	100,000
10		中國信託銀行	82239118764	2019	1	31	購入貨品	0	160,000
11		中國信託銀行	82239118764	2019	1	31	賣出商品	300,000	0
12		中國信託銀行	82239118764	2019	1	31	賣出商品	200,000	0
13		土地銀行	71168763876	2019	1	25	租金支出	0	10,000
14		土地銀行	71168763876	2019	1	25	水電支出	0	3,500
15		第一銀行	12200376911	2019	1	31	營銷費支出	0	1,050
16		第一銀行	12200376911	2019	1	31	交際費支出	0	1,800
17		臺灣銀行	62121000980	2019	1	31	業務員薪資	0	35,000
18		臺灣銀行	62121000980	2019	1	31	人事薪資	0	12,000
19									

圖 4.1-28 銀行帳戶管理 -28

結果詳見檔案 「CH4.1-04 銀行帳戶管理 - 編製 3」之「帳戶管理記錄」工作表

4.1.2 建立銀行帳戶樞紐分析表

利用「銀行帳戶管理記錄」表格的資訊，編製「樞紐分析表」，可以整理銀行帳戶的資金進出資訊。步驟如下。

打開檔案「CH4.1-04 銀行帳戶管理 - 編製 2」之「帳戶管理記錄」工作表。

Step 1 選擇 B3~I40 儲存格。點擊工作列「插入」按鍵，並點擊「樞紐分析表」。

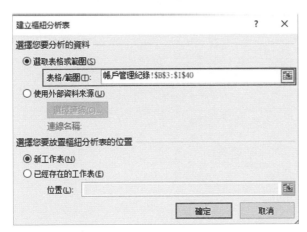

圖 4.1-29 銀行帳戶管理 -29

Step 2 在彈出的對話方塊中，確認「表格 / 範圍」，「表格 / 範圍」應為「帳戶管理記錄 !$B$3:$I$40」。點擊「確定」。

圖 4.1-30 銀行帳戶管理 -30

EXCEL 自動產生「工作表 1」工作表，即為用於編製「樞紐分析表」的工作表。

Step 3 將「工作表 1」工作表重新命名為「樞紐分析表」。

Step 4 拖曳項目至欄位清單。

(1)在「樞紐分析表」工作表中,將「欄位清單」中的「年」移到「報表篩選」區域,表示「樞紐分析表」可以按「年」篩選資訊。如「圖 4.1-31 銀行帳戶管理 -31」所示。

(2)在「樞紐分析表」工作表中,將「欄位清單」中的「月」移到「欄標籤」區域,表示報表的欄資訊將顯示「月」。如「圖 4.1-31 銀行帳戶管理 -31」所示。

(3)在「樞紐分析表」工作表中,將「欄位清單」中的「銀行名稱」移到「列標籤」區域,表示報表的列資訊將顯示「銀行名稱」。如「圖 4.1-31 銀行帳戶管理 -31」所示。

(4)在「樞紐分析表」工作表中,將「欄位清單」中的「存款金額」和「取款金額」移到「Σ值」區域,表示報表的資訊將顯示「存款金額」和「取款金額」的訊息。如「圖 4.1-31 銀行帳戶管理 -31」所示。

圖 4.1-31 銀行帳戶管理 -31

Step 5 將「欄標籤」區域的「Σ值」移動到「列標籤」下。

圖 4.1-32 銀行帳戶管理 -32

Step 6 在選中「樞紐分析表」中任意儲存格的情況下，點擊工作列「樞紐分析表工具」按鍵，並依次點擊「設計→報表版面配置→以列表方式顯示」。

圖 4.1-33 銀行帳戶管理 -33

Step 7 「樞紐分析表」顯示各銀行帳戶各月的「存款金額」和「取款金額」，各銀行帳戶 3 個月合計的「存款金額」和「取款金額」，以及各月所有銀行帳戶合計的「存款金額」和「取款金額」。如「圖 4.1-34　銀行帳戶管理 -34」所示。

	A	B		C	D	E	F
1	年	(全部)	▼				
2							
3				月 ▼			
4	銀行名稱 ▼	數值 ▼		1	2	3 總計	
5	第一銀行	加總 - 存款金額		1000000	0	0	1000000
6		加總 - 取款金額		5850	2200	4250	12300
7	臺灣銀行	加總 - 存款金額		2000000	0	0	2000000
8		加總 - 取款金額		47000	47500	33000	127500
9	土地銀行	加總 - 存款金額		1000000	0	0	1000000
10		加總 - 取款金額		13500	13800	13100	40400
11	中國信托銀行	加總 - 存款金額		1500000	620000	700000	2820000
12		加總 - 取款金額		260000	360000	320000	940000
13	加總 - 存款金額 的加總			5500000	620000	700000	6820000
14	加總 - 取款金額 的加總			326350	423500	370350	1120200
15							

圖 4.1-34 銀行帳戶管理 -34

結果詳見檔案　📁「CH4.1-05 銀行帳戶管理 - 編製 4」之「樞紐分析表」工作表

固定利率的實務分析　　4.2

「銀行存款」是最常用的銀行業務之一，「存款」包括「活期存款」和「定期存款」。「活期存款」隨時可以存取但利息較低。「定期存款」有一定期間的限制，利息較高，未到期取款會有利息損失。

本章節將介紹不同存款組合的利息規劃。

4.2.1 單筆定存的複利分析

「複利」是計算利息的一種方法，是相對「單利」而言的。「單利」僅針對本金計算利息，「複利」以本金和已取得但未支付的利息，合併計算後續的利息。「複利」有利滾利的效應，計算的依據是，把上期末的本金、利息加總，作為下一期的本金。「複利」計算時，每一期的本金是不同的。

例如，某銀行與企業簽訂協定，企業的一年期定期存款利率為 3.5%，期初存入 NT$ 100,000 元，按月以「複利」計算利息。則存款滿一年期之後，可取回多少本息呢？計算步驟如下。

一、查看「單筆定存複利計算」報表。

打開檔案「CH4.2-01 單筆定存複利計算 - 原始」。

	本金	當月利息	小計
單筆定存複利計算			
利率	3.5%		
本金	100,000		
第1個月			
第2個月			
第3個月			
第4個月			
第5個月			
第6個月			
第7個月			
第8個月			
第9個月			
第10個月			
第11個月			
第12個月			

圖 4.2-1 單筆定存複利分析 -1

(1) 在「單筆定存複利計算」工作表中，C4 儲存格的值為「3.5%」，表示企業的一年期定期存款利率為 3.5%。

(2) C5 儲存格的值為「100,000」，表示期初存入本金為 NT$ 100,000 元。

(3) C8~E9 儲存格將分別計算第 1 至第 12 個月每個月的本金、利息，以及本金和利息的加總。

二、計算「單筆定存複利」。

Step 1 在 C8 儲存格中鍵入「=C5」，則 C8 儲存格的值始終等於 C5 儲存格的初始值（100,000）。

Step 2 在 D8 儲存格中鍵入「=C8*$C$4/12」（ $= \dfrac{100000 \times 3.5\%}{12} = 292$ ），表示 1 月的利息為 292。

Step 3 在 F8 儲存格中鍵入「=C8+D8」（=100000+292=100292），表示 1 月本金和利息的加總為 100,292。

Step 4 在 C9 儲存格中鍵入「=E8」（=100292），即 2 月的本金為 1 月本金和利息的加總。如「圖 4.2-2 單筆定存複利分析 -2」所示。

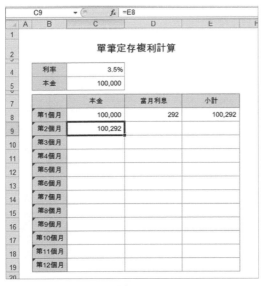

圖 4.2-2 單筆定存複利分析 -2

Step 5 將 C9 儲存格的公式複製到 C10~C19 儲存格。

則 C10~C19 儲存格的公式與 C9 儲存格的公式類似。C10~C19 儲存格的資訊為上一列 E 欄儲存格中的「小計」。

Step 6 將 D8 儲存格的公式複製到 D9~D19 儲存格。

則 D9~D19 儲存格的公式與 D8 儲存格的公式類似。D9~D19 儲存格的資訊為第 2~ 第 12 個月的「利息」。

Step 7 將 E8 儲存格的公式複製到 E9~E19 儲存格。

則 E9~E19 儲存格的公式與 E8 儲存格的公式類似。E9~E19 儲存格的資訊為第 2~ 第 12 個月的「本金」和「利息」加總。如「圖 4.2-3 單筆定存複利分析 -3」所示。E19 儲存格（103,557）的值，即為一年到期時取得的本息總額。

		本金	當月利息	小計
				單筆定存複利計算
	利率	3.5%		
	本金	100,000		
	第1個月	100,000	292	100,292
	第2個月	100,292	293	100,584
	第3個月	100,584	293	100,878
	第4個月	100,878	294	101,172
	第5個月	101,172	295	101,467
	第6個月	101,467	296	101,763
	第7個月	101,763	297	102,060
	第8個月	102,060	298	102,357
	第9個月	102,357	299	102,656
	第10個月	102,656	299	102,955
	第11個月	102,955	300	103,256
	第12個月	103,256	301	103,557

圖 4.2-3 單筆定存複利分析 -3

結果詳見檔案 📂「CH4.2-02 單筆定存複利計算 - 計算」之「單筆定存複利計算」工作表

4.2.2 定期定額的複利分析

企業每個月定額存款，按複利計算利息，計算期滿取款的本息，也是「複利」計算。

例如，某銀行與企業簽訂協定，企業的一年期定期存款利率為 3.5%，按月以複利計算利息。企業每個月存入 NT$ 5,000 元，則存款滿一年期之後，可取回多少本息呢？計算步驟如下。

一、查看「定期定額複利計算」報表。

打開檔案「CH4.2-03 定期定額複利計算 - 原始」。

		本金	當月利息	小計
	定期定額複利計算			
	利率	3.5%		
	每月存入	5,000		
第1個月				
第2個月				
第3個月				
第4個月				
第5個月				
第6個月				
第7個月				
第8個月				
第9個月				
第10個月				
第11個月				
第12個月				

圖 4.2-4 定期定額複利分析 -1

⑴ 在「定期定額複利計算」工作表中，C4 儲存格的值為「3.5%」，表示企業的一年期定期存款利率為 3.5%。

⑵ C5 儲存格的值為「5,000」，表示每月存入為 NT$ 5,000 元。

⑶ C8~E9 儲存格將分別計算第 1 至第 12 個月每個月的本金、利息，以及本金和利息的加總。

二、計算「定期定額複利」。

Step 1 在 C8 儲存格中鍵入「=C5」，則 C8 儲存格的值始終等於 C5 儲存格的初始值（5,000）。

Step 2 在 D8 儲存格中鍵入「=C8*$C$4/12」（$=\dfrac{5000\times3.5\%}{12}=15$），表示 1 月的利息為 15。

Step 3 在 E8 儲存格中鍵入「=C8+D8」（=5000+15=5015），表示 1 月本金和利息的加總為 5,015。

Step 4 在 C9 儲存格中鍵入「=E8+$C$5」（=5015+5000=10015），即 2 月的本金為 1 月本金、1 月利息和 2 月新增加存款（5,000）的加總。

類似 4.2.1 章節的實例，依次將 C9 儲存格的公式複製到 C10~C19 儲存格，將 D8 儲存格的公式複製到 D9~D19 儲存格，將 E8 儲存格的公式複製到 E9~E19 儲存格。

E19 儲存格（61,150）的值，即為一年到期時取得的本息總額。如「圖 4.2-5 定期定額複利分析 -2」所示。

	本金	當月利息	小計
第1個月	5,000	15	5,015
第2個月	10,015	29	10,044
第3個月	15,044	44	15,088
第4個月	20,088	59	20,146
第5個月	25,146	73	25,220
第6個月	30,220	88	30,308
第7個月	35,308	103	35,411
第8個月	40,411	118	40,529
第9個月	45,529	133	45,661
第10個月	50,661	148	50,809
第11個月	55,809	163	55,972
第12個月	60,972	178	61,150

定期定額複利計算

利率 3.5%
每月存入 5,000

圖 4.2-5 定期定額複利分析 -2

結果詳見檔案 📂「CH4.2-04 定期定額複利計算 - 計算」之「定期定額複利計算」工作表

4.2.3 定存儲蓄計劃：未來值函數分析

固定利率的存款本息，可以利用未來值函數進行分析。

假設企業與銀行簽訂的一年期定期存款利率為 3.5%，按月以「複利」計算利息。企業每個月存入 NT$ 5,000 元。可以利用 FV 函數計算 10 個月期滿的本息金額。計算步驟如下。

一、查看「定存儲蓄計畫表」報表。

打開檔案「CH4.2-05 定存儲蓄計劃之未來值函數 - 原始」。

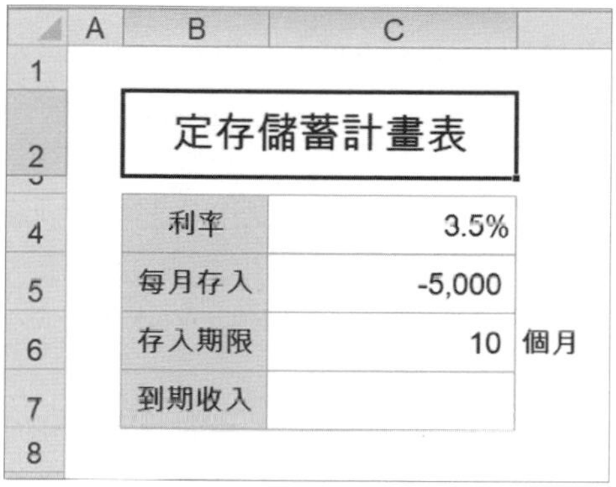

	A	B	C	
1				
2		定存儲蓄計畫表		
4		利率	3.5%	
5		每月存入	-5,000	
6		存入期限	10	個月
7		到期收入		
8				

圖 4.2-6 定存儲蓄計劃之未來值函數 -1

⑴ 在「定存儲蓄計畫表」工作表中，C4 儲存格的值為「3.5%」，表示企業的一年期定期存款利率為 3.5%。

⑵ C5 儲存格的值為「-5,000」，表示每月存入為 NT$ 5,000 元。

所有的參數中，支出的款項表示為負數，收入的款項表示為正數。「每月存入」是支出款項，表示為負數。

⑶ C6 儲存格的值為「10」，表示存入期限為 10 個月。

二、找到「FV」函數,設定「FV」函數。

Step 1 選中 C7 儲存格。點擊公式欄的 f_x 鍵,插入函數。

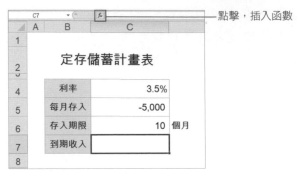

圖 4.2-7 定存儲蓄計劃之未來值函數 -2

Step 2 在彈出的對話方塊中,「或選取類別」選擇「全部」,「選取函數」選擇「FV」。點擊「確定」。

圖 4.2-8 定存儲蓄計劃之未來值函數 -3

Step 3 在彈出的對話方塊中，「Rate」（利率）鍵入「C4/12」（$=\dfrac{3.5\%}{12}$ =0.29%），表示「月利率」為 0.29%。如「圖 4.2-9 定存儲蓄計劃之未來值函」所示。

「利率」與「存入期限」的計算對象要一致，當「存入期限」用「存入月數」表示時，「利率」則用「月利率」表示。

(1)「Nper」（付款總期數）鍵入「C6」（10），表示期數為 10 個月。如「圖 4.2-9 定存儲蓄計劃之未來值函數 -4」所示。

(2)「Pmt」（各期支付金額）鍵入「C5」（-5,000），表示各期支付 NT$ 5,000 元。如「圖 4.2-9 定存儲蓄計劃之未來值函數 -4」所示。

(3)「Pv」（現值）鍵入「0」，表示已支付本金為 NT$ 0 元。如「圖 4.2-9 定存儲蓄計劃之未來值函數 -4」所示。

(4)「Type」（各期付款時間）鍵入「1」，表示各期付款時間為期初。如「圖 4.2-9 定存儲蓄計劃之未來值函數 -4」所示。點擊「確定」。

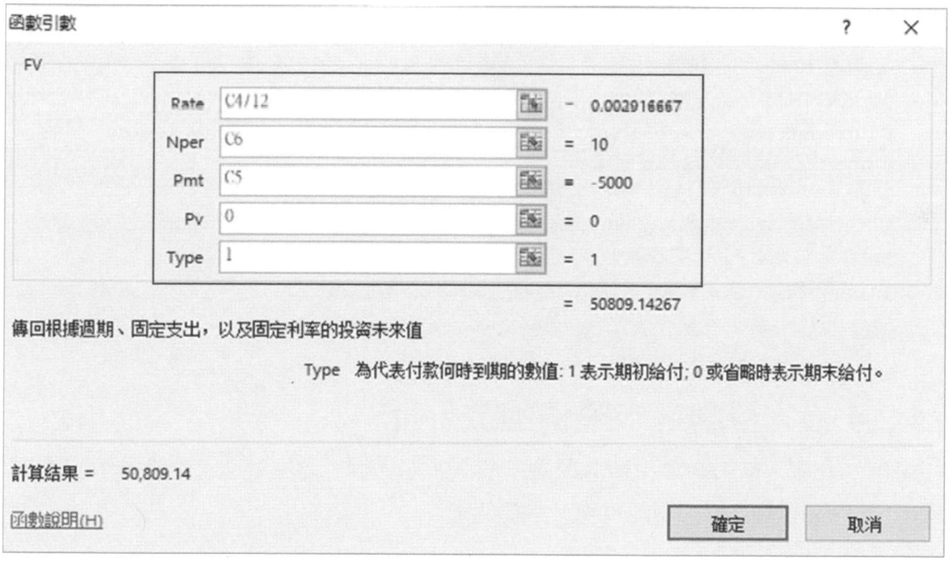

圖 4.2-9 定存儲蓄計劃之未來值函數 -4

三、計算得「到期收入」。

C7 儲存格（到期收入）顯示 50,809，即為 10 個月到期時取得的本息總額。

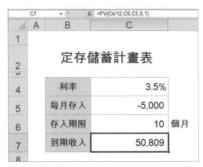

圖 4.2-10 定存儲蓄計劃之未來值函數 -5

結果詳見檔案 「CH4.2-06 定存儲蓄計劃之未來值函數 - 計算」之「定存儲蓄計劃表」工作表

> **NOTE**
>
> **FV 函數**
>
> FV 函數根據固定利率、固定投入，傳回某項投資的未來值。FV 函數的語法是 FV(rate,nper,pmt,pv,type)，各參數的意義是：
> - rate：各期利率。未來值的計算一般以月為計算單位，所以要將年利率除以 12 變成月利率。
> - nper：該項投資的付款總期數。
> - pmt：各期所應支付的金額，其數值在整個期間保持不變。
> - pv：現值，即從該項投資開始計算時已經入帳的款項，或一系列未來付款的當前值的累積和，也稱為本金。Pmt 參數和 Pv 參數選一。
> - type：數位 0 或 1，指定各期的付款時間是在期末還是期初。

4.2.4 投入預測之未來值函數分析

如果已知利率、存入期限和預計的到期收入，如何測算每月存入金額呢？可以利用 EXCEL 的「模擬分析」功能實現。步驟如下。

一、查看「投入預測」報表。

打開檔案「CH4.2-07 投入預測之未來值函數 - 原始」。

圖 4.2-11 投入預測之未來值函數 -1

(1)在「投入預測」工作表中，C4 儲存格的值為「3.5%」，表示企業的一年期定期存
　款利率為 3.5%。

(2)C6 儲存格的值為「10」，表示存入期限為 10 個月。

(3)C6 儲存格預設公式「=FV(C4/12,C6,C5,0,1)」，與 4.2.3 章節實例的 FV 函數意
　義相同。

二、找到「模擬分析」。

選中 C5 儲存格。點擊工作列「資料」按鍵，並依次點擊「模擬分析→目標搜尋」。

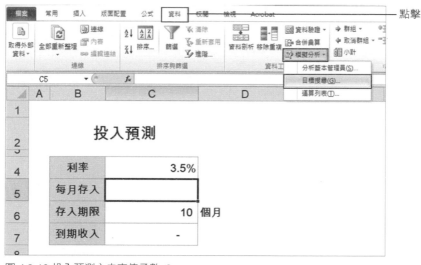

圖 4.2-12 投入預測之未來值函數 -2

三、模擬分析「每月存入」。

Step 1 在彈出的對話方塊中，點擊 C7 儲存格，則「目標儲存格」的「C5」改寫為「$C$7」，表示「被模擬的公式位於 C7 儲存格。如「圖 4.2-13 投入預測之未來值函數 -3」所示。

Step 2 「目標值」鍵入「100000」，表示「到期收入」的目標值 100,000。如「圖 4.2-13 投入預測之未來值函數 -3」所示。

Step 3 點擊「變數儲存格」右側的空白欄。

點擊 C5 儲存格，表示「變數」是「每月存入」金額。如「圖 4.2-13 投入預測之未來值函數 -3」所示。點擊「確定」。

圖 4.2-13 投入預測之未來值函數 -3

C5 儲存格（每月存入）顯示 -9,841，即每月存入 -9,841，則 10 個月到期時取得的本息總額為 100,000。點擊「確定」。

圖 4.2-14 投入預測之未來值函數 -4

結果詳見檔案 📂「CH4.2-06 定存儲蓄計劃之未來值函數 - 計算」之「定存儲蓄計劃表」工作表

浮動利率的實務應用　4.3

「銀行利率」分為「固定利率」和「浮動利率」。上一章節的實例針對「固定利率」，即存款時確定存款期內的利率。「浮動利率」會根據市場情況變化，在利率看漲階段，「浮動利率」會低於「固定利率」，而在利率看跌階段，「浮動利率」會高於「固定利率」。

4.3.1 浮動利率的複利分析

假設某銀行與企業簽訂協定，期初存入 NT$ 100,000 元，按照「浮動利率」計算，一年的利率變化如「圖 4.3-1 浮動利率的複利分析 -1」所示，按月以「複利」計算利息。一年期滿後能收回多少本息呢？

	浮動利率
第1個月	2.98%
第2個月	2.98%
第3個月	3.16%
第4個月	3.30%
第5個月	3.36%
第6個月	3.48%
第7個月	3.52%
第8個月	3.52%
第9個月	3.69%
第10個月	3.72%
第11個月	3.77%
第12個月	3.77%

圖 4.3-1 浮動利率的複利分析 -1

計算步驟如下。

一、查看「單筆定存浮動利率計算」報表。

打開檔案「CH4.3-01 浮動利率的複利計算 - 原始」。

圖 4.3-2 浮動利率的複利分析 -2

(1) 在「單筆定存浮動利率計算」工作表中，C4 儲存格的值為「100,000」，表示企業期初存入 100,000 元。

(2) C7~C18 儲存格為第 1 個月 ~ 第 12 個月的「浮動利率」，按照「圖 4.3-2 浮動利率的複利分析 -2」的資訊設定。

二、計算「單筆定存浮動利率」。

Step 1 在 D7 儲存格中鍵入「=C4」（100,000），則 D7 儲存格的值始終等於 C4 儲存格的初始值（100,000）。

Step 2 在 E7 儲存格中鍵入「=D7*C7/12」（=(100000×2.98%)/12=248），表示 1 月的利息為 248。

Step 3 在 F7 儲存格中鍵入「=D7+E7」（=100000+248=100248），表示 1 月本金和利息的加總為 100,248。

Step 4 在 D8 儲存格中鍵入「=F7」（=100,248），即 2 月的本金為 1 月本金和利息的加總。

圖 4.3-3 浮動利率的複利分析 -3

類似 4.2.1 章節的實例，依次將 D8 儲存格的公式複製到 D9~D18 儲存格，
將 E7 儲存格的公式複製到 E8~E18 儲存格，將 F7 儲存格的公式複製到
F8~F18 儲存格。

F18 儲存格（103,497）的值，即為一年到期時取得的本息總額。如「圖 4.3-4 浮動
利率的複利分析 -4」所示。

圖 4.3-4 浮動利率的複利分析 -4

結果詳見檔案 「CH4.3-02 浮動利率的複利計算 - 計算」之「單筆定存浮動利率
計算」工作表

4.3.2 浮動利率的未來值函數分析

上一章節的例子如何用函數實現呢？步驟如下。

一、查看「函數計算」報表。

打開檔案「CH4.3-03 浮動利率之未來值函數 - 原始」。

	A	B	C	D
1				
2			函數計算	
4		本金	100,000	
6			年利率	月利率
7		第1個月	2.98%	0.25%
8		第2個月	2.98%	0.25%
9		第3個月	3.16%	0.26%
10		第4個月	3.36%	0.28%
11		第5個月	3.36%	0.28%
12		第6個月	3.48%	0.29%
13		第7個月	3.52%	0.29%
14		第8個月	3.52%	0.29%
15		第9個月	3.69%	0.31%
16		第10個月	3.72%	0.31%
17		第11個月	3.77%	0.31%
18		第12個月	3.77%	0.31%
19		到期收入		
20				

圖 4.3-5 浮動利率的未來值函數 -1

(1)在「函數計算」工作表中，C4 儲存格的值為「100,000」，表示企業期初存入 NT\$ 100,000 元。如「圖 4.3-5 浮動利率的未來值函數 -1」所示。

(2)C7~C18 儲存格為第 1 個月 ~ 第 12 個月的年「浮動利率」。如「圖 4.3-5 浮動利率的未來值函數 -1」所示。

(3)D7~D18 儲存格將 C7~C18 儲存格的值除以 12，為第 1 個月 ~ 第 12 個月的月「浮動利率」。如「圖 4.3-5 浮動利率的未來值函數 -1」所示。

二、找到「FVSCHEDULE」函數，設定「FVSCHEDULE」函數。。

Step 1 選中 C19 儲存格。點擊公式欄的 f_x 鍵，插入函數。

Step 2 在彈出的對話方塊中，「或選取類別」選擇「全部」，「選取函數」選擇「FVSCHEDULE」。點擊「確定」。

圖 4.3-6 浮動利率的未來值函數 -2

Step 3 在彈出的對話方塊中，點擊「Principal」（單筆存款令額）右側的空白欄。

點擊 C4 儲存格，表示「單筆存款金額」是「本金」金額。如「圖 4.3-7 浮動利率的未來值函數 -3」所示。

Step 4 點擊「Schedule」（利率陣列）右側的空白欄。

點擊 D7~D18 儲存格，表示「利率陣列」是第 1 個月～第 12 個月的月利率。如「圖 4.3-7 浮動利率的未來值函數 -3」所示。點擊「確定」。

圖 4.3-7 定存儲蓄計劃之未來值函數 -3

三、計算得「到期收入」。

C19 儲存格（到期收入）顯示 103,497，即為 1 年到期時取得的本息總額。

C19 =FVSCHEDULE(C4,D7:D18)

函數計算

本金	100,000

	年利率	月利率
第1個月	2.98%	0.25%
第2個月	2.98%	0.25%
第3個月	3.16%	0.26%
第4個月	3.36%	0.28%
第5個月	3.36%	0.28%
第6個月	3.48%	0.29%
第7個月	3.52%	0.29%
第8個月	3.52%	0.29%
第9個月	3.69%	0.31%
第10個月	3.72%	0.31%
第11個月	3.77%	0.31%
第12個月	3.77%	0.31%
到期收入		103,497

圖 4.3-8 浮動利率的未來值函數 -4

詳見檔案 「CH4.3-04 浮動利率之未來值函數 - 計算」之「函數計算」工作表

C19 儲存格（到期收入）的值「103,497」，與 4.3.1 章節實例的計算結果一致。

NOTE

FVSCHEDULE 函數

FVSCHEDULE 函數套用一系列複利率，傳回本金的未來值，用於計算某項投資在變動或可調利率情況下的未來值。FVSCHEDULE 函數的語法是 FVSCHEDULE(principal,schedule)，各參數的意義是：

- Principal：單筆存款金額現值。
- Schedule：利率陣列。

銀行貸款分期償還的應用 4.4

企業的辦公場所，可能是租用的也可能是購買的。假設企業購買辦公場所向銀行貸款，如何計算不同貸款組合的分期償還金額呢？

4.4.1 不同貸款組合的還款金額計算

假設貸款金額為 NT$ 100 萬、150 萬、200 萬、250 萬、300 萬、350 萬、400 萬、450 萬，8 種方案，假設預定償還期限為 10 年、15 年、20 年、25 年、30 年，5 種方案，假設貸款利率 5.8%，採用等額還款方式。利用 EXCEL 計算不同貸款組合的分期償還金額，步驟如下。

一、查看「貸款組合方案計算」報表。

打開檔案「CH4.4-01 貸款組合方案 - 原始」。

	A	B	C	D	E	F	G
1	貸款組合方案計算						
2	貸款金額	年利率	預定償還期限	每月償還金額			
3	200,000	5.8%	10 年				
4							
5		每月償還金額	預定償還期限				
6			10 年	15 年	20 年	25 年	30 年
7	貸款金額	100,000					
8		150,000					
9		200,000					
10		250,000					
11		300,000					
12		350,000					
13		400,000					
14		450,000					

圖 4.4-1 貸款組合方案計算 -1

(1) 在「貸款組合方案計算」工作表中，A3~C3 儲存格預設一組貸款組合方案。

(2) A3 儲存格的值為「200,000」，表示企業的貸款金額為 NT$ 200,000 元。

(3) B3 儲存格的值為「5.8%」，表示企業貸款的年利率為 5.8%。「年利率為 5.8%」在本例中始終保持不變。

(4) C3 儲存格的值為「10」，表示企業預定償還期限為 10 年。

(5) D3 儲存格將計算「貸款金額 200,000」和「預定償還期限 10 年」的組合下,「每月償還金額」的值。

(6) B7~B14 儲存格預設不同的「貸款金額」。

(7) C6~G6 儲存格預設不同的「預定償還期限」。

(8) C7~G14 儲存格將計算不同「貸款金額」和「預定償還期限」的組合方案下,「每月償還金額」的值。

二、計算「貸款金額 200,000」和「預定償還期限 10 年」組合方案下,「每月償還金額」的值。

Step 1 點擊 D3 儲存格。點擊公式欄的 f_x 鍵,插入函數。

Step 2 在彈出的對話方塊中,「或選取類別」選擇「全部」,「選取函數」選擇「PMT」。點擊「確定」。

圖 4.4-2 貸款組合方案計算 -2

Step 3 在彈出的對話方塊中,「Rate」(利率)鍵入「B3/12」($=\dfrac{5.8\%}{12}$ =0.483%),表示「月利率」為 0.483%。如「圖 4.4-3 貸款組合方案計算 -3」所示。

(1)「Nper」(付款總期數)鍵入「C3*12」(=10×12=120),表示期數為 10 年共 120 期。

(2)「Pv」（現值）鍵入「A3」（=200,000），表示已支付本金為 NT$
200,000 元。

(3)「Fv」（未來值）鍵入「0」，表示最後一次付款後還清。

(4)「Type」（各期付款時間）鍵入「0」，表示各期付款時間為期末。點擊「確
定」。

圖 4.4-3 貸款組合方案計算 -3

D3 儲存格的值為「-2,200」，表示每月償還 2,200，能在 10 年中還清 200,000 元的
貸款。因為 D3 儲存格（每月償還金額）是支出的款項，因此為負數。如「圖 4.4-4
貸款組合方案計算 4」所示。

圖 4.4-4 貸款組合方案計算 -4

> **N**
> **O** **PMT 函數**
> **T**
> **E** PMT 函數即財務函數。PMT 函數套用固定利率及等額分期付款方式，傳回貸款的每期付款額。
> PMT 函數的語法是 PMT(rate, nper, pv, fv, type)。各參數的意義是：
> ◆ rate：貸款利率。
> ◆ nper：貸款的付款總還款期數。
> ◆ pv：現值，或未來付款的各期現值總額，也稱為本金。
> ◆ fv：未來值，或在最後一次付款後希望得到的現金餘額，省略代表 0，即貸款的未來值為零。
> ◆ type：數字 0 或 1，指定各期的付款期限是在期初還是期末。
> 注意，PMT 函數傳回的支付款項包括本金和利息。應確認所指定的 rate 和 nper 單位是一致
> 的。

三、計算其餘貸款組合方案下的「每月償還金額」。

Step 1 在 B6 儲存格中鍵入「=D3」（-2,200），表示 B6 儲存格的值始終等於 D3 儲存格的值（-2,200）。

圖 4.4-5 貸款組合方案計算 -5

Step 2 選中 B6~G14 儲存格。

點擊工作列「資料」按鍵，並依次點擊「模擬分析→運算列表」。

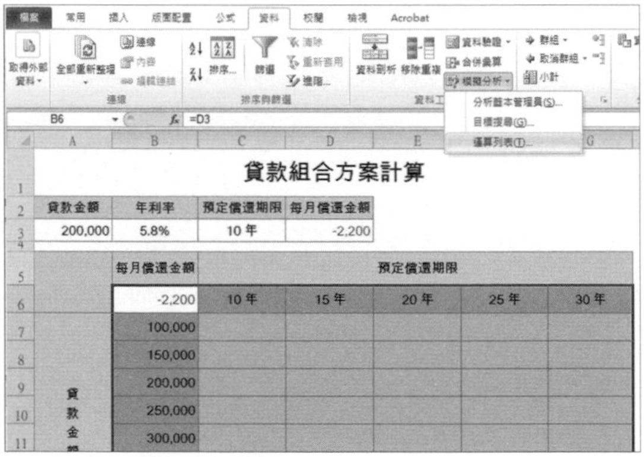

圖 4.4-6 貸款組合方案計算 -6

Step 3 在彈出的對話方塊中，點擊「列變數儲存格」右側的空白欄。

點擊C3儲存格，表示「列變數儲存格」為C3儲存格（預定償還期限10年）。

Step 4 點擊「欄變數儲存格」右側的空白欄。

點擊 A3 儲存格，表示「欄變數儲存格」為 A3 儲存格（貸款金額 200,000）。點擊「確定」。

圖 4.4-7 貸款組合方案計算 -7

C7~G14 儲存格計算得不同「貸款金額」和「預定償還期限」的組合下，「每月償還金額」的值。例如，D9 儲存格的值「-1,666」，表示每月償還 1,666，能在 10 年中還清 200,000 元的貸款。如「圖 4.4-8 貸款組合方案計算 -8」所示。

	A	B	C	D	E	F	G
1			貸款組合方案計算				
2	貸款金額	年利率	預定償還期限	每月償還金額			
3	200,000	5.8%	10 年	-2,200			
4							
5		每月償還金額	預定償還期限				
6		-2,200	10 年	15 年	20 年	25 年	30 年
7		100,000	-1,100	-833	-705	-632	-587
8		150,000	-1,650	-1,250	-1,057	-948	-880
9	貸款金額	200,000	-2,200	-1,666	-1,410	-1,264	-1,174
10		250,000	-2,750	-2,083	-1,762	-1,580	-1,467
11		300,000	-3,301	-2,499	-2,115	-1,896	-1,760
12		350,000	-3,851	-2,916	-2,467	-2,212	-2,054
13		400,000	-4,401	-3,332	-2,820	-2,529	-2,347
14		450,000	-4,951	-3,749	-3,172	-2,845	-2,640
15							

圖 4.4-8 貸款組合方案計算 -8

詳見檔案 📂 「CH4.4-02 貸款組合方案 - 計算」之「貸款組合方案計算」工作表

查看 C9 儲存格（貸款金額 200,000 及償還期限 10 年）的值「-2,200」，與 D3 儲存格（-2,200）的值是相同的。

4.4.2 還款金額的組成分析

4.4.1 章節求得的每月還款金額中，哪些是本金、哪些是利息、每個月欠款餘額是多少呢？仍以「貸款金額 200 萬」、「預定償還期限 10 年」的組合方案為例，假設貸款利率 5.8%，採用等額還款方式。計算每個月的具體還款資訊，步驟如下。

一、查看「貸款分期償還分析表」。

打開檔案「CH4.4-03 償還金額分析 - 原始」。

	A	B	C	D	E	F
1	貸款分期償還分析表					
2	年利率	5.8%	預定償還期限	10 年	貸款金額	200,000
3						
4	貸款期數	期初欠款	每期還款金額	包含：利息	包含：本金	期末欠款
5	第001期					
6	第002期					
7	第003期					
8	第004期					
9	第005期					
10	第006期					
11	第007期					
12	第008期					
13	第009期					
14	第010期					
15	第011期					

圖 4.4-9 償還金額分析 -1

⑴ 在「還款金額分析表」工作表中，B2 儲存格的值為「5.8%」，表示企業貸款的年利率為 5.8%。「年利率為 5.8%」在本例中始終保持不變。

⑵ D2 儲存格的值為「10」，表示企業預定償還期限為 10 年。

⑶ F2 儲存格的值為「200,000」，表示企業的貸款金額為 200,000 元。

⑷ A5~A124 儲存格依次設定「貸款期數」為「第 001 期」~「第 120 期」。

⑸ 由於還款年限為 10 年，即 120 個月，因此期數為 10 年共 120 期。

⑹ B5~B124 儲存格將計算「第 001 期」~「第 120 期」各期期初時的欠款金額。

⑺ C5~C124 儲存格將計算「第 001 期」~「第 120 期」各期的貸款償還金額。

⑻ D5~D124 儲存格將計算各期償還金額中，「利息」的金額。

⑼ E5~E124 儲存格將計算各期償還金額中，「本金」的金額。

⑽ F5~F124 儲存格將計算「第 001 期」~「第 120 期」各期期末時欠款金額。

二、計算「期初欠款」的值。

Step 1 在 B5 儲存格（第 001 期的期初欠款）中鍵入「=F2」，表示 B5 儲存格（第 001 期的期初欠款）始終等於 F2 儲存格的初始值（200,000）。

Step 2 在 B6 儲存格（第 002 期的期初欠款）中鍵入「=F5」，表示 B6 儲存格（第 002 期的期初欠款）等於 F5 儲存格的值（第 001 期的期末欠款）。

Step 3 將 B6 儲存格的公式複製到 B7~B124 儲存格。

則「第 002 期」~「第 120 期」各期的期初欠款，等於上一期的期末欠款。由於「第 001 期」~「第 119 期」各期的期末欠款暫未設定，因此 B6~B124 儲存格的值暫時為 0。如「圖 4.4-10 償還金額分析 -2」所示。

	A	B	C	D	E	F
1	貸款分期償還分析表					
2	年利率	5.8%	預定償還期限	10 年	貸款金額	200,000
3						
4	貸款期數	期初欠款	每期還款金額	包含：利息	包含：本金	期末欠款
5	第001期	200,000				
6	第002期	0				
7	第003期	0				
8	第004期	0				
9	第005期	0				
10	第006期	0				
11	第007期	0				
12	第008期	0				
13	第009期	0				
14	第010期	0				
	第011期	0				

圖 4.4-10 償還金額分析 -2

三、計算「每月還款金額」的值。

Step 1 點擊 C5 儲存格。點擊公式欄的 fx 鍵，插入函數。

Step 2 在彈出的對話方塊中，「或選取類別」選擇「全部」，「選取函數」選擇「PMT」。點擊「確定」。

Step 3 在彈出的對話方塊中，「Rate」（利率）鍵入「\$B\$2/12」（$= \frac{5.8\%}{12} = 0.483\%$），表示「月利率」為 0.483%。如「圖 4.4-11 償還金額分析 -3」所示。

「Rate」的鍵入「\$B\$2/12」含「\$」符號，表示對 B12 儲存格取絕對位置，即其他儲存格複製 B12 儲存格的公式時，公式中「\$B\$2/12」始終不變。

(1)「Nper」（付款總期數）鍵入「$D$2*12」（=10×12=120），表示期數為 10 年共 120 期。

(2)「Pv」（現值）鍵入「$F$2」（=200,000），表示已支付本金為 NT$200,000 元。

(3)「Fv」（未來值）鍵入「0」，表示最後一次付款後還清。

(4)「Type」（各期付款時間）鍵入「0」，表示各期付款時間為期末。點擊「確定」。

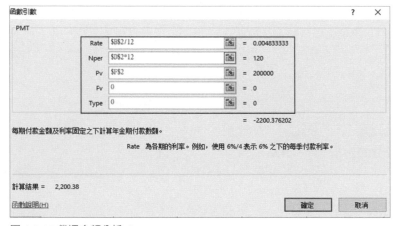

圖 4.4-11 償還金額分析 -3

C5 儲存格的值為「-2,200」，表示第 001 期的月償還金額為 2,200。如「圖 4.4-12 償還金額分析 -4」所示。

C5	fx	=PMT($B$2/12,$D$2*12,$F$2,0,0)			
	A	B	C	D	E	F

貸款分期償還分析表					
年利率	5.8%	預定償還期限	10 年	貸款金額	200,000
貸款期數	期初欠款	每期還款金額	包含：利息	包含：本金	期末欠款
第001期	200,000	-2,200			
第002期	0				

圖 4.4-12 償還金額分析 -4

Step 4 點擊公式欄的 **𝆑** 鍵右側的公式欄。將游標放置於「=」之後。鍵入「-」。
按下「Enter」按鍵。

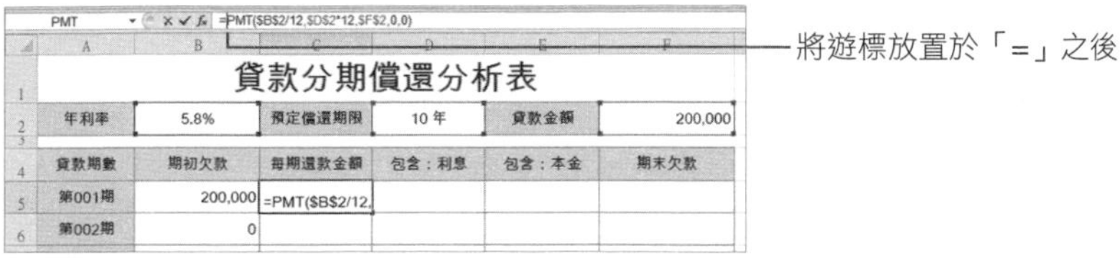

——將游標放置於「=」之後

圖 4.4-13 償還金額分析 -5

C5 儲存格的值為「2,200」。表示取 C5 儲存格原值「-2,200」的負值，作為 C5 儲存格的值。如「圖 4.4-14 償還金額分析 -6」所示。

因為 C5 儲存格（每月償還金額）是支出的款項，因此 PMT 函數的計算結果為負數。為了便於閱讀，對 PMT 函數的計算結果取負值，則「每月償還金額」顯示為正值。

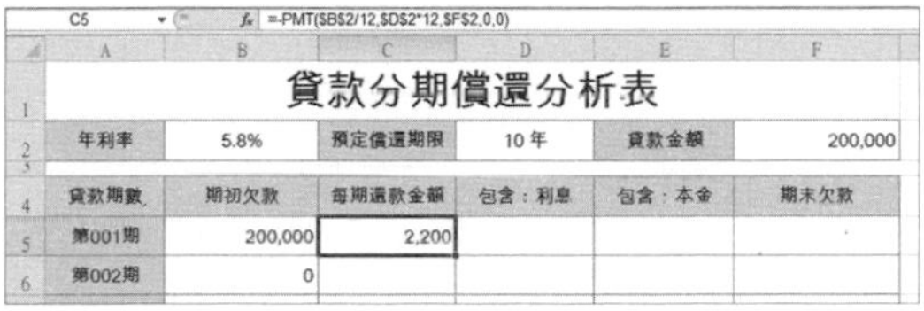

圖 4.4-14 償還金額分析 -6

Step 5 將 C5 儲存格的公式複製到 C6~C124 儲存格。

本例假設採用等額還款方式，因此 C5~C124 儲存格的「每期還款金額」相同，均為「2,200」。如「圖 4.4-15 償還金額分析 -7」所示。

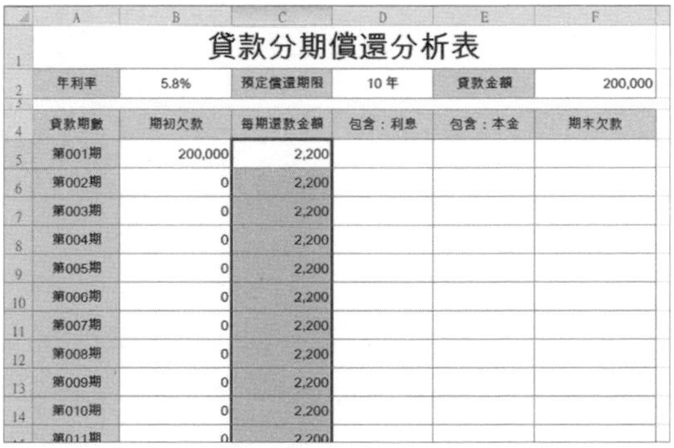

圖 4.4-15 償還金額分析 -7

四、計算「利息」的值。

Step 1 在 D5 儲存格（包含：利息）中鍵入「=B5*$B$2/12」（ $= \dfrac{200000 \times 5.8\%}{12}$ =967），表示第 001 期還款金額（2,200）中，「利息」為 967。

	A	B	C	D	E	F
	D5		fx	=B5*$B$2/12		
1	貸款分期償還分析表					
2	年利率	5.8%	預定償還期限	10 年	貸款金額	200,000
4	貸款期數	期初欠款	每期還款金額	包含：利息	包含：本金	期末欠款
5	第001期	200,000	2,200	967		
6	第002期	0	2,200			

圖 4.4-16 償還金額分析 -8

Step 2 將 D5 儲存格的公式複製到 D6~D124 儲存格。

由於 B6~B124 儲存格的值暫時為 0，因此 B6~B124 儲存格的值暫時為 0。如「圖 4.4-17 償還金額分析 -9」所示。

	A	B	C	D	E	F
1	貸款分期償還分析表					
2	年利率	5.8%	預定償還期限	10 年	貸款金額	200,000
4	貸款期數	期初欠款	每期還款金額	包含：利息	包含：本金	期末欠款
5	第001期	200,000	2,200	967		
6	第002期	0	2,200	0		
7	第003期	0	2,200	0		
8	第004期	0	2,200	0		
9	第005期	0	2,200	0		
10	第006期	0	2,200	0		
11	第007期	0	2,200	0		
12	第008期	0	2,200	0		
13	第009期	0	2,200	0		
14	第010期	0	2,200	0		
15	第011期	0	2,200	0		

圖 4.4-17 償還金額分析 -9

五、計算「本金」的值。

Step 1 在 E5 儲存格（包含：本金）中鍵入「=C5-D5」（=2200-967=1234）（因四捨五入操作，等式兩邊的個位數可能有誤差），表示第 001 期還款金額（2,200）中，「本金」為 1,234。

圖 4.4-18 償還金額分析 -10

Step 2 將 E5 儲存格的公式複製到 E6~E124 儲存格。

由於 D6~D124 儲存格的值暫時為 0，因此 E6~E124 儲存格的值暫時為 2,200。如「圖 4.4-19 償還金額分析 -11」所示。

圖 4.4-19 償還金額分析 -11

六、計算「期末欠款」的值。

Step 1 在 F5 儲存格（期末欠款）中鍵入「=B5-E5」（=200,000-1,234=198,766），
表示第 001 期的期末欠款為 198,766。

圖 4.4-20 償還金額分析 -12

Step 2 將 F5 儲存格的公式複製到 F6~F124 儲存格。如「圖 4.4-21 償還金額分析 -13」所示。

	A	B	C	D	E	F
1			貸款分期償還分析表				
2	年利率	5.8%	預定償還期限	10 年	貸款金額	200,000
3							
4	貸款期數	期初欠款	每期還款金額	包含：利息	包含：本金	期末欠款
5	第001期	200,000	2,200	967	1,234	198,766
6	第002期	198,766	2,200	961	1,240	197,527
7	第003期	197,527	2,200	955	1,246	196,281
8	第004期	196,281	2,200	949	1,252	195,029
9	第005期	195,029	2,200	943	1,258	193,772
10	第006期	193,772	2,200	937	1,264	192,508
11	第007期	192,508	2,200	930	1,270	191,238
12	第008期	191,238	2,200	924	1,276	189,962
13	第009期	189,962	2,200	918	1,282	188,680
14	第010期	188,680	2,200	912	1,288	187,391
15	第011期	187,391	2,200	906	1,295	186,096

圖 4.4-21 償還金額分析 -13

結果詳見檔案 「CH4.4-04 償還金額分析 - 計算」之「還款金額分析」工作表

Step 3 F5~F124 儲存格（第 002 期～第 120 期期末欠款）設定完成後，B6~B124 儲存格（第 002 期～第 120 期期初欠款）、D6~D124 儲存格（第 002 期～第 120 期利息）、E6~E124 儲存格（第 002 期～第 120 期本金）的值根據已設定的公式調整。如「圖 4.4-21 償還金額分析 -13」所示。

由此可見，採用等額還款的方式時，每月的還款金額中，還款利息的比例在降低，還款本金的比例在提升。

查看 F124 儲存格（第 120 期期末欠款）的值為 0，表示 120 期期滿時還清 200,000 元的貸款。

	A	B	C	D	E	F
116	第112期	19,333	2,200	93	2,107	17,226
117	第113期	17,226	2,200	83	2,117	15,109
118	第114期	15,109	2,200	73	2,127	12,982
119	第115期	12,982	2,200	63	2,138	10,844
120	第116期	10,844	2,200	52	2,148	8,696
121	第117期	8,696	2,200	42	2,158	6,538
122	第118期	6,538	2,200	32	2,169	4,369
123	第119期	4,369	2,200	21	2,179	2,190
124	第120期	2,190	2,200	11	2,190	0
125							

圖 4.4-21 償還金額分析 -13

Chapter 5

投資管理

企業的運營過程中，為了得到進一步發展，會開展投資活動。為了降低投資風險、提高投資收益，投資之前必須進行評估分析，為投資把脈、做好預判工作。實際操作中，我們通常會將評估分析的結果與預期數據作比較，或者將不同方案的投資評估結果作比較，最終確定投資方案。

EXCEL 提供多種投資分析的方法，用不同的函數實現。利用這些投資分析方法，能夠大大提高投資預判的準確程度。**投資分析方法包括，投資報酬率法、淨現值法、內部收益率法、現值指數法，以及非固定期間的投資分析方法等。**

投資報酬率法

5.1

「投資報酬率法」是靜態分析方法，其貼現值為「0」，即在不考慮資金時間價值的基礎上分析投資報酬率。「投資報酬率法」主要分析投資回收期和年投資報酬率。一般而言，投資回收期越短，投資報酬率越高，則投資方案越好。

「投資報酬率法」的計算方法較為簡單，但由於忽略了資金的時間價值，未考慮投資回收期之後的收益，該方法僅適用於估算。

例如，企業開展新業務，初期投資額 5,000,000 元，預計每年現金流入 800,000 元，該新業務的投資回收期多長呢？年投資報酬率是多少呢？計算步驟如下。

一、查看「投資報酬率法」報表。

打開檔案「CH5.1-01 投資報酬率法 - 原始」。

	A	B	C	D
1				
2		投資報酬率法		
3		初期投資額	5,000,000	
4		預計年現金流入	800,000	
5		投資回收期		
6		投資報酬率		
7				
8				

圖 5.1-1 投資報酬率法 -1

(1) 在「投資報酬率法」工作表中，C3 儲存格的值為「5,000,000」，表示期初投資額為 NT$ 5,000,000 元。

(2) C4 儲存格的值為「800,000」，表示預計年現金流入為 NT$ 800,000 元。

(3) C5 儲存格將計算投資的回收期。

(4) C6 儲存格將計算年投資報酬率。

二、計算「投資回收期」。

在 C5 儲存格（投資回收期）中鍵入「=C3/C4」（$=\dfrac{5000000}{800000}=6.25$），表示「投資回收期」為 6.25 年。

▲	A	B	C	D
		C5	f_x =C3/C4	
1				
2		投資報酬率法		
3		初期投資額	5,000,000	
4		預計年現金流入	800,000	
5		投資回收期	6.25	
6		投資報酬率		
7				

圖 5.1-2 投資報酬率法 -2

三、計算「投資報酬率」。

在 C6 儲存格（投資報酬率）中鍵入「_C4/C3」（$=\dfrac{800000}{5000000}=16.0\%$），表示年度的「投資報酬率」為 16.0%。

▲	A	B	C	D
		C6	f_x =C4/C3	
1				
2		投資報酬率法		
3		初期投資額	5,000,000	
4		預計年現金流入	800,000	
5		投資回收期	6.25	
6		投資報酬率	16.0%	
7				

圖 5.1-3 投資報酬率法 -3

結果詳見檔案 🗁「CH5.1-02 投資報酬率法 - 計算」之「投資報酬率法」工作表

淨現值法 5.2

「淨現值」，指某項投資投產後，各年「現金流的折現值」與「項目投資成本現值」之間的差值。「淨現值」把某投資項目產生的現金流量，按照預定的投資報酬率，折算到該項目開始建設的當年。

「淨現值法」根據「淨現值」的大小評價投資方案。「淨現值」越大，投資方案越好。

一般而言：

1、「淨現值」為「0」，代表該方案下的投資報酬率恰為所採用的最低報酬率。

2、「淨現值」為正值，則投資方案是可以接受的。

3、「淨現值」為負值，則投資方案不可接受。

例如，企業投資某設備，年貼現率 7.8%，投資週期 8 年，年運行費用 NT$ 20,000 元，每年期末付款，8 年後設備殘值 NT$ 50,000 元，則設備現值多少呢？計算步驟如下。

一、查看「淨現值法 -PV 函數」報表。

打開檔案「CH5.2-01 淨現值法 - 原始」。

(1) 在「淨現值法 -PV 函數」工作表中，C2 儲存格的值為「7.8%」，表示年貼現率 7.8%。

	A	B	C	D
1				
2		淨現值法–PV函數		
3		年貼現率	7.8%	
4		投資周期	8	
5		年運行費用	20,000	
6		年付款次數	1	
7		總付款次數		
8		未來值	50,000	
9		付款時間	期末	
10		淨現值		
11				

圖 5.2-1 淨現值法 -PV 函數 -1

(2) C4 儲存格的值為「8」，表示投資週期 8 年。

(3) C5 儲存格的值為「20,000」，表示年運行費用 NT$ 20,000 元。

(4) C6 儲存格的值為「1」，表示每年付款 1 次。

(5) 在 C7 儲存格（總付款次數）中鍵入「=C4*C6」（＝投資周期 × 年付款次數 ＝8×1=8），則 C7 儲存格（總付款次數）的值為「8」。

(6) C8 儲存格的值為「50,000」，表示 8 年後設備殘值 NT$ 50,000 元。

(7) C9 儲存格的值為「期末」，表示每期期末付款。C9 儲存格的資訊，僅能在清單中選擇「期初」或「期末」。

(8) C10 儲存格將計算設備淨現值。

二、找到「PV」函數，設定「PV」函數。

Step 1 選中 C10 儲存格。點擊公式欄的 f_x 鍵，插入函數。

Step 2 在彈出的對話方塊中，「或選取類別」選擇「全部」，「選取函數」選擇「PV」。點擊「確定」。

Step 3 在彈出的對話方塊中，「Rate」（貼現率）鍵入「C3」（7.8%），表示「年貼現率」為 7.8%。如「圖 5.2-2 淨現值法 -PV 函數 -2」所示。

(1) 「Nper」（總投資期）鍵入「C7」（8），表示總投資期為 8 年。如「圖 5.2-2 淨現值法 -PV 函數 -2」所示。

(2) 「Pmt」（各期支付金額）鍵入「-C5」（-20,000），表示年運行費用 20,000 元。如「圖 5.2-2 淨現值法 -PV 函數 -2」所示。

因為「年運行費用」是支出的款項，因此公式中用負值表示。如「圖 5.2-2 淨現值法 -PV 函數 -2」所示。

(3) 「Fv」（未來值）鍵入「-C8」（50,000），表示 8 年後設備殘值 50,000 元。如「圖 5.2-2 淨現值法 -PV 函數 -2」所示。

(4) 「Type」（各期付款時間）鍵入「0」，表示每年期末付款。如「圖 5.2-2 淨現值法 -PV 函數 -2」所示。點擊「確定」。

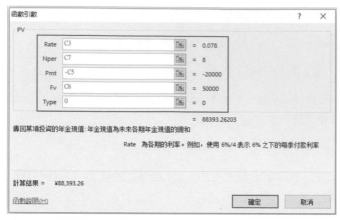

圖 5.2-2 淨現值法 -PV 函數 -2

三、改寫 C10 儲存格公式，使得公式通用於「期初」付款和「期末」付款。

C10 儲存格的公式為「=PV(C3,C7,-C5,C8,0)」，值為「88,393」，表示付款時間為「期末」的情況下，設備淨現值為 88,393 元。

	A	B	C	D
1				
2		淨現值法–PV函數		
3		年貼現率	7.8%	
4		投資周期	8	
5		年運行費用	20,000	
6		年付款次數	1	
7		總付款次數	8	
8		未來值	50,000	
9		付款時間	期末	
10		淨現值	88,393	
11				

圖 5.2-3 淨現值法 -PV 函數 -3

Step 1 選中 C10 儲存格。點擊 鍵右側的公式欄。

Step 2 將 C10 儲存格公式改寫為「=IF(C9=" 期初 ",PV(C3,C7,-C5,C8,1),PV(C3,C7,-C5,C8,0))」。

則付款時間為「期末」時，設備淨現值維持原公式「PV(C3,C7,-C5,C8,0)」的值。

付款時間為「期初」時，設備淨現值為「PV(C3,C7,-C5,C8,1)」，與原公式「PV(C3,C7,-C5,C8,0)」的差異在於參數「Type」的取值。按下「Enter」按鍵。

	C10	▼ (ⁿ	ƒx	=IF(C9="期初",PV(C3,C7,-C5,C8,1),PV(C3,C7,-C5,C8,0))	
⊿	A	B		C	D
1					
2		淨現值法-PV函數			
3		年貼現率		7.8%	
4		投資周期		8	
5		年運行費用		20,000	
6		年付款次數		1	
7		總付款次數		8	
8		未來值		50,000	
9		付款時間		期末	
10		淨現值		88,393	
11					

圖 5.2-4 淨現值法 -PV 函數 -4

結果詳見檔案 ⌁「CH5.2-02 淨現值法 - 計算」之「淨現值法 -PV 函數」工作表

> **PV 函數**
>
> PV 函數可以依據「現值」固定利率計算貸款金額,或 PV 函數傳回投資的現值。PV 函數的語法是 PV(rate,nper,pmt,fv,type),其中:
> ◆ Rate:某一期間的貼現率。可以當作每期的利率。
> ◆ Nper:總投資期,即該項投資的付款總期數。Nper 與 Rate 的單位要一致。
> ◆ Pmt:各期所應支付的金額,在公式中用負值表示。
> ◆ Fv:未來值,省略時代表其值為零。參數 Pmt 和 fv 至少存在一個。
> ◆ Type:指定各期的付款時間是在期初還是期末,「0」或省略為期末,「1」為期初。

上一例中,投資額一次性投入,每年的運行費用固定,這是比較理想的狀況。當投資情況比較複雜,例如投資額分期投入、每年的運行費用不固定等,則需要根據投資期間的現金流(包括現金流入和現金流出)計算「淨現值」。

例如,企業投資某項目,各年度的現金流量如「圖 5.2-5 淨現值法 -NPV 函數 -1」所示,年貼現率為 7.8%。計算該投資的淨現值。

年度	現金流量
0	(100,000)
1	92,000
2	88,000
3	(50,000)
4	(150,000)
5	35,000
6	40,000
7	150,000
8	350,000

圖 5.2-5 淨現值法 -NPV 函數 -1

計算步驟如下。

一、查看「淨現值法 -NPV 函數」報表。

打開檔案「CH5.2-01 淨現值法 - 原始」。

(1)在「淨現值法 -NPV 函數」工作表中，C4~C12 儲存格為第 0 年度～第 8 年度的現金流量資訊，按照「圖 5.2-5 淨現值法 -NPV 函數 -1」的資訊設定。

(2)C13 儲存格的值為「7.8%」，表示「年貼現率」為 7.8%。

(3)C15 儲存格將計算該投資的「淨現值」。

年度	現金流量
\multicolumn{2}{l}{淨現值法-NPV函數}	
0	(100,000)
1	92,000
2	88,000
3	(50,000)
4	(150,000)
5	35,000
6	40,000
7	150,000
8	350,000
年貼現率	7.8%
淨現值	

圖 5.2-6 淨現值法 -NPV 函數 -2

二、找到「NPV」函數，設定「NPV」函數。

Step 1 選中 C15 儲存格。點擊公式欄的 𝑓ₓ 鍵，插入函數。

Step 2 在彈出的對話方塊中，「或選取類別」選擇「全部」，「選取函數」選擇「NPV」。點擊「確定」。

Step 3 彈出的對話方塊中，「Rate」（貼現率）鍵入「C13」（7.8%），表示「年貼現率」為 7.8%。如「圖 5.2-7 淨現值法 -NPV 函數 -3」所示。

Step 4 「Value1」（現金流參數 1）~「Value9」（現金流參數 9）依次鍵入「C4」（-100,000）~「C12」（350,000）。參數的順序與現金流的順序相同。點擊「確定」。

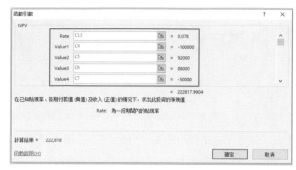

圖 5.2-7 淨現值法 -NPV 函數 -3

三、算得「淨現值」。

C15 儲存格的值為 222,818，表示該投資的「淨現值」為 222,818 元。

年度	現金流量
淨現值法-NPV函數	
0	(100,000)
1	92,000
2	88,000
3	(50,000)
4	(150,000)
5	35,000
6	40,000
7	150,000
8	350,000
年貼現率	7.8%
淨現值	222,818

=NPV(C13,C4,C5,C6,C7,C8,C9,C10,C11,C12)

圖 5.2-8 淨現值法 -NPV 函數 -4

結果詳見檔案 📁「CH5.2-02 淨現值法 - 計算」之「淨現值法 -NPV 函數」工作表

> **NOTE**
>
> **NPV 函數**
>
> 「淨現值」的公式為「淨現值 = 未來報酬總現值 - 投資總額」，即 $NPV = \dfrac{\sum It}{1+R} - \dfrac{\sum Ot}{1+R}$。
>
> 其中，NPV 為淨現值，It 為第 t 年的現金流入量，Ot 為第 t 年的現金流出量，R 為貼現率，t 取值為 0 至項目的壽命週期。
>
> 利用 NPV 函數計算「淨現值」，NPV 函數使用「貼現率」以及一系列未來的支出（負值）和收益（正值）計算投資的「淨現值」。NPV 函數的語法是 NPV(rate,value1,value2,...)，各參數的意義是：
>
> ◆ rate：某一期間的貼現率。
>
> ◆ value1, value2, ...：現金流入或流出的 1 到 254 個參數，按照現金流的順序排列。各參數在時間上必須具有相等間隔，並且都發生在期末。Value1 是必需的，後續值是可選的。

內部收益率法 5.3

「內部收益率法」又稱「內部報酬率法」，是用「內部收益率」評價項目投資財務效益的方法。所謂「內部收益率」，就是「資金流入現值總額」與「資金流出現值總額」相等、「淨現值」等於 0 時的貼現率。是在考慮時間價值的情況下，某項投資未來產生的現金流量現值剛好等於投資成本時的收益率。

沿用 5.2 章節的現金流量資訊，計算項目的內部收益率 IRR。步驟如下。

一、查看「內部收益率法」報表。

打開檔案「CH5.3-01 內部收益率法 - 原始」。

	A	B	C	D
1				
2		內部收益率法		
3		年度	現金流量	
4		0	(100,000)	
5		1	92,000	
6		2	88,000	
7		3	(50,000)	
8		4	(150,000)	
9		5	35,000	
10		6	40,000	
11		7	150,000	
12		8	350,000	
14		內部收益率IRR		
15				

圖 5.3-1 內部收益率法 -1

(1) 在「內部收益率法」工作表中，C4~C12 儲存格為第 0 年度～第 8 年度的現金流量資訊。

(2) C14 儲存格將計算該投資項目的「內部收益率」。

二、找到「IRR」函數，設定「IRR」函數。

Step 1 選中 C14 儲存格。點擊公式欄的 *fx* 鍵，插入函數。

Step 2 在彈出的對話方塊中，「或選取類別」選擇「全部」，「選取函數」選擇「IRR」。點擊「確定」。

Step 3 在彈出的對話方塊中，點擊「Values」右側的空白欄。選擇 C4~C12 儲存格。點擊「確定」。

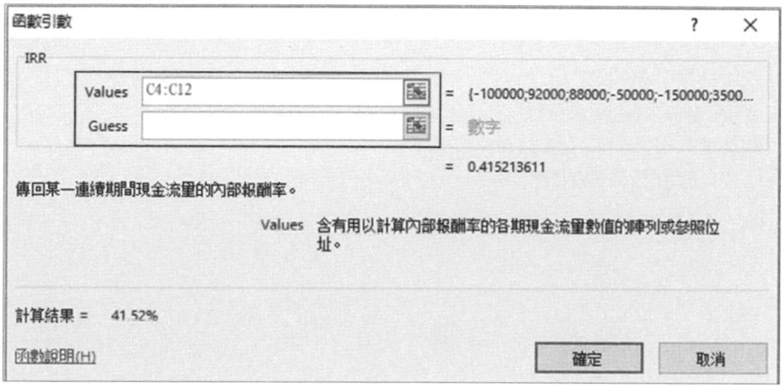

圖 5.3-2 內部收益率法 -2

三、計算得「內部收益率 IRR」。

C14 儲存格的值為「41.52%」，表示該投資項目的內部收益率 IRR 為 41.52%。

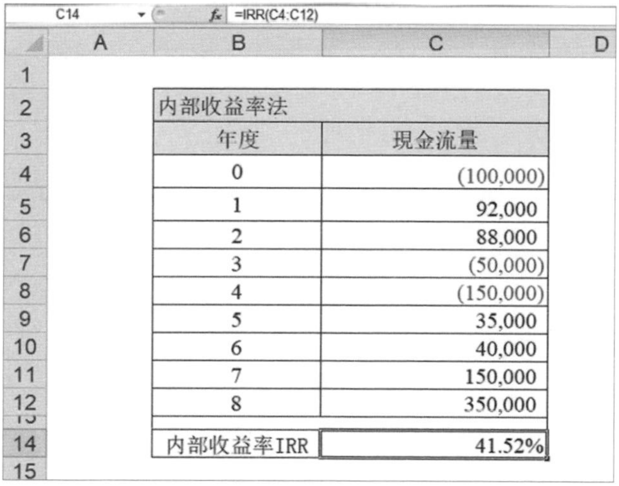

C14 =IRR(C4:C12)

內部收益率法	
年度	現金流量
0	(100,000)
1	92,000
2	88,000
3	(50,000)
4	(150,000)
5	35,000
6	40,000
7	150,000
8	350,000
內部收益率IRR	41.52%

圖 5.3-3 內部收益率法 -3

結果詳見檔案 「CH5.3-02 內部收益率法 - 計算」之「內部收益率法」工作表

> **IRR 函數**
>
> 從公式上看，IRR 計算的是 $\frac{\sum It}{1+R} - \frac{\sum Ot}{1+R} = 0$ 時貼現率 R 的值。其中，It 為第 t 年的現金流入量，Ot 為第 t 年的現金流出量，R 為貼現率，t 取值為 0 至項目的壽命週期。可見，IRR 函數與 NPV 函數的關係十分密切。IRR 函數計算出的收益率，即「淨現值 =0」時的利率。
>
> EXCEL 中用 IRR 函數計算內部收益率 IRR，IRR 函數傳回由數值代表的一組現金流的內部收益率。各期現金流必須按固定的間隔產生，如按月或按年。IRR 函數的語法是 IRR(values,guess)，各參數的意義是：
>
> ◆ Values：為陣列或儲存格的參照，包含用來計算傳回的內部收益率的數字。Values 包含至少一個正值和一個負值，並按照現金流的順序排列。
>
> ◆ Guess：為對函數 IRR 計算結果的估計值。

現值指數法 5.4

「現值指數法」，指某投資方案未來「現金淨流量總現值」與「原始投資現值」的比值。「現金淨流量總現值」即為「淨現值」。

「現值指數」是一個相對指標，反映投資效率，而「淨現值」是絕對指標，反映投資效益。「現值指數」越大，說明投資效率越高。

例如，企業投資某項目，各年度的現金流量如「圖 5.4-1 現值指數法 -1」所示，年貼現率為 8.2%。計算該投資的「淨現值」及「現值指數」。

年度	現金流量
0	(200,000)
1	60,000
2	55,000
3	58,000
4	60,000
5	72,000
6	70,000
7	85,000
8	100,000

圖 5.4-1 現值指數法 -1

計算步驟如下。

一、查看「現值指數法」報表。

打開檔案「CH5.4-01 現值指數法 - 原始」。

(1)在「現值指數法」工作表中，C4~C12 儲存格為第 0 年度～第 8 年度的現金流量
   資訊，按照「圖 5.4-1 現值指數法 -1」的資訊設定。

(2)C13 儲存格的值為「8.2%」，表示「年貼現率」為 8.2%。

(3)C15 儲存格將計算該投資的「淨現值」。

(4)C16 儲存格將計算該投資的「現值指數」。

	A	B	C	D
2		現值指數法		
3		年度	現金流量	
4		0	(200,000)	
5		1	60,000	
6		2	55,000	
7		3	58,000	
8		4	60,000	
9		5	72,000	
10		6	70,000	
11		7	85,000	
12		8	100,000	
13		年貼現率	8.2%	
15		淨現值		
16		現值指數		

圖 5.4-2 現值指數法 -2

二、計算「淨現值」。

在 C15 儲存格中鍵入「=NPV(C13,C4,C5,C6,C7,C8,C9,C10,C11,C12)」。即根據 5.2
章節 NPV 函數的使用方法，計算「淨現值」。

C15 儲存格的值為「172,240」，表示該投資的「淨現值」為 NT$ 172,240 元。

C15			fx =NPV(C13,C4,C5,C6,C7,C8,C9,C10,C11,C12)	
	A	B	C	D
1				
2		現值指數法		
3		年度	現金流量	
4		0	(200,000)	
5		1	60,000	
6		2	55,000	
7		3	58,000	
8		4	60,000	
9		5	72,000	
10		6	70,000	
11		7	85,000	
12		8	100,000	
13		年貼現率	8.2%	
15		淨現值	172,240	
16		現值指數		
17				

圖 5.4-3 現值指數法 -3

三、計算「現值指數」。

在 C16 儲存格（現值指數）中鍵入「=C15/ABS(C4)」。

C15 儲存格的值（172,240）為「淨現值」。「ABS(C4)」（=200,000）表示「原始投資現值」。

C16 儲存格（現值指數）的值為 0.86。

	A	B	C	D
1				
2		現值指數法		
3		年度	現金流量	
4		0	(200,000)	
5		1	60,000	
6		2	55,000	
7		3	58,000	
8		4	60,000	
9		5	72,000	
10		6	70,000	
11		7	85,000	
12		8	100,000	
13		年貼現率	8.2%	
15		淨現值	172,240	
16		現值指數	0.86	
17				

（公式列：C16　=C15/ABS(C4)）

圖 5.4-4 現值指數法 -4

結果詳見檔案 「CH5.4-02 現值指數法 - 計算」之「現值指數法」工作表

N O T E　**ABS 函數**

ABS 函數傳回數字的絕對值。ABS 函數的語法是 ABS(number)，參數的意義是：

◆ number：需要計算其絕對值的實數。

非固定期間的投資分析 5.5

NPV 函數、IRR 函數等均針對現金流量產生於固定期間的投資項目收益，且投資期內各期的現金流入或現金流出的時間間隔是固定的。本章節將介紹現金流量產生於非固定期間的投資項目收益。

沿用 5.4 章節的現金流量資訊，但該現金流發生的時間間隔為非固定期間的，如「圖 5.5-1 非固定期間的投資分析 -1」所示。計算該投資項目的「淨現值」和「內部收益率」。

時間	現金流量
2012/11/1	(200,000)
2013/12/31	60,000
2014/3/8	55,000
2015/7/4	58,000
2016/10/9	60,000 ——— 非固定期間
2017/4/15	72,000
2018/1/10	70,000
2019/3/31	85,000
2020/1/31	100,000

圖 5.5-1 非固定期間的投資分析 -1

計算步驟如下。

一、查看「非固定期間的投資分析」報表。

打開檔案「CH5.5-01 非固定期間的投資分析 - 原始」。

(1) 在「非固定期間的投資分析」工作表中，C4~C12 儲存格為各期（B4~B12 儲存格顯示的期間）現金流量資訊，按照「圖 5.5-1 非固定期間的投資分析 -1」的資訊設定。

(2) C13 儲存格的值為「8.2%」，表示「年貼現率」為 8.2%。

(3) C15 儲存格將計算該投資的「淨現值」。

(4) C16 儲存格將計算該投資的「現值指數」。

	A	B	C	D
1				
2		非固定期間的投資分析		
3		時間	現金流量	
4		2012/11/1	(200,000)	
5		2013/12/31	60,000	
6		2014/3/8	55,000	
7		2015/7/4	58,000	
8		2016/10/9	60,000	
9		2017/4/15	72,000	
10		2018/1/10	70,000	
11		2019/3/31	85,000	
12		2020/1/31	100,000	
13		年貼現率	8.2%	
14				
15		淨現值		
16		內部收益率		
17				

圖 5.5-2 非固定期間的投資分析 -2

二、找到「XNPV」函數，設定「XNPV」函數。

Step 1 選中 C15 儲存格。點擊公式欄的 fx 鍵，插入函數。

Step 2 在彈出的對話方塊中，「或選取類別」選擇「全部」，「選取函數」選擇「XNPV」。點擊「確定」。

Step 3 在彈出的對話方塊中，「Rate」（貼現率）鍵入「C13」（8.2%）。

Step 4 點擊「Values」（現金流）右側的空白欄。選擇 C4~C12 儲存格。

Step 5 點擊「Dates」（發生日期）右側的空白欄。選擇 B4~B12 儲存格。點擊「確定」。

圖 5.5-3 非固定期間的投資分析 -3

三、「淨現值」。

C15 儲存格（淨現值）的值為「200,076」，表示該投資的淨現值為 NT$ 200,076 元。

	A	B	C	D
			fx =XNPV(C13,C4:C12,B4:B12)	
1				
2		非固定期間的投資分析		
3		時間	現金流量	
4		2012/11/1	(200,000)	
5		2013/12/31	60,000	
6		2014/3/8	55,000	
7		2015/7/4	58,000	
8		2016/10/9	60,000	
9		2017/4/15	72,000	
10		2018/1/10	70,000	
11		2019/3/31	85,000	
12		2020/1/31	100,000	
13		年貼現率	8.2%	
15		淨現值	200,076	
16		內部收益率		
17				

圖 5.5-4 非固定期間的投資分析 -4

四、到「XIRR」函數，設定「XIRR」函數。

Step 1 選中 C16 儲存格。點擊公式欄的 fx 鍵，插入函數。

Step 2 彈出的對話方塊中，「或選取類別」選擇「全部」，「選取函數」選擇「XIRR」。點擊「確定」。

Step 3 彈出的對話方塊中，點擊「Values」（現金流）右側的空白欄。選擇 C4~C12 儲存格。

Step 4 點擊「Dates」（發生日期）右側的空白欄。選擇 B4~B12 儲存格。

圖 5.5-5 非固定期間的投資分析 -5

Step 5 「Guess」（對 XIRR 函數計算結果的估計值）省略。點擊「確定」。

五、計算得「內部收益率」。

C16 儲存格（內部收益率）的值為「30.78%」，表示該投資的內部收益率為 30.78%。

C16		fx =XIRR(C4:C12,B4:B12)		
	A	B	C	D
1				
2		非固定期間的投資分析		
3		時間	現金流量	
4		2012/11/1	(200,000)	
5		2013/12/31	60,000	
6		2014/3/8	55,000	
7		2015/7/4	58,000	
8		2016/10/9	60,000	
9		2017/4/15	72,000	
10		2018/1/10	70,000	
11		2019/3/31	85,000	
12		2020/1/31	100,000	
13		年貼現率	8.2%	
14				
15		淨現值	200,076	
16		內部收益率	30.78%	
17				

圖 5.5-6 非固定期間的投資分析 -6

結果詳見檔案　「CH5.5-02 非固定期間的投資分析 - 計算」之「非固定期間的投資分析」工作表

XNPV 函數

與固定期間的投資分析對應，非固定期間的投資分析中，「淨現值」的計算利用 XNPV 函數，「內部收益率」的計算利用 XIRR 函數。

XNPV 函數傳回一組現金流的淨現值，這些現金流不一定定期發生。XNPV 函數的語法是 XNPV(rate,values,dates)，各參數的意義是：

◆ Rate：為某一期間的貼現率。

◆ Values：與 dates 中的發生日期相對應的一系列現金流。

◆ Dates：與現金流對應的付款日期。

XIRR 函數

XIRR 函數傳回一系列現金流的內部報酬率，這些現金流不一定定期發生。XIRR 函數的語法是 XIRR(values，dates，guess)，各參數的意義是：

◆ Values：與 dates 中的發生日期相對應的一系列現金流。

◆ Dates：與現金流相對應的發生日期表。

◆ Guess：對 XIRR 函數計算結果的估計值。

Chapter 6

融資管理

企業「融資」，指以企業為主體融通資金，使企業及其內部各環節之間資金供求向平衡點運動的過程。企業「融資」管理的目的是，當資金短缺時，以最小的代價籌措到期限適當、額度適當的資金。當資金盈餘時，以最低的風險、適當的期限投放出去，以取得最大的收益，進而實現資金供求的平衡。

「融資」包括「長期融資」和「短期融資」，本章重點介紹「長期融資」。

「長期融資」，指融資可供企業長期（一般為 1 年以上）使用的資本。「長期融資」的資本主要用於開發與推廣企業新產品、新品項，更新與改造設備等，因此這類資本的回收期較長，成本較高，對企業的生產經營有較大的影響。「長期融資」一般採用「吸收直接投資」、「長期借款」、「股票融資」、「債券融資」和「融資租賃」等方式。

「直接吸收投資」的方式，與第 5 章「投資管理」的介紹有諸多類似之處。「長期借款」的方式，與第 4 章「銀行貸款」的介紹有諸多類似之處，均不再贅述。以下將分別就「股票融資」、「債券融資」和「融資租賃」三個方式進行分析。

股票融資分析

6.1

「股票」,是股份有限企業依法發行的具有管理權、股利不固定的股票,是股份有限企業資本的最基本部分。

「股票融資」,指資金借助股票這一載體直接從資金盈餘部門流向資金短缺部門,資金供給者作為所有者(股東)享有對企業控制權的融資方式。這種控制權是一種綜合權利,如參加股東大會、投票表決、參與企業重大決策、收取股息、分享紅利等等。

「股票融資」具有三個特點:

1、長期性:「股票融資」籌措的資金具有永久性,無到期日,不需歸還。

2、不可逆性:企業採用「股票融資」不需還本,投資人欲收回本金,需借助流通市場。

3、無負擔性:「股票融資」沒有固定的股利負擔,股利的支付與否和支付多少視企業的經營情況而定。

「股票融資」的分析步驟如下。

一、查看「股票融資分析」報表。

打開檔案「CH6.1-01 股票融資分析 - 原始」。

年份	發行量(萬股)			發行價格(新臺幣元)			股票融資額(萬新臺幣元)
	台股	陸股	港股	台股	陸股	港股	
2012	2,456.98	198.42	1,066.20	206	295	182	
2013	2,262.20	170.00	910.20	211	308	188	
2014	2,643.30	202.80	1,202.77	211	308	188	
2015	3,087.50	245.40	1,609.30	236	354	200	
2016	2,236.45	185.30	1,002.50	228	326	195	
2017	2,560.60	190.23	1,290.50	228	326	195	
2018	1,980.50	150.40	850.00	243	380	208	
2019	2,387.85	196.55	998.90	243	380	208	

圖 6.1-1 股票融資分析 -1

⑴ 在「股票融資分析」工作表中,C5~C12 儲存格是 2012~2019 年該股票台股的發行量,D5~C12 儲存格是 2012~2019 年該股票陸股的發行量,E5~E12 儲存格是 2012~2019 年該股票港股的發行量。

⑵ F5~F12 儲存格是 2012~2019 年該股票台股的發行價格,G5~G12 儲存格是

2012~2019 年該股票陸股的發行價格，H5~H12 儲存格是 2012~2019 年該股票港股的發行價格。

二、計算「股票融資額」。

Step 1 在 I5 儲 存 格 （ 2012 年 股 票 融 資 額 ） 中 鍵 入 「=SUMPRODUCT(C5:E5, F5:H5)」，表示 I5=C5×F5+D5×G5+E5×H5=2456.98×206+198.42×295 +1066.20×182=758,720.18，即 2012 年股票融資額為 NT\$ 758,720.18 萬 新臺幣。如「圖 6.1-2 股票融資分析 -2」所示。

							股票融資分析	
	年份	發行量（萬股）			發行價格（新臺幣元）			股票融資額（萬新臺幣）
		台股	陸股	港股	台股	陸股	港股	
	2012	2,456.98	198.42	1,066.20	206	295	182	758,720.18
	2013	2,262.20	170.00	910.20	211	308	188	
	2014	2,643.30	202.80	1,202.77	211	308	188	
	2015	3,087.50	245.40	1,609.30	236	354	200	
	2016	2,236.45	185.30	1,002.50	228	326	195	
	2017	2,560.60	190.23	1,290.50	228	326	195	
	2018	1,980.50	150.40	850.00	243	380	208	
	2019	2,387.85	196.55	998.90	243	380	208	

圖 6.1-2 股票融資分析 -2

Step 2 將 I5 儲存格的公式複製到 I6~I12 儲存格。

則 I6~I12 儲存格依次為 2013~2019 年的「股票融資額」。

							股票融資分析	
	年份	發行量（萬股）			發行價格（新臺幣元）			股票融資額（萬新臺幣）
		台股	陸股	港股	台股	陸股	港股	
	2012	2,456.98	198.42	1,066.20	206	295	182	758,720.18
	2013	2,262.20	170.00	910.20	211	308	188	700,801.80
	2014	2,643.30	202.80	1,202.77	211	308	188	846,319.46
	2015	3,087.50	245.40	1,609.30	236	354	200	1,137,381.60
	2016	2,236.45	185.30	1,002.50	228	326	195	765,805.90
	2017	2,560.60	190.23	1,290.50	228	326	195	897,479.28
	2018	1,980.50	150.40	850.00	243	380	208	715,213.50
	2019	2,387.85	196.55	998.90	243	380	208	862,707.75

圖 6.1-3 股票融資分析 -3

結果詳見檔案 🗁「CH6.1-02 股票融資分析 - 計算」之「股票融資分析」工作表

SUMPRODUCT 函數

SUMPRODUCT 函 數 求 解 的 是「 陣 列 乘 積 的 總 和 」， 語 法 是 SUMPRODUCT （array1,array2,array3, ...），參數的意義是，array1,array2,array3, ... 為 2 到 30 個陣列， 對其相對應元素作相乘運算並求和。

債券融資分析　6.2

「債券」是一種發行人承諾在某一特定的時日將利息與本金付給債券持有人的債權債務憑證。「債券融資」，指項目主體按法定程式發行的、承諾按期向債券持有者支付利息和償還本金的一種融資行為。「債券」的發行主體包括政府、金融機構和企業。

與「股票融資」相比，**「債券融資」有六個特點**。

1、**資本成本較低**：與股票的股利相比，債券的利息允許在所得稅前支付，企業可享受稅收利益，故企業實際負擔的「債券融資成本」一般低於「股票融資成本」。

2、**可利用財務槓桿**：無論發行企業的盈利多少，持券者一般只收取固定的利息，若企業用資後收益豐厚，增加的收益大於支付的債息額，則超出債息額的部分用於增加股東財富和企業價值。

3、**保障企業控制權**：持券者一般無權參與發行企業的管理決策，因此發行債券不會分散企業控制權。

4、**財務風險較高**：債券通常有固定的到期日，需要定期還本付息，財務上始終有壓力，在企業不景氣時，還本付息將成為企業嚴重的財務負擔。

5、**受政府監控**：發行企業債券是被嚴格控制的，不但對發行主體有很高的條件要求，並且需要經過嚴格的審批，在大陸，只有少數大型國有企業才能成功發行企業債券。

6、**受額度限制**：香港或澳門地區證券交易市場由大陸地區政府、公司直接或間接持有股權達百分之三十以上之公司所發行之債券。

「債券融資」的測算方式有多種，以下將分別舉例說明。

6.2.1 定期付息債券的利息總額

假設債券為定期付息債券。其發行日 2016 年 12 月 18 日,起息日 2017 年 1 月 1 日,結算日 2021 年 3 月 1 日,債券的年息票利率 8.00%,債券的價值 NT$ 10,000 元,債券的發行量 20,000 份,年付息次數為 1 次。計算該定期付息債券期滿時的利息總額。

計算步驟如下。

一、查看「定期付息債券 - 利息」報表。

打開檔案「CH6.2-01 債券融資分析 - 原始」。

(1) 在「定期付息債券 - 利息」工作表中,C3 儲存格(發行日期)的值為「2016/12/18」,C4 儲存格(起息日期)的值為「2017/1/1」,C5 儲存格(結算日期)的值為「2021/3/1」。

函數中,所有和日期相關的資訊均應為「日期」格式,即 DATE 函數的表達形式。

圖 6.2-1 債券融資分析 -1

(2) C6 儲存格的值為「8.00%」,表示年息票利率為 8.00%。

(3) C7 儲存格的值為「10,000」,表示債券的價值為 NT$ 10,000 元。

(4) C8 儲存格的值為「20,000」,表示債券的發行量為 20,000 份。

(5) C9 儲存格的值為「1」,表示年付息次數為 1 次。

在 C10 儲存格(融資總額)中鍵入「=C7*C8」(= 證券價值 × 發行量 =10,000×20,000=200,000,000),則 C10 儲存格(融資總額)的值為「200,000,000」。

C10 fx =C7*C8

	A	B	C	D
1				
2		定期付息債券-利息		
3		發行日期	2016/12/18	
4		起息日期	2017/1/1	
5		結算日期	2021/3/1	
6		年息票利率	8.00%	
7		證券價值	10,000	
8		發行量	20,000	
9		年付息次數	1	
10		融資總額	200,000,000	
11		利息總計		
12				

圖 6.2-2 債券融資分析 -2

C11 儲存格將計算利息總額。

二、找到「ACCRINT」函數，設定「ACCRINT」函數。

Step 1 選中 C11 儲存格。點擊公式欄的 fx 鍵，插入函數。

Step 2 在彈出的對話方塊中，「或選取類別」選擇「全部」，「選取函數」選擇「ACCRINT」。點擊「確定」。

Step 3 在彈出的對話方塊中，「Issue」（發行日）鍵入「C3」，表示發行日期為 2016/12/18。

(1)「First_interest」（首次計息日）鍵入「C4」，表示起息日期為 2017/1/1。

(2)「Settlement」（結算日）鍵入「C5」，表示結算日期為 2021/3/1。

(3)「Rate」（年息票利率）鍵入「C6」，表示年息票利率為 8.00%。

(4)「Par」（票面值）鍵入「C10」，表示票面值（融資總額）為 NT$ 20,000,000。

(5)「Frequency」（年付息次數）鍵入「C9」，表示年付息次數為 1 次。

Frequency（年付息次數 1 次）與 Rate（年息票利率 8.00%）的計算單位一致。

(6)「Basis」（要使用的日計數基礎類型）省略，表示採用「US (NASD) 30/360」的日計數基礎類型。

(7)「Calc_method」（邏輯值）省略，表示傳回從發行日到結算日的總應計利息。點擊「確定」。

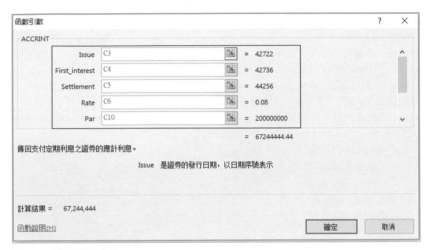

圖 6.2-3 債券融資分析 -3

三、計算得「利息總額」。

C11 儲存格（利息總額）的值為「67,244,244」，表示該定期付息債券的利息總額為 67,244,244 元。

	A	B	C	D
1				
2		定期付息債券-利息		
3		發行日期	2016/12/18	
4		起息日期	2017/1/1	
5		結算日期	2021/3/1	
6		年息票利率	8.00%	
7		證券價值	10,000	
8		發行量	20,000	
9		年付息次數	1	
10		融資總額	200,000,000	
11		利息總計	67,244,444	
12				

圖 6.2-4 債券融資分析 -4

結果詳見檔案 📂「CH6.2-02 債券融資分析 - 計算」之「定期付息債券 - 利息」工作表

NOTE

ACCRINT 函數

ACCRINT 函數，傳回定期給付證券的應計利息。ACCRINT 函數的語法是 ACCRINT(issue, first_interest, settlement, rate, par, frequency, basis, calc_method)，各參數的意義是：

◆ Issue：有價證券的發行日。

◆ First_interest：有價證券的首次計息日。

◆ Settlement：有價證券的結算日，即有價證券賣給購買者的日期。

◆ Rate：有價證券的年度票息率。

◆ Par：有價證券的票面值，省略時代表 1,000。

◆ Frequency：年付息次數。按年支付則 frequency = 1，按半年期支付則 frequency = 2，按季支付則 frequency = 4。Frequency 與 rate 的計算單位是一致的。

◆ Basis ：要使用的日計數基礎類型。

Basic	日計數基礎
0 或省略	US (NASD) 30/360
1	實際值 / 實際值
2	實際值 /360
3	實際值 /365
4	歐洲 30/360

◆ Calc_method：邏輯值，指定當結算日期晚於首次計息日期時，用於計算總應計利息的方法。如果值為 TRUE (1)，則傳回從發行日到結算日的總應計利息。如果值為 FALSE (0)，則傳回從首次計息日到結算日的應計利息。如果不輸入此參數，則預設為 TRUE。

NOTE

DATE 函數

DATE 函數，傳回代表特定日期的序號，即將日期存儲為可用於計算的序號。DATE 函數的語法是，DATE(year,month,day)，各參數的意義是：

◆ Year：由 1~4 位數字構成，如果 year 位於 0~1899，則 Excel 將該值加上 1900，再計算年份。如果 year 位於 1900 到 ~9999，則 Excel 將使用該數值作為年份。

◆ Month：可取 1~12 的任意數字。

◆ Day：可取 1~31 的任意數字。

6.2.2 一次性付息債券的年利率

假設債券為一次性付息債券。其結算日 2019 年 3 月 1 日，到期日 2022 年 1 月 1 日，債券的投資額 NT$ 2,000,000 元，債券到期時的兌換值 NT$ 2,500,000 元。計算該一次性付息債券的年利率。

計算步驟如下。

一、查看「一次性付息債券 - 年利率」報表。

打開檔案「CH6.2-01 債券融資分析 - 原始」。

(1) 在「一次性付息債券 - 年利率」工作表中，C3 儲存格（結算日期）的值為「2019/3/1」，C4 儲存格（到期日期）的值為「2022/1/1」。

	A	B	C	D
1				
2		一次性付息債券–年利率		
3		結算日期	2019/3/1	
4		到期日期	2022/1/1	
5		債券投資額	2,000,000	
6		到期兌換值	2,500,000	
7		年利率		
8				

圖 6.2-5 債券融資分析 -5

(2) C5 儲存格的值為「2,000,000」，表示債券的投資額 NT$ 2,000,000 元。

(3) C6 儲存格的值為「2,500,000」，表示債券到期時的兌換值 NT$ 2,500,000 元。

(4) C7 儲存格將計算債券的年利率。

二、找到「INTRATE」函數，設定「INTRATE」函數。

Step 1 選中 C7 儲存格。點擊公式欄的 f_x 鍵，插入函數。

Step 2 在彈出的對話方塊中，「或選取類別」選擇「全部」，「選取函數」選擇「INTRATE」。點擊「確定」。

Step 3 在彈出的對話方塊中，「Settlement」（結算日）鍵入「C3」，表示結算日為 2019/3/1。

⑴「Maturity」（到期日）鍵入「C4」，表示到期日為 2022/1/1。

⑵「Investment」（投資額）鍵入「C5」，表示投資額為 NT$ 2,000,000 元。

⑶「Redemption」（到期時的兌換值）鍵入「C6」，表示到期時的兌換值為 NT$ 2,500,000 元。

⑷「Basis」（要使用的日計數基礎類型）省略，表示採用「US (NASD) 30/360」的日計數基礎類型。點擊「確定」。

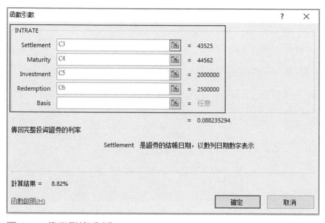

圖 6.2-6 債券融資分析 -6

三、計算得「年利率」。

C7 儲存格（年利率）的值為「8.82%」，表示該一次性付息債券的年利率為 8.82%。

	A	B	C	D
1				
2		一次性付息債券–年利率		
3		結算日期	2019/3/1	
4		到期日期	2022/1/1	
5		債券投資額	2,000,000	
6		到期兌換值	2,500,000	
7		年利率	8.82%	
8				

C7 ▾ fx =INTRATE(C3,C4,C5,C6)

圖 6.2-7 債券融資分析 -7

結果詳見檔案 📂「CH6.2-02 債券融資分析 - 計算」之「一次性付息債券 - 年利率」工作表

> **NOTE**
>
> **INTRATE 函數**
>
> INTRATE 函數，傳回完整投資證券的利率。INTRATE 函數的語法是 INTRATE(settlement,maturity,investment,redemption,basis)，各參數的意義是：
> ◆ Settlement：有價證券的結算日。
> ◆ Maturity：有價證券的到期日，是有價證券有效期截止時的日期，用 DATE 函數表示。
> ◆ Investment：有價證券的投資額。
> ◆ Redemption：有價證券到期時的回收金額。
> ◆ Basis：要使用的日計數基礎類型。

6.2.3 定期付息債券的發行價格

假設債券為定期付息債券。其結算日 2019 年 5 月 1 日，到期日 2022 年 3 月 1 日，債券的季度利率 3.00%，債券的年收益率 6.50%，面值 100 的債券清償價值為 NT$ 100，年付息次數 4 次。計算該定期付息面值 100 的債券發行價格。

計算步驟如下。

一、查看「定期付息面值 100 的債券發行價格」報表。

打開檔案「CH6.2-01 債券融資分析 - 原始」。

(1) 在「定期付息債券 - 發行價格」工作表中，C3 儲存格（結算日期）的值為「2019/5/1」，C4 儲存格（到期日期）的值為「2022/3/1」。

	A	B	C	D
1				
2		定期付息面值100的債券發行價格		
3		結算日期	2019/5/1	
4		到期日期	2022/3/1	
5		季度利率	3.00%	
6		年收益率	6.50%	
7		票面價值	100	
8		年付息次數	4	
9		債券發行價格		

圖 6.2-8 債券融資分析 -8

(2) C5 儲存格的值為「3.00%」，表示債券的季度利率為 3.00%。

(3) C6 儲存格的值為「6.50%」，表示債券的年收益率為 6.50%。

(4) C7 儲存格的值為「100」，表示面值 100 的債券清償價值為 NT$ 100。

(5) C8 儲存格的值為「4」，表示年付息次數為 4 次。

(6) C9 儲存格將計算債券的發行價格。

二、找到「PRICE」函數，設定「PRICE」函數。

Step 1 選中 C9 儲存格。點擊公式欄的 fx 鍵，插入函數。

Step 2 在彈出的對話方塊中，「或選取類別」選擇「全部」，「選取函數」選擇「PRICE」。點擊「確定」。

Step 3 在彈出的對話方塊中，「Settlement」（結算日）鍵入「C3」，表示結算日為 2019/5/1。

(1)「Maturity」（到期日）鍵入「C4」，表示到期日為 2022/3/1。

(2)「Rate」（年息票利率）鍵入「C5」，表示季度利率為 3.00%。

(3)「Yld」（年收益率）鍵入「C6」，表示年收益率為 6.50%。

(4)「Redemption」（面值 100 的有價證券的清償價值）鍵入「C7」，表示面值 100 的債券清償價值為 NT$ 100。

(5)「Frequency」（年付息次數）鍵入「C8」，表示年付息次數為 4 次。

Frequency（年付息次數 4 次）與 rate（季度利率 3.00%）的計算單位一致。

(6)「Basis」（要使用的日計數基礎類型）省略，表示採用「US (NASD) 30/360」的日計數基礎類型。點擊「確定」。

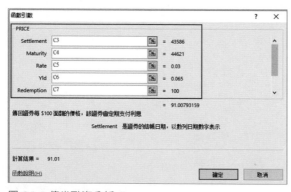

圖 6.2-9 債券融資分析 -9

三、計算「發行價格」。

C9儲存格（發行價格）的值為「91」，表示該定期付息債券的發行價格為NT$ 91元。

C9 =PRICE(C3,C4,C5,C6,C7,C8)

	A	B	C	D
1				
2		定期付息面值100的債券發行價格		
3		結算日期	2019/5/1	
4		到期日期	2022/3/1	
5		季度利率	3.00%	
6		年收益率	6.50%	
7		票面價值	100	
8		年付息次數	4	
9		債券發行價格	91	
10				

圖 6.2-10 債券融資分析 -10

結果詳見檔案 「CH6.2 02 債券融資分析 - 計算」之「定期付息債券 - 發行價格」工作表

NOTE

PRICE 函數

PRICE 函數，傳回定期付息的有價證券每 100 美元的價格。PRICE 函數的語法是 PRICE (settlement, maturity, rate, yld, redemption, frequency, basis)。各參數的意義是：

- Settlement：有價證券的結算日。
- Maturity：有價證券的到期日。
- Rate：有價證券的年度票息率。
- Yld：有價證券的年收益率。
- Redemption：面值 100 的有價證券的贖回價值。
- Frequency：年付息次數。Frequency 與 rate 的計算單位是一致的。
- Basis：要使用的日計數基礎類型。

6.2.4 定期付息債券的收益率

假設債券為定期付息債券。其結算日 2019 年 10 月 1 日，到期日 2024 年 8 月 1 日，債券的半年度利率 4.50%，債券的發行價格 NT$ 90 元，面值 100 的債券清償價值為 NT$ 100，年付息次數 2 次。計算該定期付息面值 100 的債券收益率。

計算步驟如下。

一、查看「定期付息面值 100 的債券收益率」報表。

打開檔案「CH6.2-01 債券融資分析 - 原始」。

⑴在「定期付息債券 - 收益率」工作表中，C3 儲存格（結算日期）的值為「2019/10/1」，C4 儲存格（到期日期）的值為「2024/8/1」。

	A	B	C	D
1				
2		定期付息面值100的債券收益率		
3		結算日期	2019/10/1	
4		到期日期	2024/8/1	
5		半年度利率	4.50%	
6		發行價格	90	
7		票面價值	100	
8		年付息次數	2	
9		收益率		

圖 6.2-11 債券融資分析 -11

⑵C5 儲存格的值為「4.50%」，表示債券的半年度利率為 4.50%。

⑶C6 儲存格的值為「90」，表示債券的發行價格為 NT$ 90 元。

⑷C7 儲存格的值為「100」，表示面值 100 的債券清償價值為 NT$ 100。

⑸C8 儲存格的值為「2」，表示年付息次數為 2 次。

⑹C9 儲存格將計算債券的收益率。

二、找到「YIELLD」函數，設定「YIELLD」函數。

Step 1 選中 C9 儲存格。點擊公式欄的 𝑓ₓ 鍵，插入函數。

Step 2 在彈出的對話方塊中，「或選取類別」選擇「全部」，「選取函數」選擇「YIELLD」。點擊「確定」。

Step 3 在彈出的對話方塊中，「Settlement」（結算日）鍵入「C3」，表示結算日為 2019/10/1。

⑴「Maturity」（到期日）鍵入「C4」，表示到期日為 2024/8/1。

⑵「Rate」（年息票利率）鍵入「C5」，表示半年度利率為 4.50%。

⑶「Pr」（發行價格）鍵入「C6」，表示債券的發行價格為 NT$ 90 元。

⑷「Redemption」（面值 100 的有價證券的清償價值）鍵入「C7」，表示面值 100 的債券清償價值為 NT$ 100。

⑸「Frequency」（年付息次數）鍵入「C8」，表示年付息次數為 2 次。

Frequency（年付息次數 2 次）與 rate（半年度利率 4.50%）的計算單位一致。

⑹「Basis」（要使用的日計數基礎類型）省略，表示採用「US (NASD) 30/360」的日計數基礎類型。點擊「確定」。

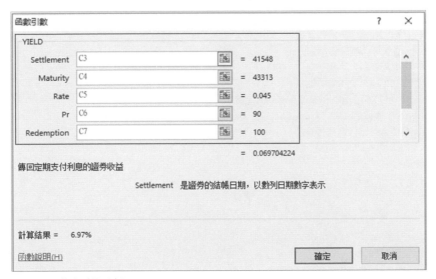

圖 6.2-12 債券融資分析 -12

三、計算得「收益率」。

C9 儲存格（收益率）的值為「6.97%」，表示該定期付息債券的收益率為 6.97%。

	A	B	C	D
			fx =YIELD(C3,C4,C5,C6,C7,C8)	
1				
2		定期付息面值100的債券收益率		
3		結算日期	2013/10/1	
4		到期日期	2018/8/1	
5		半年度利率	4.50%	
6		發行價格	90	
7		票面價值	100	
8		年付息次數	2	
9		收益率	6.97%	
10				

圖 6.2-13 債券融資分析 -12

結果詳見檔案 📁「CH6.2-02 債券融資分析 - 計算」之「定期付息債券 - 收益率」工作表

NOTE

YIELD 函數

YIELD 函數，傳回定期付息的面值 100 的證券收益率。YIELD 函數的語法是 YIELD(settlement,maturity,rate,pr,redemption,frequency,basis)。各參數的意義是：

◆ Settlement：有價證券的結算日。

◆ Maturity：有價證券的到期日。

◆ Rate：有價證券的年度票息率。

◆ Pr：面值 100 的有價證券的價格。

◆ Redemption：面值 100 的有價證券的清償價值。

◆ Frequency：年付息次數。Frequency 與 rate 的計算單位是一致的。

◆ Basis：要使用的日計數基礎類型。

融資租賃分析

「融資租賃」，是指出租人根據承租人對租賃對象的特定要求和對供貨人的選擇，出資向供貨人購買租賃對象，並租給承租人使用，承租人則分期向出租人支付租金，在租賃期內租賃對象的所有權屬於出租人所有，承租人擁有租賃對象的使用權。租期屆滿，租賃物的歸屬按約定執行。

「融資租賃」是集融資與融物、貿易與技術於一體的新型金融產業。由於其融資與融物相結合的特點，出現問題時租賃企業可以回收、處理租賃物，因而在辦理融資時對企業資信和擔保的要求不高，所以非常適合中小企業融資。

假設企業租賃商務車，租金 NT\$ 200,000 元（把租用期內所有租金折算到目前值的租金累計額），租金支付時點為「期初」，每年付款 2 次，租賃年利率和租賃年限要與租賃企業談判。計算不同租賃年利率和不同租賃年限的組合下，「每期應付租金」和「總共支付租金」的金額。

計算步驟如下。

一、查看「基本資訊表」報表。

打開檔案「CH6.3-01 融資租賃分析 - 原始」。

(1) 在「基本資訊表」工作表中，C3 儲存格（租賃項目）的值為「商務車」。

(2) C4 儲存格（租金）的值為「200,000」，表示把租用期內所有租金折算到目前值的租金累計額為 NT\$ 200,000 元。

(3) C5 儲存格的值為「期初」，表示每期期初支付租金。

(4) C5 儲存格的資訊，僅能在清單中選擇「期初」或「期末」。

(5) C8 儲存格的值為「2」，表示年付款次數為 2 次。

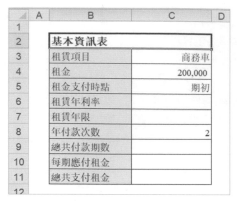

圖 6.3-1 融資租賃分析 -1

二、查看「融資租賃分析表—每期應付租金」報表。

在「融資租賃分析表—每期應付租金」工作表中，D4~I4 儲存格預設不同的「租賃年限」。如「圖 6.3-2 融資租賃分析 -2」所示。

C5~C14 儲存格預設不同的「租賃年利率」。

D5~I14 儲存格將計算不同「租賃年限」和「租賃年利率」的組合方案下，「每期應付租金」的值。

		租賃年限					
		5	10	15	20	25	30
租賃年利率	5.00%						
	5.50%						
	6.00%						
	6.50%						
	7.00%						
	7.50%						
	8.00%						
	8.50%						
	9.00%						
	9.50%						

融資租賃分析表—每期應付租金

圖 6.3-2 融資租賃分析 -2

三、查看「融資租賃分析表—總共支付租金」報表。

在「融資租賃分析表—總共支付租金」工作表中，D4~I4 儲存格及 C5~C14 儲存格的預設值與「融資租賃分析表—每期應付租金」報表相同。

D5~I14 儲存格將計算不同「租賃年限」和「租賃年利率」的組合方案下，「總共支付租金」的值。

A	B	C	D	E	F	G	H	I
1								
2	融資租賃分析表—總共支付租金							
3						租賃年限		
4			5	10	15	20	25	30
5		5.00%						
6		5.50%						
7		6.00%						
8	租賃年利率	6.50%						
9		7.00%						
10		7.50%						
11		8.00%						
12		8.50%						
13		9.00%						
14		9.50%						

圖 6.3-3 融資租賃分析 -3

四、預設一組「租賃年限」和「租賃年利率」的組合方案，並計算「每期應付租金」和「總共支付租金」。

Step 1 在「基本資訊表」工作表中，C6 儲存格中鍵入「6.00%」，表示租賃年利率為 6.00%。

Step 2 C7 儲存格中鍵入「5」，表示租賃年限為 5 年。

A	B	C	D
1			
2	基本資訊表		
3	租賃項目	商務車	
4	租金	200,000	
5	租金支付時點	期初	
6	租賃年利率	6.00%	
7	租賃年限	5	
8	年付款次數	2	
9	總共付款期數		
10	每期應付租金		
11	總共支付租金		
12			

圖 6.3-4 融資租賃分析 -4

Step 3 C9 儲存格（總共付款期數）中鍵入「=C7*C8」（= 租賃年限 × 年付款次數 =5×2=10），表示總共付款期數為 10 次。

圖 6.3-5 融資租賃分析 -5

Step 4 C10 儲存格（每期應付租金）中鍵入「=IF(C5=" 期初 ",ABS(PMT(C6/C8,C9,C4,0,1)), ABS(PMT(C6/C8,C9,C4,0,0)))」。表示根據 C5 儲存格的值（「期初」或者「期末」），「每期應付租金」為 PMT(C6/C8,C9,C4,0,1) 的絕對值，或者為 PMT(C6/C8,C9,C4,0,0) 的絕對值。

則 C10 儲存格的值為 22,763，即每期應付租金 22,763 元。

圖 6.3-6 融資租賃分析 -6

Step 5 C11 儲存格（總共支付租金）中鍵入「=C10*C9」（ = 每期應付租金 × 總共付款期數 =22,763×10=227,632 ），表示總共支付租金 227,632 元。

	A	B	C	D
	C11		fx =C10*C9	
1				
2		基本資訊表		
3		租賃項目	商務車	
4		租金	200,000	
5		租金支付時點	期初	
6		租賃年利率	6.00%	
7		租賃年限	5	
8		年付款次數	2	
9		總共付款期數	10	
10		每期應付租金	22,763	
11		總共支付租金	227,632	

圖 6.3-7 融資租賃分析 -7

結果詳見檔案 「CH6.3-02 融資租賃分析 - 計算 1」之「基本資訊表」工作表

五、計算其餘「租賃年限」和「租賃年利率」組合方案下的「每期應付租金」。

打開檔案「CH6.3-02 融資租賃分析 - 計算 1」。

Step 1 在「基本資訊表」工作表中，複製 B2~C11 儲存格。

Step 2 在「融資租賃分析表 - 每期應付租金」工作表中，將複製的資訊貼至 K2~L11 儲存格中。

Step 3 在「融資租賃分析表 - 每期應付租金」工作表中，C4 儲存格中鍵入「=」。

Step 4 點擊 L10 儲存格。

「融資租賃分析表 - 每期應付租金」工作表 C4 儲存格的值為 22,763，即「租賃年限 5 年」和「租賃年利率 6.00%」的組合方案下，「每期應付租金」22,763 元。

Step 5 選中 C4~I14 儲存格。

點擊工作列「資料」按鍵，並依次點擊「模擬分析→運算列表」。

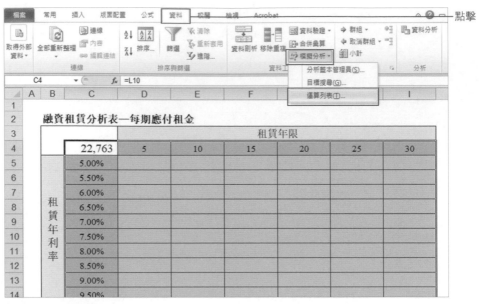

圖 6.3-8 融資租賃分析 -8

在彈出的對話方塊中，點擊「列變數儲存格」右側的空白欄。

Step 6 點擊 L7 儲存格，表示「列變數儲存格」為 L7 儲存格（租賃年限 5 年）。

點擊「欄變數儲存格」右側的空白欄。

Step 7 點擊 L6 儲存格，表示「欄變數儲存格」L6 儲存格（租賃年利率 6.00%）。
點擊「確定」。

圖 6.3-9 融資租賃分析 -9

Step 8 D5~I14 儲存格計算得不同「租賃年限」和「租賃年利率」組合方案下,「每期應付租金」的值。

A	B	C	D	E	F	G	H	I	J	K	L
1											
2		融資租賃分析表—每期應付租金								基本資料表	
3					租賃年限					租賃項目	商務車
4		22,763	5	10	15	20	25	30		租金	200,000
5		5.00%	22,294	12,517	9,322	7,773	6,880	6,313		租金支付時	期初
6		5.50%	22,528	12,783	9,613	8,084	7,210	6,661		租賃年利率	6.00%
7	租	6.00%	22,763	13,052	9,907	8,400	7,547	7,016		租賃年限	5
8	賃	6.50%	22,999	13,323	10,205	8,722	7,890	7,378		年付款次數	2
9	年	7.00%	23,235	13,596	10,507	9,049	8,238	7,747		總共付款期	10
10	利	7.50%	23,472	13,872	10,812	9,380	8,593	8,121		每期應付租	22,763
11	率	8.00%	23,710	14,150	11,121	9,716	8,952	8,500		總共支付租	227,632
12		8.50%	23,948	14,431	11,434	10,056	9,316	8,885			
13		9.00%	24,187	14,713	11,750	10,401	9,685	9,274			
14		9.50%	24,427	14,998	12,069	10,749	10,057	9,666			

圖 6.3-10 融資租賃分析 -10

結果詳見檔案 📂「CH6.3-03 融資租賃分析 - 計算 2」之「融資租賃分析表 - 每期應付租金」工作表

六、計算其餘「租賃年限」和「租賃年利率」組合方案下的「總共支付租金」。

打開檔案「CH6.3-02 融資租賃分析 - 計算 2」。

Step 1 在「基本資訊表」工作表中,複製 B2~C11 儲存格。

Step 2 在「融資租賃分析表 - 總共支付租金」工作表中,將複製的資訊貼至 K2~L11 儲存格中。

Step 3 在「融資租賃分析表 - 總共支付租金」工作表中,C4 儲存格中鍵入「=」。

Step 4 點擊 L11 儲存格。選中 C4~I14 儲存格。

Step 5 點擊工作列「資料」按鍵,並依次點擊「模擬分析→運算列表」。

在彈出的對話方塊中,點擊「列變數儲存格」右側的空白欄。

Step 6 點擊 L7 儲存格,表示「列變數儲存格」為 L7 儲存格（租賃年限 5 年）。點擊「欄變數儲存格」右側的空白欄。

Step 7 點擊 L6 儲存格，表示「欄變數儲存格」L6 儲存格（租賃年利率 6.00%）。
點擊「確定」。

Step 8 D5~I14 儲存格計算得不同「租賃年限」和「租賃年利率」組合方案下，「總
共支付租金」的值。

⊿	A	B	C	D	E	F	G	H	I	J	K	L
1												
2		融資租賃分析表—總共支付租金									基本資料表	
3						租賃年限					租賃項目	商務車
4			227,632	5	10	15	20	25	30		租金	200,000
5			5.00%	222,944	250,330	279,674	310,917	343,981	378,771		租金支付時	期初
6			5.50%	225,284	255,656	288,376	323,360	360,496	399,650		租賃年利率	6.00%
7		租	6.00%	227,632	261,032	297,200	336,018	377,335	420,967		租賃年限	5
8		賃	6.50%	229,988	266,456	306,141	348,885	394,482	442,692		年付款次數	2
9		年	7.00%	232,350	271,927	315,196	361,950	411,920	464,796		總共付款則	10
10		利	7.50%	234,721	277,444	324,362	375,205	429,631	487,249		每期應付租	22,763
11		率	8.00%	237,098	283,007	333,635	388,642	447,598	510,021		總共支付租	227,632
12			8.50%	239,482	288,613	343,011	402,251	465,804	533,085			
13			9.00%	241,873	294,263	352,487	416,024	484,231	556,413			
14			9.50%	244,271	299,954	362,059	429,951	502,863	579,976			

圖 6.3-11 融資租賃分析 -11

結果詳見檔案 📁「CH6.3-03 融資租賃分析 - 計算 2」之「融資租賃分析表 - 總共
支付租金」工作表

Chapter 7

銷售業績管理

「銷售」，通常每個企業都會遇到。「銷售」的好壞直接影響到企業的競爭實力，因此銷售業績的管理是企業管理的重點項目之一。一份完整的銷售業績分析圖表，可以讓企業領導及員工對銷售狀況一目了然，並針對狀況調整銷售策略以利銷售目標的達成。

建立銷售業績分析表　7.1

假設企業的銷售區域分為 A、B、C、D 四區，要統計 2019 年 1 月至 12 月企業服裝產品的銷售金額，以及達成比例。步驟如下。

一、查看「服裝銷售統計表」報表。

打開檔案「CH7.1-01 銷售業績管理 - 原始」。

		2019年	1	2	3	4	5	6	7	8	9	10	11	12	合計
A區	目標值		470	350	390	410	430	430	460	460	430	430	490	510	
	實現值		445	298	355	407	402	440	468	450	410	424	466	530	
	達成率														
B區	目標值		440	330	350	380	400	400	420	420	400	400	460	490	
	實現值		425	360	348	350	390	410	417	439	394	381	408	470	
	達成率														
C區	目標值		450	340	370	380	400	410	440	450	410	400	480	490	
	實現值		439	340	368	365	380	392	430	460	426	350	464	470	
	達成率														
D區	目標值		500	380	410	430	460	460	500	500	470	470	520	550	
	實現值		480	396	428	420	489	450	467	492	453	480	513	540	
	達成率														

服裝銷售統計表　（幣幣單位：萬新臺幣）

圖 7.1-1 銷售業績分析表 -1

(1) 在「統計表」工作表中，D4~O4 儲存格的值依次為 A 區 2019 年 1 月至 12 月的銷售「目標值」，於 2018 年底制定。

(2) D5~O5 儲存格的值依次為 A 區 2019 年 1 月至 12 月的銷售「實現值」，也就是 2019 年各月的實際完成情況。

(3) D6~O6 儲存格將依次計算 A 區 2019 年 1 月至 12 月的銷售「達成率」。

(4) P4 儲存格將計算 2019 年各月 A 區銷售「目標值」的加總。

(5) P5 儲存格將計算 2019 年各月 A 區銷售「實現值」的加總。

(6) P6 儲存格將計算 A 區銷售「目標值的加總」和「實現值的加總」的比值。

B 區、C 區和 D 區的各儲存格資訊與 A 區類似。

二、計算各區銷售「達成率」。

Step 1 在 D6 儲存格中鍵入「=D5/D4」（ $= \dfrac{\text{A 區 1 月實現值}}{\text{A 區 1 月目標值}} = \dfrac{470}{455} = 94.7\%$ ），表示 A 區 1 月的銷售「達成率」為 94.7%。

Step 2 選中 D6 儲存格。按住 D6 儲存格右下角的黑色小方塊，並向右拖移至 O6 儲存格，放開滑鼠。

則 A 區 2019 年 1 月至 12 月的銷售「達成率」計算完成。

			1	2	3	4	5	6	7	8	9	10	11	12	合計
		服裝銷售統計表 （貨幣單位：萬新臺幣）
	2019年		1	2	3	4	5	6	7	8	9	10	11	12	合計
	A區	目標值	470	350	390	410	430	430	460	460	430	430	490	510	
		實現值	445	298	355	407	402	440	468	450	410	424	466	530	
		達成率	94.7%	85.1%	91.0%	99.3%	93.5%	102.3%	101.7%	97.8%	98.6%	95.1%	103.9%		
	B區	目標值	440	330	350	380	400	400	420	420	400	400	460	490	
		實現值	425	360	348	350	390	410	417	439	394	381	408	470	
		達成率													
	C區	目標值	450	340	370	380	400	410	440	450	410	400	480	490	
		實現值	439	340	368	365	380	392	430	460	426	350	464	470	
		達成率													
	D區	目標值	500	380	410	430	460	460	500	500	170	470	520	550	
		實現值	480	396	428	420	489	450	467	492	453	480	513	540	
		達成率													

圖 7.1-2 銷售業績分析表 -2

Step 3 對於 B 區、C 區和 D 區的銷售「達成率」，做類似的操作。如「圖 7.1-3 銷售業績分析表 -3」所示。

	2019年		1	2	3	4	5	6	7	8	9	10	11	12	合計
		服裝銷售統計表 （貨幣單位：萬新臺幣）
	A區	目標值	470	350	390	410	430	430	460	460	430	430	490	510	
		實現值	445	298	355	407	402	440	468	450	410	424	466	530	
		達成率	94.7%	85.1%	91.0%	99.3%	93.5%	102.3%	101.7%	97.8%	95.3%	98.6%	95.1%	103.9%	
	B區	目標值	440	330	350	380	400	400	420	420	400	400	460	490	
		實現值	425	360	348	350	390	410	417	439	394	381	408	470	
		達成率	96.6%	109.1%	99.4%	92.1%	97.5%	102.5%	99.3%	104.5%	98.5%	95.3%	88.7%	95.9%	
	C區	目標值	450	340	370	380	400	410	440	450	410	400	480	490	
		實現值	439	340	368	365	380	392	430	460	426	350	464	470	
		達成率	97.6%	100.0%	99.5%	96.1%	95.0%	95.6%	97.7%	102.2%	103.9%	87.5%	96.7%	95.9%	
	D區	目標值	500	380	410	430	460	460	500	500	470	470	520	550	
		實現值	480	396	428	420	489	450	467	492	453	480	513	540	
		達成率	96.0%	104.2%	104.4%	97.7%	106.3%	97.8%	93.4%	98.4%	96.4%	102.1%	98.7%	98.2%	

圖 7.1-3 銷售業績分析表 -3

三、計算各區「目標值」、「實現值」和「達成率」的合計。

Step 1 在 P4 儲存格中鍵入「=SUM(D4:O4)」，表示 A 區銷售「目標值」的「合計」為 1 月 ~12 月銷售「目標值」的加總。

P7 儲存格、P10 儲存格、P13 儲存格的設定與 P4 儲存格是類似的。

Step 2 在 P5 儲存格中鍵入「=SUM(D5:O5)」，表示 A 區銷售「實現值」的「合計」為 1 月 ~12 月銷售「實現值」的加總。

P8 儲存格、P11 儲存格、P14 儲存格的設定與 P5 儲存格是類似的。

Step 3 在 P6 儲存格中鍵入「=P5/P4」，表示 A 區銷售「達成率」的「合計」，是銷售「目標值的加總」和「實現值的加總」的比值。

P9 儲存格、P12 儲存格、P15 儲存格的設定與 P6 儲存格是類似的。

結果如「圖 7.1-4 銷售業績分析表 -4」所示。

	2019年	1	2	3	4	5	6	7	8	9	10	11	12	合計
	服裝銷售統計表					(貨幣單位：萬新臺幣)								
A 區	目標值	470	350	390	410	430	430	460	460	430	430	490	510	5,260
	實現值	445	298	355	407	402	440	468	450	410	424	466	530	5,095
	達成率	94.7%	85.1%	91.0%	99.3%	93.5%	102.3%	101.7%	97.8%	95.3%	98.6%	95.1%	103.9%	96.9%
B 區	目標值	440	330	350	380	400	400	420	420	400	400	460	490	4,890
	實現值	425	360	348	350	390	410	417	439	394	381	408	470	4,792
	達成率	96.6%	109.1%	99.4%	92.1%	97.5%	102.5%	99.3%	104.5%	98.5%	95.3%	88.7%	95.9%	98.0%
C 區	目標值	450	340	370	380	400	410	440	450	410	400	480	490	5,020
	實現值	439	340	368	365	380	392	430	460	426	350	464	470	4,884
	達成率	97.6%	100.0%	99.5%	96.1%	95.0%	95.6%	97.7%	102.2%	103.9%	87.5%	96.7%	95.9%	97.3%
D 區	目標值	500	380	410	430	460	460	500	500	470	470	520	550	5,650
	實現值	480	396	428	420	489	450	467	492	453	480	513	540	5,608
	達成率	96.0%	104.2%	104.4%	97.7%	106.3%	97.8%	93.4%	98.4%	96.4%	102.1%	98.7%	98.2%	99.3%

圖 7.1-4 銷售業績分析表 -4

結果詳見檔案 📁「CH7.1-02 銷售業績管理 - 計算 1」之「統計表」工作表

四、用「資料橫條」表示「達成率」。

Step 1 在「CH7.1-02 銷售業績管理 - 計算 1」之「統計表」工作表中，點擊 D4 儲存格。

點擊工作列「檢視」按鍵，並依次點擊「凍結窗格→凍結窗格」。

則 1~3 列儲存格以及 A~C 欄儲存格被固定在螢幕中，不會移動或消失，便與查看。

圖 7.1-5 銷售業績分析表 -5

Step 2 選中 D6~P6 儲存格。

點擊工作列「常用」按鍵,並依次點擊「樣式→設定格式化的條件→資料橫條→實心填滿(藍色)」。

圖 7.1-6 銷售業績分析表 -6

則 D6~P6 儲存格除了顯示數據,還顯示了資料橫條,資料橫條的長短代表了「達成率」的高低。但當「達成率」超過 100% 時,資料橫條的長度與「等於 100%」時的長度是一致的。

			1	2	3	4	5	6	7	8	9	10	11	12	合計
							服裝銷售統計表		(貨幣單位：萬新臺幣)						
		2019年	1	2	3	4	5	6	7	8	9	10	11	12	合計
	A區	目標值	470	350	390	410	430	430	460	460	430	430	490	510	5,260
		實現值	445	298	355	407	402	440	468	450	410	424	466	530	5,095
		達成率	94.7%	85.1%	91.0%	99.3%	93.5%	102.3%	101.7%	97.8%	95.3%	98.6%	95.1%	103.9%	96.9%
	B區	目標值	440	330	350	380	400	400	420	420	400	400	460	490	4,890
		實現值	425	360	348	350	390	410	417	439	394	381	408	470	4,792
		達成率	96.6%	109.1%	99.4%	92.1%	97.5%	102.5%	99.3%	104.5%	98.5%	95.3%	88.7%	95.9%	98.0%
	C區	目標值	450	340	370	380	400	410	440	450	410	400	480	490	5,020
		實現值	439	340	368	365	380	392	430	460	426	350	464	470	4,884
		達成率	97.6%	100.0%	99.5%	96.1%	95.0%	95.6%	97.7%	102.2%	103.9%	87.5%	96.7%	95.9%	97.3%
	D區	目標值	500	380	410	430	460	460	500	500	470	470	520	550	5,650
		實現值	480	396	428	420	489	450	467	492	453	480	513	540	5,608
		達成率	96.0%	104.2%	104.4%	97.7%	106.3%	97.8%	93.4%	98.4%	96.4%	102.1%	98.7%	98.2%	99.3%

圖 7.1-7 銷售業績分析表 -7

Step 3 對於 B 區、C 區和 D 區的「達成率」，同樣用「資料橫條」表示，但選擇不同的顏色，便於識別。如「圖 7.1-8 銷售業績分析表 -8」所示。

			1	2	3	4	5	6	7	8	9	10	11	12	合計
							服裝銷售統計表		(貨幣單位：萬新臺幣)						
		2019年	1	2	3	4	5	6	7	8	9	10	11	12	合計
	A區	目標值	470	350	390	410	430	430	460	460	430	430	490	510	5,260
		實現值	445	298	355	407	402	440	468	450	410	424	466	530	5,095
		達成率	94.7%	85.1%	91.0%	99.3%	93.5%	102.3%	101.7%	97.8%	95.3%	98.6%	95.1%	103.9%	96.9%
	B區	目標值	440	330	350	380	400	400	420	420	400	400	460	490	4,890
		實現值	425	360	348	350	390	410	417	439	394	381	408	470	4,792
		達成率	96.6%	109.1%	99.4%	92.1%	97.5%	102.5%	99.3%	104.5%	98.5%	95.3%	88.7%	95.9%	98.0%
	C區	目標值	450	340	370	380	400	410	440	450	410	400	480	490	5,020
		實現值	439	340	368	365	380	392	430	460	426	350	464	470	4,884
		達成率	97.6%	100.0%	99.5%	96.1%	95.0%	95.6%	97.7%	102.2%	103.9%	87.5%	96.7%	95.9%	97.3%
	D區	目標值	500	380	410	430	460	460	500	500	470	470	520	550	5,650
		實現值	480	396	428	420	489	450	467	492	453	480	513	540	5,608
		達成率	96.0%	104.2%	104.4%	97.7%	106.3%	97.8%	93.4%	98.4%	96.4%	102.1%	98.7%	98.2%	99.3%

圖 7.1-8 銷售業績分析表 -8

結果詳見檔案 📂「CH7.1-03 銷售業績管理 - 計算 2」之「統計表」工作表

銷售業績的圖表分析 7.2

7.1 章節運用表格描述銷售業績表現。這一章節將借助 EXCEL 圖形表述銷售業績的表現。主要用到的圖形包括折線圖、圓形圖、直條圖。

7.2.1 折線圖的運用

我們將利用折線圖表示 A 區的銷售達成率及走勢。步驟如下。

一、插入「折線圖」。

Step 1 在「CH7.1-03 銷售業績管理 - 計算 2」之「統計表」工作表中，選中 D3~O3 儲存格。

按住「Ctrl」鍵的同時，選中 D6~O6 儲存格。

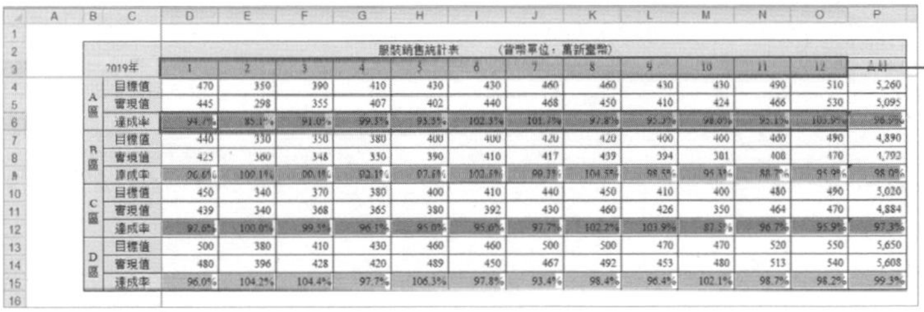

圖 7.2-1 銷售業績分析圖 -1

Step 2 點擊工作列「插入」按鍵，並依次點擊「折線圖→含有資訊標記的折線圖」。

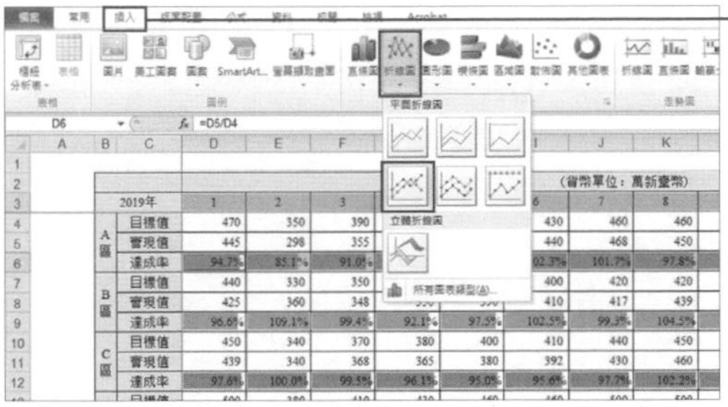

圖 7.2-2 銷售業績分析圖 -2

工作表中產生一張折線圖。

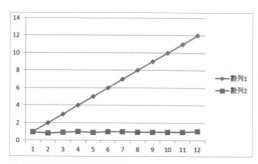

圖 7.2-3 銷售業績分析圖 -3

二、調整折線圖的「資料」。

Step 1 右鍵點擊折線圖的圖表區。選擇「選取資料」。

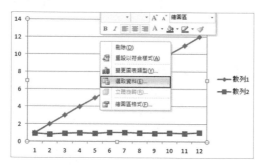

圖 7.2-3 銷售業績分析圖 -3

Step 2 在彈出的對話方塊中，選中「數列 1」，並點擊「移除」。

圖 7.2-5 銷售業績分析圖 -5

Step 3 點擊「水平 (類別) 座標軸標籤」下方的「編輯」按鍵。

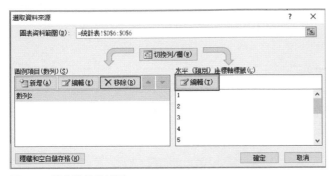

圖 7.2-6 銷售業績分析圖 -6

在彈出的對話方塊中,「座標軸標籤範圍」中,點選 D3~O3 儲存格。

圖 7.2-7 銷售業績分析圖 -7

依次在兩個對話方塊中點擊「確定」。則圖表中僅留下「數列 2」對應的折線。

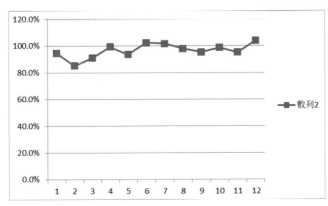

圖 7.2-8 銷售業績分析圖 -8

三、調整折線圖的座標軸。

右鍵點擊 Y 座標軸,選擇「座標軸格式」。

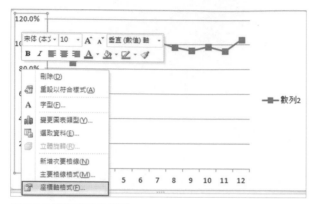

圖 7.2-9 銷售業績分析圖 -9

在彈出的對話方塊中,選擇「座標軸選項」,「最小值」設為「固定」,值為「0.8」。

「最大值」設為「固定」,值為「1.1」。點擊「確定」。

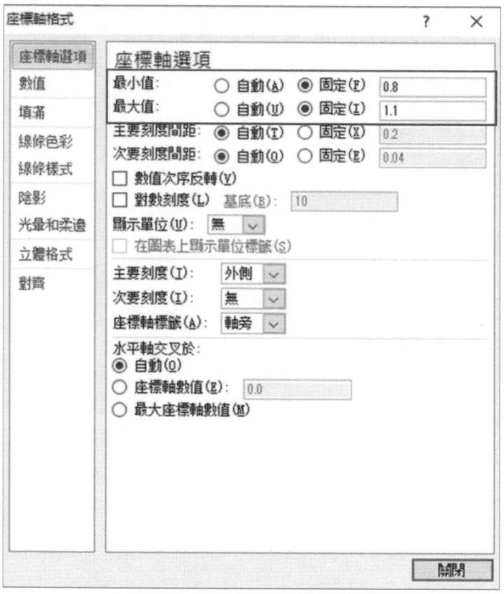

圖 7.2-10 銷售業績分析圖 -10

則圖表的顯示區間變小，折線的變化趨勢更加清晰易見。

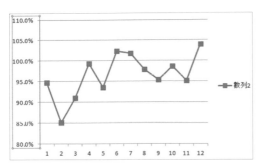

圖 7.2-11 銷售業績分析圖 -11

詳見檔案 📂 「CH7.1-04 銷售業績管理 - 計算 3」之「統計圖 - 折線圖」工作表

7.2.2 圓形圖的運用

圓形圖通常用於表現個體在整體中的構成情況。例如，我們想要說明 A 區各月的銷售「實現值」在全年度中的構成，則可以用圓形圖表示。步驟如下。

一、插入「圓形圖」

Step 1 在「CH7.1-03 銷售業績管理 - 計算 2」之「統計表」工作表中，選中 D5~O5 儲存格。

點擊工作列「插入」按鍵，並依次點擊「圓形圖→平面圓形圖」。

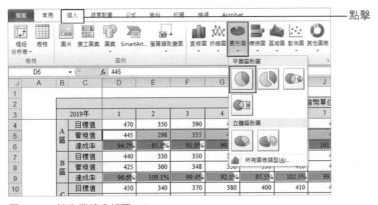

圖 7.2-12 銷售業績分析圖 -12

則 EXCEL 產生一張圓形圖。

由於顯示位置的關係，圖例區的「11」月和「12」月暫未顯示。

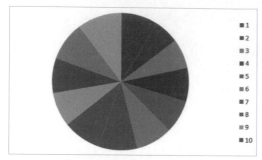

圖 7.2-13 銷售業績分析圖 -13

二、調整圓形圖的圖例區。

選中圖例區，並向左移動。

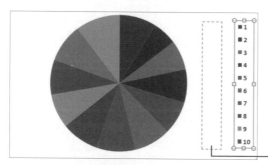

圖例區移動至此

圖 7.2-14 銷售業績分析圖 -14

將圖例區右邊界向右拉動，則「1」~「12」各圖例均顯示於圖例區中。

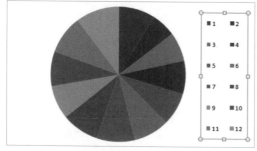

圖 7.2-15 銷售業績分析圖 -15

三、調整圓形圖的資料標籤。

選中圖表,點擊工作列「圖表工具」按鍵,並依次點擊「版面配置→資料標籤→最適化」。

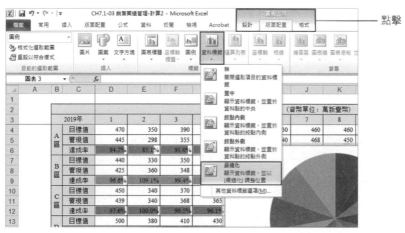

圖 7.2-16 銷售業績分析圖 -16

則各月的「實現值」顯示在圖形上。

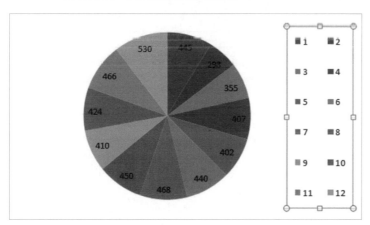

圖 7.2-17 銷售業績分析圖 -17

詳見檔案 📂 「CH7.1-04 銷售業績管理 - 計算 3」之「統計圖 - 圓形圖」工作表

「圖 7.2-17 銷售業績分析圖 -17」顯示 A 區各月「實現值」的資訊,以及各月資訊在全年「實現值」中的占比圖形。

7.2.3 直條圖的運用

直條圖同樣可以表達數據的變化趨勢。例如我們要在表格中顯示各區「實現值」的連續走勢，如何用直條圖表達呢？步驟如下。

一、插入「直條圖」。

Step 1 在「CH7.1-03 銷售業績管理 - 計算 2」之「統計表」工作表中，選中 D5~O5 儲存格。

點擊工作列「插入」按鍵，並依次點擊「走勢圖→直條圖」。

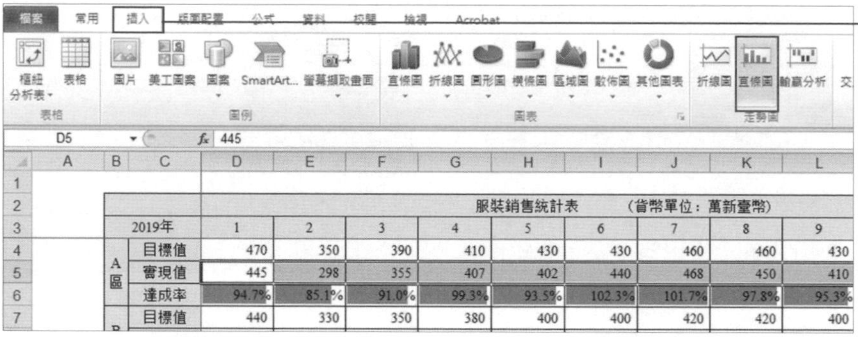

圖 7.2-18 銷售業績分析圖 -18

Step 2 在彈出的對話方塊中，點擊「位置範圍」右側的空白欄。點擊 Q5 儲存格。

點擊「確定」。

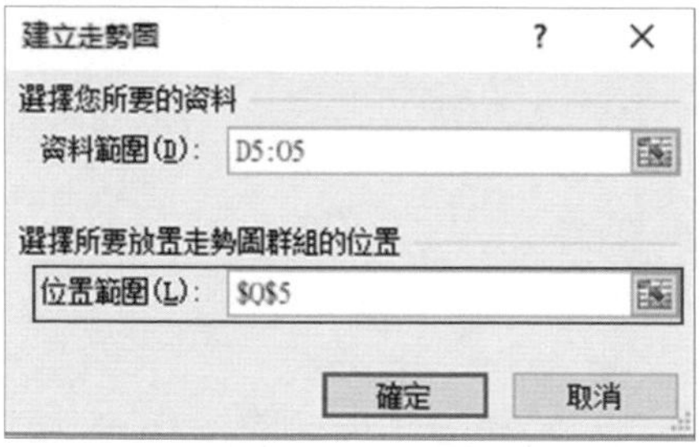

圖 7.2-19 銷售業績分析圖 -19

Q5 儲存格為存放「走勢圖—直條圖」的位置，顯示 2019 年 1 月 ~12 月 A 區的銷售「實現值」。

			N	O	P	Q
1						
2						
3		2019年	11	12	合計	
4	A 區	目標值	490	510	5,260	
5		審現值	466	530	5,095	
6		達成率	95.1%	103.9%	96.9%	
7	B 區	目標值	460	490	4,890	
8		審現值	408	470	4,792	
9		達成率	88.7%	95.9%	98.0%	

圖 7.2-20 銷售業績分析圖 -20

二、調整「走勢圖—直條圖」樣式。

Step 1 選中 Q5 儲存格。

點擊工作列「走勢圖工具」按鍵。

Step 2 勾選「顯示」項目中的「高點」、「低點」。

「走勢圖—直條圖」中的「高點」和「低點」條形由不同的顏色標識出來。

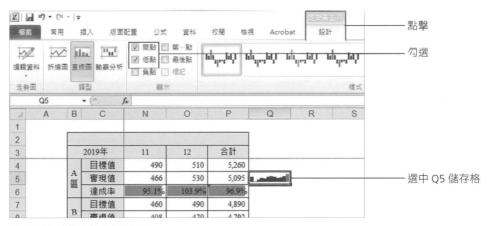

圖 7.2-21 銷售業績分析圖 -21

Step 3 在「樣式」中選擇第二個樣式,「走勢圖─直條圖」的顏色由藍色系變成
紅色系。

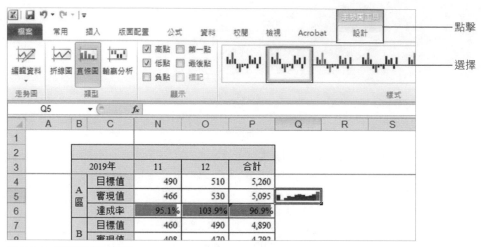

圖 7.2-22 銷售業績分析圖 -22

詳見檔案 🗁 「CH7.1-04 銷售業績管理 - 計算 3」之「統計圖 - 直條圖」工作表

Chapter 8

固定資產管理

「固定資產」在生產過程中可以長期發揮作用,長期保持原有的實物形態,但其價值則隨著企業生產經營活動而逐漸地轉移到產品成本中去,並構成產品價值的一個組成部分。本章將介紹固定資產的管理方法。

企業的「固定資產折舊」，指一定時期內為彌補固定資產損耗，按照規定的固定資產折舊率提取的固定資產折舊，反映了固定資產在當期生產中的轉移價值。

「固定資產折舊」的總原則包括如下 5 點。

1、企業按月計提固定資產折舊。

2、當月增加的固定資產，當月不計提折舊，下月起計提折舊。

3、當月減少的固定資產，當月仍計提折舊，下月起停止計提折舊。

4、提足折舊後，不管能否繼續使用，均不再提取折舊。

5、提前報廢的固定資產，不再補提折舊。

計提折舊的固定資產主要包括 4 項。

1、房屋建築物。

2、在用的機器設備、食品儀錶、運輸車輛、工具器具。

3、季節性停用及修理停用的設備。

4、以經營租賃方式租出的固定資產和以融資租賃式租入的固定資產。

不計提折舊的固定資產主要包括 4 項。

1、已提足折舊仍繼續適用的固定資產。

2、以前年度已經估價單獨入帳的土地。

3、提前報廢的固定資產。

4、以經營租賃方式租入的固定資產和以融資租賃方式租出的固定資產。

國稅局的固定資產分類如下，其耐用年限表可參閱網站（國稅局＞分稅導覽＞營所稅 - 固定資產耐用年數表）依不同屬性耐用年限有 50 ～ 3 年不等。

一、房屋建築及設備：房屋建築、房屋附屬設備、其他建築及設備。

二、交通及運輸設備：水運設備、空運設備、陸運設備。

三、機械及設備：食品及飼料製造設備、紡織工業設備、木材加工設備、紙及製品製造設備、化學工業設備、窯業設備、橡膠工業設備、皮革工業設備、金屬製造設備、金屬製品製造設備、機械製造設備、電工器材製造設備、運輸工具製造設備、

其他製造設備、電氣、通訊機械及設備、建築機械及設備、礦業機械及設備、農業機械及設備、其他機械及設備。

前述所規定的折舊年限，是各項固定資產的最低折舊年限，企業可規定對固定資產採用比最低折舊年限更長的折舊時限。

折舊的三要素是：「固定資產原值」，「固定資產的使用壽命」，以及「固定資產淨殘值」。

NOTE

固定資產的相關名詞解釋

◆固定資產原值：固定資產的帳面成本。

◆固定資產的使用壽命：企業使用固定資產的預計期間，或者該固定資產所能生產產品或提供勞務的數量。

◆固定資產淨殘值：假定固定資產預計使用壽命已滿，並處於使用壽命終了的預期狀態，企業目前從該項資產處置中獲得的扣除預計處置費用以後的金額。

◆固定資產減值準備：固定資產已計提的固定資產減值準備累計金額。

固定資產折舊方法 8.1

企業計提「固定資產折舊」的方法包括兩大類，一是「直線法」，二是「加速折舊法」。「直線法」包括「年限平均法」和「工作量法」，「加速折舊法」包括「年數總和法」、「固定餘額遞減法」、「倍率餘額遞減法」和「可變餘額遞減法」。企業根據固定資產所含經濟利益預期實現方式選擇不同的方法。

8.1.1 年限平均法

假設企業購入機器設備，資產原值 NT$ 1,000,000 元，使用年限 10 年，10 年後預計資產殘值 NT$ 50,000 元。用「年限平均法」計算折舊金額。步驟如下。

一、查看「統計表」。

打開檔案「CH8.1-01 固定資產折舊 - 原始」。

(1) 在「統計表」工作表中，B3 儲存格的值為「1,000,000」。

(2) 表示資產原值 NT$ 1,000,000 元。

(3) C3 儲存格的值為「10」，表示使用年限 10 年。

(4) D3 儲存格的值為「50,000」，表示 10 年後預計資產殘值 NT$ 50,000 元。

A	B	C	D
1			
2	資產原值	使用年限	預計資產殘值
3	1,000,000	10	50,000

圖 8.1-1 固定資產折舊 -1

(5) C7~C17 儲存格將利用「年限平均法」計算第 0~10 年的資產折舊金額。

(6) D7~D17 儲存格將計算 C7~C17 儲存格（折舊金額）對應的第 0~10 年的帳面剩餘價值。

(7) E7~E17 儲存格、G7~G17 儲存格、I7~I17 儲存格、K7~K17 儲存格，將分別利用「年數總和法」、「固定餘額遞減法」、「倍率餘額遞減法」和「可變餘額遞減法」，計算第 0~10 年的資產折舊金額。

(8) F7~F17 儲存格、H7~H17 儲存格、J7~J17 儲存格、L7~L17 儲存格，將計算前一欄「折舊金額」對應的「帳面剩餘價值」。

資產原值	使用年限	預計資產殘值								
1,000,000	10	50,000								
折舊年數	年限平均法(SLN)		年數總和法(SYD)		固定餘額遞減法(DB)		雙倍餘額遞減法(DDB)		可變餘額遞減法(VDB)	
	折舊金額	帳面剩餘價值	折舊金額	帳面剩餘價值	折舊金額	帳面剩餘價值	折舊金額	帳面剩餘價值	折舊金額	帳面剩餘價值
0 年										
1 年										
2 年										
3 年										
4 年										
5 年										
6 年										
7 年										
8 年										
9 年										
10 年										

圖 8.1-2 固定資產折舊 -2

二、找到「SLN」函數，設定「SLN」函數。

Step 1 在 C7 儲存格中鍵入「0」，表示第 0 年的折舊金額為 0。

Step 2 選中 C8 儲存格。點擊公式欄的 f_x 鍵，插入函數。

在彈出的對話方塊中，「或選取類別」選擇「全部」，「選取函數」選擇「SLN」。點擊「確定」。

(1)在彈出的對話方塊中，點擊「Cost」右側的空白欄。

點擊 B3 儲存格，表示「Cost」（固定資產原值）的值為 NT$ 1,000,000 元。

(2)點擊「Salvage」右側的空白欄。

點擊 D3 儲存格，表示「Salvage」（固定資產殘值）的值為 NT$ 50,000 元。

(3)點擊「Life」右側的空白欄。

點擊 C3 儲存格，表示「Life」（固定資產的預計使用年限）的值為 10 年。點擊「確定」。

圖 8.1-3 固定資產折舊 -3

三、計算「年限平均法」的「折舊金額」和「帳面剩餘價值」。

Step 1 C8 儲存格（第 1 年的折舊金額）的值為 NT$ 95,000 元。

將 C8 儲存格的公式複製到 C9~C17 儲存格。

第 1~10 年的折舊金額均為 NT$ 95,000 元，「年限平均法」將固定資產的應計折舊金額均衡地分攤到使用年限中。

「年限平均法」的折舊率 $= \dfrac{1}{固定資產使用年限} \times 100\% = \dfrac{1}{10} \times 100\% = 10\%$。

Step 2 在 D7 儲存格中鍵入「=$B$3-SUM($C$7:C7)」。

表示第 0 年的「帳面剩餘價值」為「資產原值」與「第 0 年及之前各年度折舊金額加總」的差額。

將 D7 儲存格的公式複製到 D8~D17 儲存格。

則第 1~10 年的「帳面剩餘價值」如「圖 8.1-4 固定資產折舊 -4」所示。第 10 年的「帳面剩餘價值」為 NT$ 50,000 元，與 D3 儲存格（預設資產殘值）相同。

	B	C	D
1			
2	資產原值	使用年限	預計資產殘值
3	1,000,000	10	50,000
4			
5	折舊年數	年限平均法(SLN)	
6		折舊金額	帳面剩餘價值
7	0 年	0	1,000,000
8	1 年	95,000	905,000
9	2 年	95,000	810,000
10	3 年	95,000	715,000
11	4 年	95,000	620,000
12	5 年	95,000	525,000
13	6 年	95,000	430,000
14	7 年	95,000	335,000
15	8 年	95,000	240,000
16	9 年	95,000	145,000
17	10 年	95,000	50,000
18			

圖 8.1-4 固定資產折舊 -4

結果詳見檔案 「CH8.1-02 固定資產折舊 - 計算 1」之「統計表」工作表

> **NOTE**
>
> **「年限平均法」及 SLN 函數**
>
> 「年限平均法」,將固定資產的應計折舊金額均衡地分攤到固定資產預定使用的壽命內。採用這種方法計算的每期折舊金額相等。計算公式如下。
>
> $$年折舊率 = \frac{1}{使用年限} \times 100\%$$
>
> **年折舊金額 =(固定資產原值 - 資產殘值)× 月折舊率**
>
> EXCEL 中,利用 SLN 函數完成年限平均法的計算。SLN 函數傳回某項固定資產使用「年限平均法」計算的每期折舊金額。
>
> SLN 函數的語法是 SLN(cost,salvage,life),各參數的意義是:
>
> ◆ Cost:固定資產原值。
>
> ◆ Salvage:固定資產殘值。
>
> ◆ Life:固定資產的預計使用年限。

> **NOTE**
>
> **「工作量法」**
>
> 「直線法」包括「年限平均法」和「工作量法」。「工作量法」,是「平均年限法」的補充和延伸。「工作量法」,根據實際工作量計算每期應計提的折舊金額。一般是按固定資產的工作量計算折舊金額,工作量可以是行駛里程、是工作時數等等,根據實際情況確定。

8.1.2 年數總和法

沿用上例,用「年數總和法」計算折舊金額。步驟如下。

一、找到「SYD」函數,設定「SYD」函數。

打開檔案「CH8.1-01 固定資產折舊 - 計算 1」。

Step 1 在「統計表」工作表中,在 E7 儲存格中鍵入「0」。

表示第 0 年的折舊金額為 0。

Step 2 選中 E8 儲存格。點擊公式欄的 *fx* 鍵,插入函數。

在彈出的對話方塊中,「或選取類別」選擇「全部」,「選取函數」選擇「SYD」。點擊「確定」。

Step 3 「Cost」（固定資產原值）、「Salvage」（固定資產殘值）、「Life」（固定資產的預計使用年限）的設定方法和上一例相同。

在「Per」右側的空白欄中鍵入「B8」。

表示「計算固定資產折舊的期間」為「第 1 年」，「Per」與「Life」的計算單位一致。點擊「確定」。

圖 8.1-5 固定資產折舊 -5

二、計算「年數總和法」的「折舊金額」和「帳面剩餘價值」。

Step 1 E8 儲存格（第 1 年的折舊金額）的值為 NT$ 172,727 元。

將 E8 儲存格的公式複製到 E9~E17 儲存格。

第 1~10 年的折舊金額逐年遞減，是將「資產原值」減去「帳面剩餘價值」的金額，乘以逐年遞減的折舊率，得到固定資產折舊金額。

Step 2 在 F7 儲存格中鍵入「=$B$3-SUM($E$7:E7)」，和 D7 儲存格的意義相同。

將 E7 儲存格的公式複製到 E8~E17 儲存格。

則第 1~10 年的「帳面剩餘價值」如「圖 8.1-6 固定資產折舊 -6」所示。第 10 年的「帳面剩餘價值」為 NT$ 50,000 元，與 D3 儲存格（預設資產殘值）相同。

圖 10.2-3 指數擬合法 -3

資產原值	使用年限	預計資產殘值
1,000,000	10	50,000

折舊年數	年限平均法(SLN)		年數總和法(SYD)	
	折舊金額	帳面剩餘價值	折舊金額	帳面剩餘價值
0 年	0	1,000,000	0	1,000,000
1 年	95,000	905,000	172,727	827,273
2 年	95,000	810,000	155,455	671,818
3 年	95,000	715,000	138,182	533,636
4 年	95,000	620,000	120,909	412,727
5 年	95,000	525,000	103,636	309,091
6 年	95,000	430,000	86,364	222,727
7 年	95,000	335,000	69,091	153,636
8 年	95,000	240,000	51,818	101,818
9 年	95,000	145,000	34,545	67,273
10 年	95,000	50,000	17,273	50,000

圖 8.1-6 固定資產折舊 -6

結果詳見檔案　🗁「CH8.1-03 固定資產折舊 - 計算 2」之「統計表」工作表

NOTE

「年數總和法」和 SYD 函數。

「年數總和法」，將固定資產的原佰減去殘佰後的淨額，乘以逐年遞減的分數，計算固定資產折舊金額。

假設固定資產入帳時帳面價值 X 元，預計使用 N 年，預計殘值 Y 元，則第 M 年計提折舊的計算公式如下。

$$第 M 年的折舊金額 = \frac{N-M+1}{(N+1) \times \dfrac{N}{2}}$$

EXCEL 中，利用 SYD 函數完成年數總和法的計算。SYD 函數傳回某項固定資產使用「年數總和法」計算的每期折舊金額。

SYD 函數的語法是 SYD(cost, salvage, life, period)，各參數的意義是：

◆ Cost：固定資產原始成本。

◆ Salvage：固定資產殘值。

◆ Life：固定資產的預計使用年限，折舊的期數。

◆ period：計算固定資產折舊的期間，period 與 life 的單位要一致。

8.1.3 固定餘額遞減法

沿用上例，用「固定餘額遞減法」計算折舊金額。步驟如下。

一、找到「DB」函數，設定「DB」函數。

打開檔案「CH8.1-01 固定資產折舊 - 計算 2」。

Step 1 在「統計表」工作表中，在 G7 儲存格中鍵入「0」。

表示第 0 年的折舊金額為 0。

Step2 選中 G8 儲存格。點擊公式欄的 f_x 鍵，插入函數。

在彈出的對話方塊中，「或選取類別」選擇「全部」，「選取函數」選擇「DB」。點擊「確定」。

Step 3 「Cost」（固定資產原值）、「Salvage」（固定資產殘值）、「Life」（固定資產的預計使用年限）、「Period」（計算固定資產折舊的期間）的設定方法和上一例相同。

「Month」省略，表示第一年的月份數為 12。點擊「確定」。

圖 8.1-7 固定資產折舊 -7

二、計算「固定餘額遞減法」的「折舊金額」和「帳面剩餘價值」。

Step 1 G8 儲存格（第 1 年的折舊金額）的值為 NT$ 259,000 元。

將 G8 儲存格的公式複製到 G9~G17 儲存格。

第 1~10 年的折舊金額，是上一年「帳面剩餘價值」乘以固定不變的百分率（本例為 25.9%）的值。

Step 2 在 H7 儲存格中鍵入「=$B$3-SUM($G$7:G7)」，和 D7 儲存格的意義相同。

將 H7 儲存格的公式複製到 H8~H17 儲存格。

則第 1~10 年的「帳面剩餘價值」如「圖 8.1-8 固定資產折舊 -8」所示。第 10 年的「帳面剩餘價值」為 NT$ 49,909 元（約等於 50,000 元），與 D3 儲存格（預設資產殘值）約等值。

折舊年數	年限平均法(SLN)		年數總和法(SYD)		固定餘額遞減法(DB)	
	折舊金額	帳面剩餘價值	折舊金額	帳面剩餘價值	折舊金額	帳面剩餘價值
0 年	0	1,000,000	0	1,000,000	0	1,000,000
1 年	95,000	905,000	172,727	827,273	259,000	741,000
2 年	95,000	810,000	155,455	671,818	191,919	549,081
3 年	95,000	715,000	138,182	533,636	142,212	406,869
4 年	95,000	620,000	120,909	412,727	105,379	301,490
5 年	95,000	525,000	103,636	309,091	78,086	223,404
6 年	95,000	430,000	86,364	222,727	57,862	165,542
7 年	95,000	335,000	69,091	153,636	42,875	122,667
8 年	95,000	240,000	51,818	101,818	31,771	90,896
9 年	95,000	145,000	34,545	67,273	23,542	67,354
10 年	95,000	50,000	17,273	50,000	17,445	49,909

資產原值 1,000,000　使用年限 10　預計資產殘值 50,000

圖 8.1-8 固定資產折舊 -8

結果詳見檔案 「CH8.1-04 固定資產折舊 - 計算 3」之「統計表」工作表

> **NOTE**
>
> 「固定餘額遞減法」和 DB 函數
>
> 「固定餘額遞減法」，將每期固定資產的期初帳面淨值乘以固定不變的百分率，計算折舊金額。在資產的整個使用年限內每期的折舊費越來越小。假設固定資產入帳時帳面價值為 C 元，預計使用年限 N 年，預計淨殘值為 S 元，則各年計提折舊的計算公式如下。
>
> $$折舊率 = 1 - \sqrt[N]{\frac{S}{C}}$$
>
> 第一年折舊金額 =C× 折舊率，第一年折舊後帳面剩餘價值 =C- 累計折舊金額
>
> 第二年折舊金額 = 第一年折舊後帳面剩餘價值 × 折舊率，第二年折舊後帳面剩餘價值 =C- 累計折舊金額
>
> 第三年折舊金額 = 第二年折舊後帳面剩餘價值 × 折舊率，第三年折舊後帳面剩餘價值 =C- 累計折舊金額
>
> ……
>
> 累計折舊金額為之前各年度的折舊金額累加。
>
> EXCEL 中，利用 DB 函數完成「固定餘額遞減法」的計算。DB 函數傳回某項固定資產使用「固定餘額遞減法」計算的每期折舊金額。
>
> DB 函數的語法是 DB(cost,salvage,life,period,month)，各參數的意義是：
>
> ◆ Cost：固定資產原始成本。
>
> ◆ Salvage：固定資產殘值。
>
> ◆ Life：使用壽命，折舊的期數。
>
> ◆ period ：計算折舊值的期間。
>
> ◆ Month：第一年的月份數，month 省略表示 12。

8.1.4 倍率餘額遞減法

沿用上例，用「倍率餘額遞減法」計算折舊金額。步驟如下。

一、找到「DDB」函數，設定「DDB」函數。

打開檔案「CH8.1-01 固定資產折舊 - 計算 3」。

Step 1 在「統計表」工作表中，在 I7 儲存格中鍵入「0」。

　　表示第 0 年的折舊金額為 0。

Step 2 選中 I8 儲存格。點擊公式欄的 ƒx 鍵，插入函數。

　　在彈出的對話方塊中，「或選取類別」選擇「全部」，「選取函數」選擇「DDB」。點擊「確定」。

Step 3 「Cost」（固定資產原值）、「Salvage」（固定資產殘值）、「Life」（固定資產的預計使用年限）、「Period」（計算固定資產折舊的期間）的設定方法和上一例相同。

　　「Factor」（餘額遞減速率）省略，表示 2（倍率餘額遞減法）。點擊「確定」。

圖 8.1-9 固定資產折舊 -9

二、計算「倍率餘額遞減法」的「折舊金額」和「帳面剩餘價值」。

Step 1 I8 儲存格（第 1 年的折舊金額）的值為 NT$ 200,000 元。

　　將 I8 儲存格的公式複製到 I9~I17 儲存格。

第 1~10 年的折舊金額，按照「年限平均法」兩倍的折舊率計算。

「倍率餘額遞減法」的折舊率 =2/ 使用年限 ×100%=2/10×100%=20%。

Step 2 在 J7 儲存格中鍵入「=$B$3-SUM($I$7:I7)」，和 D7 儲存格的意義相同。

將 J7 儲存格的公式複製到 J8~J17 儲存格。

則第 1~10 年的「帳面剩餘價值」如「圖 8.1-10 固定資產折舊 -10」所示。第 10 年的「帳面剩餘價值」為 NT$ 107,374 元，與預設的資產殘值 NT$ 50,000 元相去甚遠，顯然，計算結果有誤。

	D	E	F	G	H	I	J
1							
2	預計資產殘值						
3	50,000						
4							
5	法(SLN)	年數總和法(SYD)		固定餘額遞減法(DB)		雙倍餘額遞減法(DDB)	
6	帳面剩餘價值	折舊金額	帳面剩餘價值	折舊金額	帳面剩餘價值	折舊金額	帳面剩餘價值
7	1,000,000	0	1,000,000	0	1,000,000	0	1,000,000
8	905,000	172,727	827,273	259,000	741,000	200,000	800,000
9	810,000	155,455	671,818	191,919	549,081	160,000	640,000
10	715,000	138,182	533,636	142,212	406,869	128,000	512,000
11	620,000	120,909	412,727	105,379	301,490	102,400	409,600
12	525,000	103,636	309,091	78,086	223,404	81,920	327,680
13	430,000	86,364	222,727	57,862	165,542	65,536	262,144
14	335,000	69,091	153,636	42,875	122,667	52,429	209,715
15	240,000	51,818	101,818	31,771	90,896	41,943	167,772
16	145,000	34,545	67,273	23,542	67,354	33,554	134,218
17	50,000	17,273	50,000	17,445	49,909	26,844	107,374
18							

圖 8.1-10 固定資產折舊 -10

這是因為，利用「倍率餘額遞減法」計算折舊金額時，「倍率餘額遞減法」不考慮資產殘值，因此，利用該方法時，不能使資產的「帳面剩餘價值」低於預計「資產殘值」。當採用**「年限平均法」計算的折舊金額**（$\dfrac{\textbf{帳面剩餘價值 - 預計資產殘值}}{\textbf{剩餘使用年限}}$）大於等於使用「倍率餘額遞減法」計算的折舊金額時，應改用「直線法」計提折舊。

Step 3 計算 J12× 折舊率 =327,680×20%=65,536，

$\dfrac{\text{J12- 預計資產殘值}}{\text{剩餘使用年限}} = \dfrac{327,680\text{-}50,000}{5} =55,536。$

此時，65,536>55,536。

計算 J13× 折舊率 =262,144×20%=52,429，

$\dfrac{\text{J13- 預計資產殘值}}{\text{剩餘使用年限}} = \dfrac{262,144\text{-}50,000}{4} =53,036。$

此時，52,429<53,036。

因此，第 7 年起（最後 4 年）的「折舊金額」要改用「直線法」計算。

Step 4 選中 I14 儲存格。刪除公式欄鍵右側的公式。鍵入「=SLN($J$12,$D$3,($C$3-$B$12))」。按下「Enter」按鍵。

Step 5 將 I14 儲存格的公式複製到 I15~I18 儲存格。

則第 7~10 年的「折舊金額」和「帳面剩餘價值」如「圖 8.1-11 固定資產折舊 -11」所示。此時，第 10 年的「帳面剩餘價值」為 NT$ 50,000 元，與 D3 儲存格（預設資產殘值）相同。

	C	D	E	F	G	H	I	J
1								
2	使用年限	預計資產殘值						
3	10	50,000						
4								
5	年限平均法(SLN)		年數總和法(SYD)		固定餘額遞減法(DB)		雙倍餘額遞減法(DDB)	
6	折舊金額	帳面剩餘價值	折舊金額	帳面剩餘價值	折舊金額	帳面剩餘價值	折舊金額	帳面剩餘價值
7	0	1,000,000		1,000,000	0	1,000,000	0	1,000,000
8	95,000	905,000	172,727	827,273	259,000	741,000	200,000	800,000
9	95,000	810,000	155,455	671,818	191,919	549,081	160,000	640,000
10	95,000	715,000	138,182	533,636	142,212	406,869	128,000	512,000
11	95,000	620,000	120,909	412,727	105,379	301,490	102,400	409,600
12	95,000	525,000	103,636	309,091	78,086	223,404	81,920	327,680
13	95,000	430,000	86,364	222,727	57,862	165,542	65,536	262,144
14	95,000	335,000	69,091	153,636	42,875	122,667	53,036	209,108
15	95,000	240,000	51,818	101,818	31,771	90,896	53,036	156,072
16	95,000	145,000	34,545	67,273	23,542	67,354	53,036	103,036
17	95,000	50,000	17,273	50,000	17,445	49,909	53,036	50,000
18								

圖 8.1-11 固定資產折舊 -11

結果詳見檔案 「CH8.1-05 固定資產折舊 - 計算 4」之「統計表」工作表

NOTE「倍率餘額遞減法」和 DDB 函數

「倍率餘額遞減法」，用「直線法」折舊率的兩倍作為固定的折舊率，乘以逐年遞減的固定資產原值，得出各年計提折舊金額。

假設固定資產原值 X 元，預計使用年限 N 年，則各年計提折舊的計算公式如下。

第一年折舊金額 $=X \times \dfrac{2}{N}$

第二年折舊金額 $=(X- 第一年折舊金額) \times \dfrac{2}{N}$

第三年折舊金額 $=(X- 第一年折舊金額 - 第二年折舊金額) \times \dfrac{2}{N}$

......

實行「倍率餘額遞減法」計提固定資產折舊時，當採用「年限平均法」計算的折舊金額大於等於使用「倍率餘額遞減法」計算的折舊金額時，應採用「年限平均法」計算折舊金額。

EXCEL 中，利用 DDB 函數完成倍率餘額遞減法的計算。DDB 函數傳回某項固定資產使用「倍率餘額遞減法」計算的每期折舊金額。

DDB 函數的語法是 DDB(cost,salvage,life,period,factor)，各參數的意義是：

◆ Cost：固定資產原始成本。

◆ Salvage：固定資產殘值。

◆ Life：使用壽命，折舊的期數。

◆ period：計算折舊值的期間。

◆ Factor：餘額遞減速率，factor 省略表示 2（倍率遞減法）。

8.1.5 可變餘額遞減法

沿用上例，用「可變餘額遞減法」計算折舊金額。步驟如下。

一、找到「VDB」函數，設定「VDB」函數。

打開檔案「CH8.1-01 固定資產折舊 - 計算 4」。

Step 1 在「統計表」工作表中，在 K7 儲存格中鍵入「0」，表示第 0 年的折舊金額為 0。

Step 2 選中 K8 儲存格。點擊公式欄的 _fx_ 鍵，插入函數。

在彈出的對話方塊中，「或選取類別」選擇「全部」，「選取函數」選擇「VDB」。點擊「確定」。

Step 3 「Cost」（固定資產原值）、「Salvage」（固定資產殘值）、「Life」（固定資產的預計使用年限）的設定方法和上一例相同。

(1)「Start_Period」（折舊計算的起始期間）鍵入「B7」。

(2)「End_Period」（折舊計算的截止期間）鍵入「B8」。

(3)「Factor」（餘額遞減速率）省略，表示 2（倍率餘額遞減法）。

(4)「No_switch」（邏輯值）省略，表示當折舊金額大於餘額遞減計算值時，轉用直線法折舊。

可以看見，此例的 VDB 函數仍舊是倍率餘額遞減法，但利用 VDB 函數計算時，函數會自動轉用直線法，無需人工設定。點擊「確定」。

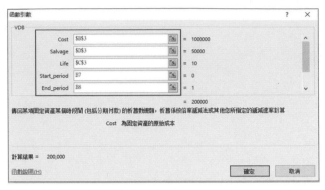

圖 8.1-12 固定資產折舊 -12

二、計算「可變餘額遞減法」的「折舊金額」和「帳面剩餘價值」。

Step 1　K8 儲存格（第 1 年的折舊金額）的值為 NT$ 200,000 元。

將 K8 儲存格的公式複製到 K9~K17 儲存格。

Step 2　在 L7 儲存格中鍵入「=$B$3-SUM($K$7:K7)」，和 D7 儲存格的意義相同。

將 L7 儲存格的公式複製到 L8~L17 儲存格。

則第 1~10 年的「折舊金額」和「帳面剩餘價值」，與利用 DDB 函數計算的結果相同，如「圖 8.1-13 固定資產折舊 -13」所示。

	I	J	K	L
1				
2				
3				
4				
5	雙倍餘額遞減法(DDB)		可變餘額遞減法(VDB)	
6	折舊金額	帳面剩餘價值	折舊金額	帳面剩餘價值
7	0	1,000,000	0	1,000,000
8	200,000	800,000	200,000	800,000
9	160,000	640,000	160,000	640,000
10	128,000	512,000	128,000	512,000
11	102,400	409,600	102,400	409,600
12	81,920	327,680	81,920	327,680
13	65,536	262,144	65,536	262,144
14	53,036	209,108	53,036	209,108
15	53,036	156,072	53,036	156,072
16	53,036	103,036	53,036	103,036
17	53,036	50,000	53,036	50,000
18				

圖 8.1-13 固定資產折舊 -13

結果詳見檔案 📂「CH8.1-06 固定資產折舊 - 計算 5」之「統計表」工作表

VDB 函數

EXCEL 中，利用 VDB 函數完成「可變餘額遞減法」的計算，包括使用「倍率餘額遞減法」或其他指定的方法。VDB 函數傳回某項固定資產在指定的任何期間內的折舊金額。

VDB 函數的語法是 VDB(cost,salvage,life,start_period,end_period,factor,no_switch)，各參數的意義是：

◆ Cost：固定資產原始成本。

◆ Salvage：固定資產殘值。

◆ Life：使用壽命，折舊的期數。

◆ start_period：進行折舊計算的起始期間。

◆ end_period：進行折舊計算的截止期間。start_period、end_period 與 life 的單位要一致。

◆ Factor：餘額遞減的速率（折舊因數），factor 省略表示 2（倍率餘額遞減法）。

◆ no_switch：邏輯值（TRUE 或者 FALSE），指定當折舊金額大於遞減餘額計算值時，是否切換到直線折舊法的邏輯值。

固定資產折舊方法的比較 8.2

不同固定資產折舊方法的結果可以用圖形表達並做比較。步驟如下。

一、調整「統計表」的資訊。

打開檔案「CH8.1-06 固定資產折舊 - 計算 5」。

選中第 7 列。右鍵點擊第 7 列，選擇「隱藏」。

由於第 0 年的資訊僅僅用於後續年度的資產殘值計算基礎，而非最終要顯示的資訊，因此隱藏第 7 列，讓報表的顯示更加清晰。

圖 8.2-1 固定資產折舊比較 -1

二、建立「帳面剩餘價值」比較圖。

Step 1 選中 D8~D17 儲存格、F8~F17 儲存格、H8~H17 儲存格、J8~J17 儲存格、L8~L17 儲存格 .

Step 2 點擊工作列「插入」按鍵，依次點擊「折線圖→含有資訊標記的折線圖」。

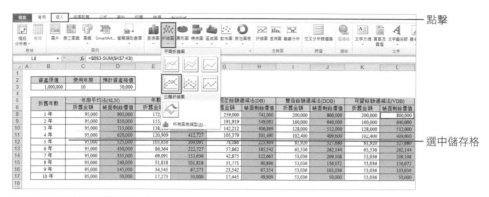

圖 8.2-2 固定資產折舊比較 -2

「統計表」工作表中，出現一張折線圖。其中，「數列 4」（倍率餘額遞減法）和「數列 5」（可變餘額遞減法）的圖形是完全重疊的。

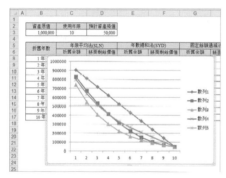

圖 8.2-3 固定資產折舊比較 -3

Step 3 右鍵點擊折線圖的邊界，選擇「移動圖表」。

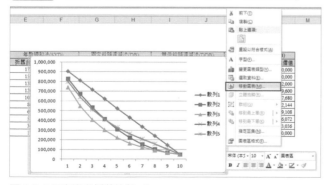

圖 8.2-4 固定資產折舊比較 -4

在彈出的對話方塊中，選擇「新工作表」。點擊「確定」。

圖 8.2-5 固定資產折舊比較 -5

則 Excel 新建「Chart1」工作表，圖表顯示在「Chart1」工作表中。

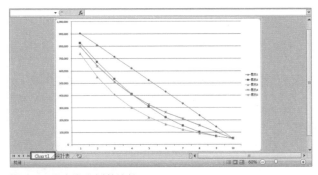

圖 8.2-6 固定資產折舊比較 -6

Step 4 將「Chart1」工作表的名稱改寫為「統計圖」。

三、修改「統計圖」的資訊名稱。

Step 1 右鍵點擊圖形區，選擇「選取資料」。

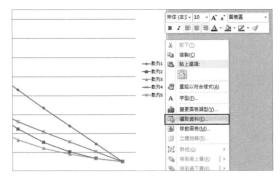

圖 8.2-7 固定資產折舊比較 -7

在彈出的對話方塊中，選中「數列 1」，並點擊「編輯」。

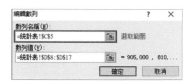

圖 8.2-8 固定資產折舊比較 -8

Step 2 在彈出的對話方塊中，點擊「統計表」工作表的 C5 儲存格。點擊「確定」。

圖 8.2-9 固定資產折舊比較 -9

則「數列 1」的名稱改寫為「統計表」工作表 C5 儲存格的值「年限平均法 (SLN)」。
圖表的圖例區，以及「選取資料來源」對話方塊中，原「數列 1」的名稱均作修改。

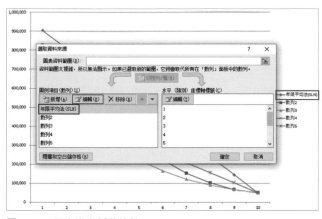

圖 8.2-10 固定資產折舊比較 -10

Step 3 對於「數列 2」~「數列 5」的名稱做同樣的操作，依次改寫為「統計表」工作表 E5 儲存格的值「年數總和法 (SYD)」、G5 儲存格的值「固定餘額遞減法 (DB)」、I5 儲存格的值「倍率餘額遞減法 (DDB)」、K5 儲存格的值「可變餘額遞減法 (VDB)」。點擊「確定」。

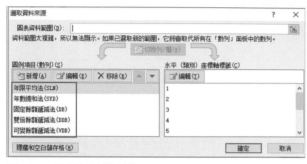

圖 8.2-11 固定資產折舊比較 -11

四、修改「統計圖」的資訊數列格式。

Step 1 右鍵點擊「年限平均法 (SLN)」折線，選擇「資料數列格式」。

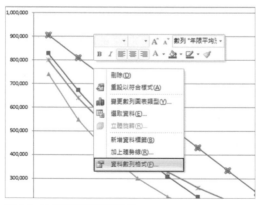

圖 8.2-12 固定資產折舊比較 -12

在彈出的對話方塊中，點擊「標記選項」，並勾選「內建」，「類型」為圓點。

圖 8.2-13 固定資產折舊比較 -13

Step 2 點擊「線條樣式」，將「寬度」由「2.25pt」改寫為「5pt」。點擊「關閉」。

圖 8.2-14 固定資產折舊比較 -14

則「年限平均法 (SLN)」折線的標記和線條樣式如「圖 8.2-15 固定資產折舊比較 -15」
所示。

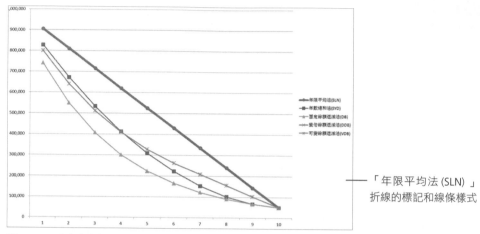

「年限平均法 (SLN)」
折線的標記和線條樣式

圖 8.2-15 固定資產折舊比較 -15

Step 3 對於「年數總和法 (SYD)」折線、「固定餘額遞減法 (DB)」折線、「倍率餘
額遞減法 (DDB)」折線、「可變餘額遞減法 (VDB)」折線，做相同的操作，
修改其標記和線條樣式。

五、修改「統計圖」的水平軸標籤。

Step 1 右鍵點擊圖形區，選擇「選取資料」。

在彈出的對話方塊中，點擊「水平 (類別) 座標軸標籤」下方的「編輯」按鍵。

Step 2 在彈出的對話方塊中，選擇「統計表」工作表的 B8~B17 儲存格。

圖 8.2-16 固定資產折舊比較 -16

依次在兩個對話方塊中點擊「確定」。

則水平軸標籤由「1~10」改寫為「1 年 ~10 年」。

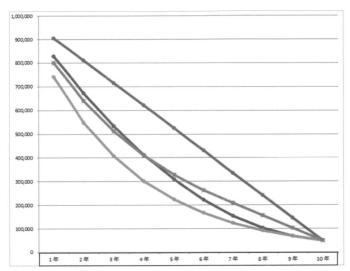

圖 8.2-17 固定資產折舊比較 -17

五、修改「圖例區」的位置。

Step 1 點擊工作列「圖表工具」按鍵，並依次點擊「版面配置→圖例→在下方顯示圖例」。

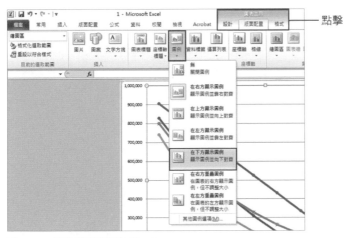

圖 8.2-18 固定資產折舊比較 -18

圖例顯示於圖形區的最下方。

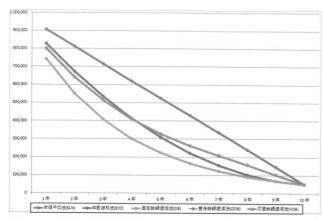

圖 8.2-19 固定資產折舊比較 -19

Step 2 選中圖例區。點擊工作列「常用」按鍵,將字體大小設定為「14」。

圖例區字體變大,顯示更加清晰。

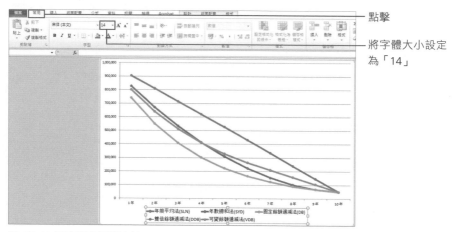

圖 8.2-20 固定資產折舊比較 -20

結果詳見檔案 📁「CH8.1-07 固定資產折舊 - 計算 6」之「統計圖」工作表

六、比較圖分析。

在「圖 8.2-20 固定資產折舊比較 -20」中,可以清楚地看到不同折舊方法在折舊金額上的不同。「直線法」的特點是年限內的各年度「平均折舊」,「加速折舊法」的特點是年限內較早的年度折舊較多,較後的年度折舊較少。

8.3 建立固定資產登記表

企業的固定資產，要用「固定資產登記表」管理。「固定資產登記表」記錄了資產名稱、資產原值、資產殘值、帳面剩餘價值等訊息。

固定資產登記的步驟如下。

一、查看「固定資產登記表」。

打開檔案「CH8.2-01 固定資產登記 - 原始」。

企業固定資產登記表　　2019/6/30

資產編號	資產類別	資產名稱	數量	購買時間	資產原值	預計使用年限	預計資產殘值	每期折舊金額	累計使用年數	累計折舊金額	帳面剩餘價值

圖 8.3-1 固定資產登記 -1

在「固定資產登記表」工作表中，B 欄 ~M 欄將依次登記「資產編號」、「資產類別」、「資產名稱」、「數量」、「購買時間」、「資產原值」、「預計使用年限」、「預計資產殘值」、「每期折舊金額」、「累計使用年數」、「累計折舊金額」、「帳面剩餘價值」等資訊。

二、編製「財產編號」、「資產類別」、「資產名稱」對照表。

Step 1 在 O3 儲存格中鍵入「資產類別」。

Step 2 在 O4~O7 儲存格中依次鍵入「房產」、「傢俱」、「設備」、「車輛」，「固定資產登記表」登記的「資產類別」為其中一種。如「圖 8.3-2 固　定資產登記 -2」所示。

Step 3 在 Q3 儲存格中鍵入「資產名稱」。

Step 4 在 Q4~Q14 儲存格中依次鍵入各「資產名稱」，「固定資產登記表」登記的「資產名稱」為其中一種。如「圖 8.3-2 固定資產登記 -2」所示。

Step 5 在 P3 儲存格中鍵入「資產編號」。

Step 6 在 P4~P14 儲存格中依次鍵入「資產編號」為「F001」~「F002」、「J001」~「J004」、「S001」~「S004」、「C001」，「固定資產登記表」登記的「資產名稱」與「資產編號」一一對應。如「圖 8.3-2 固定資產登記 -2」所示。

	資產類別	資產編號	資產名稱
2			
3	資產類別	資產編號	資產名稱
4	房產	F001	宿舍
5	家具	F002	辦公室
6	設備	J001	辦公桌
7	車輛	J002	辦公椅
8		J003	書櫃
9		J004	沙發
10		S001	電腦
11		S002	電話
12		S003	傳真機
13		S004	印表機
14		C001	公務車

圖 8.3-2 固定資產登記 -2

Step 7 選中 O4~O7 儲存格。

點擊工作列「公式」按鍵，並點擊「定義名稱」。

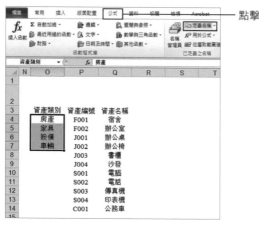

圖 8.3-3 固定資產登記 -3

在彈出的對話方塊中，把「名稱」中的「房產」改寫為「資產類別」，確認「參照到」的資訊為「＝固定資產登記表 !$O$4:$O$7」。點擊「確定」。

圖 8.3-4 固定資產登記 -4

Step 8 選中 P4~P14 儲存格。

點擊工作列「公式」按鍵，並點擊「定義名稱」。

在彈出的對話方塊中，把「名稱」中的「F001_」改寫為「資產編號」，確認「參照到」的資訊為「＝固定資產登記表 !$P$4:$P$14」。點擊「確定」。

Step 9 選中 Q4~Q14 儲存格。

點擊工作列「公式」按鍵，並點擊「定義名稱」。

在彈出的對話方塊中，把「名稱」中的「宿舍」改寫為「資產名稱」，確認「參照到」的資訊為「＝固定資產登記表 !$Q$4:$Q$14」。點擊「確定」。

Step 10 點擊工作列「公式」按鍵，並點擊「名稱管理員」。

在彈出的對話方塊中，確認「名稱」欄顯示已「定義名稱」的三個名稱。點擊「關閉」。

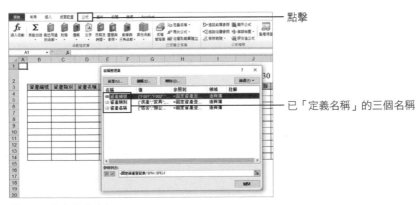

圖 8.3-5 固定資產登記 -5

「固定資產登記表」如「圖 8.3-6 固定資產登記 -6」所示。雖然形式與「圖 8.3-2 固定資產登記 -2」相同，但「圖 8.3-6 固定資產登記 -6」已做「定義名稱」的操作。

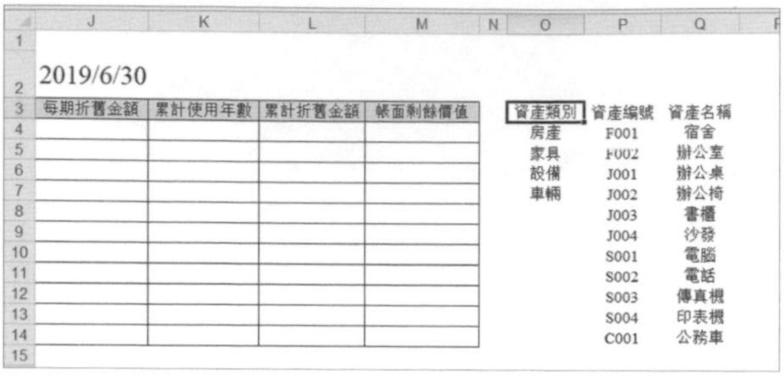

圖 8.3-6 固定資產登記 -6

結果詳見檔案 📂「CH8.2-02 固定資產登記 - 編製 1」之「固定資產登記表」工作表

三、編製「固定資產登記表」。

打開檔案「CH8.2-02 固定資產登記 - 編製 1」。

Step 1 在「固定資產登記表」工作表，選中 B4 儲存格。

點擊工作列「資料」按鍵，並依次點擊「資料驗證→資料驗證」。

圖 8.3-7 固定資產登記 -7

Step 2 在彈出的對話方塊中，「儲存格內允許」選擇「清單」。

在「來源」中鍵入「= 資產編號」。

B4 儲存格的資訊，僅能在清單中選擇「F001」、「F002」、「J001」、「J002」、「J003」、「J004」、「S001」、「S002」、「S003」、「S004」或「C001」。點擊「確定」。

圖 8.3-8 固定資產登記 -8

Step 3 將 B4 儲存格的公式複製到 B5~B14 儲存格。

Step 4 選中 C4 儲存格。

點擊工作列「資料」按鍵,並依次點擊「資料驗證→資料驗證」。

在彈出的對話方塊中,「儲存格內允許」選擇「清單」。

在「來源」中鍵入「= 資產類別」。點擊「確定」。

C4 儲存格的資訊,僅能在清單中選擇「房產」、「傢俱」、「設備」或「車輛」。

Step 5 將 C4 儲存格的公式複製到 C5~C14 儲存格。

Step 6 選中 D4 儲存格。

點擊工作列「資料」按鍵,並依次點擊「資料驗證→資料驗證」。

在彈出的對話方塊中,「儲存格內允許」選擇「清單」。

在「來源」中鍵入「= 資產名稱」。點擊「確定」。

D4 儲存格的資訊,僅能在清單中選擇「宿舍」、「辦公室」、「辦公桌」、「辦公椅」、「書櫃」、「沙發」、「電腦」、「電話」、「傳真機」、「印表機」或「公務車」。

Step 7 將 D4 儲存格的公式複製到 D5~D14 儲存格。

Step 8 E4~E14 儲存格「數量」、F4~F14 儲存格「購買時間」、G4~G14 儲存格「資產原值」、H4~H14 儲存格「預計使用年限」、I4~I14 儲存格「預計資產殘值」，根據實際情況鍵入。

F4~F14 儲存格「購買時間」的格式已設定為「日期」格式，即 DATE 函數的表達形式，可直接用於報表計算。

Step 9 在 J4 儲存格（每期折舊金額）中鍵入「=SLN(G4,I4,H4)」。

表示利用「年限平均法」計算「每期折舊金額」。

將 J4 儲存格的公式複製到 J5~J14 儲存格。

Step 10 在 K4 儲存格（累計使用年數）中鍵入「=($J$2 － F4)/365.25」。

表示累計使用年數 =(報表編製時間 - 購買時間)/365.25=(2019/ 6/30- 購買時間)/365.25，「365.25」為每年的平均天數。

將 K4 儲存格的公式複製到 K5~K14 儲存格。

Step 11 在 L4 儲存格（累計折舊金額）中鍵入「=J4*K4」。

表示累計折舊金額 = 每期折舊金額 × 累計使用年數。

將 L4 儲存格的公式複製到 L5~L14 儲存格。

Step 12 在 M4 儲存格（帳面剩餘價值）中鍵入「=G4-L4」。

表示帳面剩餘價值 = 資產原值 - 累計折舊金額。

按照上述步驟編製「固定資產登記表」，結果如「圖 8.3-9 固定資產登記 -9」所示。

資產編號	資產類別	資產名稱	數量	購買時間	資產原值	預計使用年限	預計資產殘值	每期折舊金額	累計使用年數	累計折舊金額	帳面剩餘價值
					企業固定資產登記表		2019/6/30				
F001	房產	宿舍	1	2008/5/1	1,000,000	20年	50,000	47,500	11.2	530,205	469,795
F002	房產	辦公室	1	2008/6/1	2,000,000	20年	100,000	95,000	11.1	1,052,348	947,652
J001	家具	辦公桌	5	2008/8/1	30,000	5年	1,500	5,700	10.9	62,189	-32,189
J002	家具	辦公椅	5	2008/8/1	10,000	5年	500	1,900	10.9	20,730	-10,730
J003	家具	書櫃	3	2008/8/1	20,000	5年	1,000	3,800	10.9	41,459	-21,459
J004	家具	沙發	1	2008/8/1	8,000	5年	400	1,520	10.9	16,584	-8,584
S001	設備	電腦	5	2012/1/1	40,000	3年	2,000	12,667	7.5	94,918	-54,918
S002	設備	電話	5	2008/9/1	3,500	5年	175	665	10.8	7,199	-3,699
S003	設備	傳真機	1	2008/9/1	4,000	5年	200	760	10.8	8,227	-4,227
S004	設備	印表機	1	2008/9/1	6,000	5年	300	1,140	10.8	12,341	-6,341
C001	車輛	公務車	1	2009/3/1	160,000	4年	8,000	38,000	10.3	392,537	-232,537

圖 8.3-9 固定資產登記 -9

詳見檔案 📂 「CH8.2-03 固定資產登記 - 編製 2」之「固定資產登記表」工作表

Chapter 9

薪資管理

對於企業管理者而言,員工的薪資成本和薪資控管是經營和管理過程中最重要的一部分,因此,企業會運用財務會計分析控管的方式,管理員工薪資。

薪資明細表

企業的「薪資明細表」記錄員工薪資的詳細資訊，主要內容包括「員工資訊」、「出勤記錄」、「稅費計算」、「薪資明細」等。

編製「薪資明細表」的步驟如下。

一、查看「員工資訊表」。

打開檔案「CH9.1-01 薪資明細表 - 原始」。

在「員工資訊表」工作表中，B3~H17 儲存格中依次為「員工編號」、「姓名」、「部門」、「職務」、「健保眷口數」、「配偶及受扶養親屬數」和「備註」的資訊，根據實際情況鍵入。如「圖 9.1-1 員工資訊表」所示。

員工編號	姓名	部門	職務	健保眷口數	配偶及受扶養親屬數	備註
A001	王大力	總經理室	總經理	3	3	
A002	菁琳	總經理室	祕書	0	3	
B003	白露	人事部	經理	2	3	
B004	張奇勝	人事部	職員	1	2	
C005	洪惠	財務部	副總經理	2	4	
C006	畢春麗	財務部	職員	1	1	
D007	李兵	業務部	經理	1	2	
D008	林茂	業務部	副經理	2	3	
D009	蘇珊	業務部	職員	1	3	2019年2月底離職
D010	楊光	業務部	職員	2	3	
D011	趙琦	業務部	職員	0	1	
D012	於蔚	業務部	職員	1	2	2019年3月初入職
E013	陳忠偉	調研部	經理	3	4	
E014	周慶	調研部	職員	0	2	
E015	塗巧巧	調研部	職員	1	3	

圖 9.1-1 員工資料表

結果詳見檔案 📁「CH9.1-01 薪資明細表 - 原始」之「員工資訊表」工作表

B3~H17 儲存格已「定義名稱」為「員工資料」。

二、查看「出勤記錄表」。

Step 1 在「出勤記錄表」工作表中，在 B3~C44 儲存格中依次為「統計月份」和各「員工編號」的資訊。

Step 2 D3 儲存格（姓名）的公式為「=VLOOKUP(C3, 員工資訊 ,2)」。

表示在「員工資訊」（「員工資訊表」工作表的 B3~H17 儲存格）的首欄，尋找與 C3 儲存格資訊（員工編號 A001）相同的儲存格。並查看與該儲存格位於同一列的 C 欄資訊（王大力），填入 D3 儲存格。

Step 3 E3 儲存格（部門）的公式為「=VLOOKUP(C3, 員工資訊 ,3)」。

表示在「員工資訊」（「員工資訊表」工作表的 B3~H17 儲存格）的首欄，尋找與 C3 儲存格資訊（員工編號 A001）相同的儲存格。並查看與該儲存格位於同一列的 D 欄資訊（總經理室），填入 E3 儲存格。

Step 4 F3 儲存格（職務）的公式為「=VLOOKUP(C3, 員工資訊 ,4)」。

表示在「員工資訊」（「員工資訊表」工作表的 B3~H17 儲存格）的首欄，尋找與 C3 儲存格資訊（員工編號 A001）相同的儲存格。並查看與該儲存格位於同一列的 E 欄資訊（總經理），填入 F3 儲存格。

Step 5 D4~D44 儲存格、E4~E44 儲存格、F4~F44 儲存格的意義分別與 D3、E3、F3 儲存格類似。

Step 6 在 G3~H44 儲存格中依次為各員工各月的「出勤天數」和「應到天數」的資訊，根據實際情況登記。

Step 7 I3 儲存格（出勤率）的公式為「=G3/H3」，表示出勤率 $= \dfrac{\text{出勤天數}}{\text{應到天數}} \times 100\% = 20/21 \times 100\% = 95.2\%$。

Step 8 I4~I44 儲存格的意義和 I4 儲存格類似。

	統計月份	員工編號	姓名	部門	職務	出勤天數	應到天數	出勤率
	2019年1月	A001	王大力	總經理室	總經理	20	21	95.2%
	2019年1月	A002	黃祥	總經理室	秘書	21	21	100.0%
	2019年1月	B003	白露	人事部	經理	19	21	90.5%
	2019年1月	B004	張奇爵	人事部	職員	21	21	100.0%
	2019年1月	C005	洪惠	財務部	副總經理	21	21	100.0%
	2019年1月	C006	畢春麗	財務部	職員	18	21	85.7%
	2019年1月	D007	李兵	業務部	經理	21	21	100.0%
	2019年1月	D008	林茂	業務部	副經理	21	21	100.0%
	2019年1月	D009	黎晶	業務部	職員	21	21	100.0%
	2019年1月	D010	楊光	業務部	職員	20	21	95.2%
	2019年1月	D011	越琦	業務部	職員	21	21	100.0%
	2019年1月	E013	陳忠健	調研部	經理	20	21	95.2%
	2019年1月	E014	周慶	調研部	職員	21	21	100.0%
	2019年1月	E015	塗巧巧	調研部	職員	21	21	100.0%
	2019年2月	A001	王大力	總經理室	總經理	15	15	100.0%
	2019年2月	A002	黃祥	總經理室	秘書	14	15	93.3%
	2019年2月	B003	白露	人事部	經理	15	15	100.0%
	2019年2月	B004	張奇爵	人事部	職員	15	15	100.0%
	2019年2月	C005	洪惠	財務部	副總經理	13	15	86.7%

圖 9.1-2 出勤記錄表

結果詳見檔案 📁「CH9.1-01 薪資明細表 - 原始」之「出勤記錄表」工作表

三、查看「勞保費用」和「健保費用」。

在「勞保費用」工作表中，依據勞工保險局網站提供的資訊，勞保費用的繳納分為 16 級，個人負擔數額如「圖 9.1-3 勞保費用」所示。該標準自 109 年 1 月 1 日起適用。

投保金額等級	勞保費用（個人負擔部分）		
	投保金額	個人負擔	單位負擔
1	23,800	524	1833
2	24,000	528	1848
3	25,200	554	1940
4	26,400	581	2033
5	27,600	607	2125
6	28,800	634	2218
7	30,300	667	2333
8	31,800	700	2449
9	33,300	733	2564
10	34,800	766	2680
11	36,300	799	2795
12	38,200	840	2941
13	40,100	882	3088
14	42,000	924	3234
15	43,900	966	3380
16	45,800	1008	3527

圖 9.1-3 勞保費用

結果詳見檔案 📁「CH9.1-01 薪資明細表 - 原始」之「勞保費用」工作表

B3~C23 儲存格已「定義名稱」為「勞保費用」。

在「健保費用」工作表中，依據中央健康保險局網站提供的資訊，健保費用的繳納分為 48 級，個人負擔數額如「圖 9.1-4 健保費用」所示。該標準自 109 年 1 月 1 日起適用。

投保金額等級	月投保金額	健保費用（個人負擔部分）				投保單位負擔金額（負擔比率60%）	政府補助金額（補助比率10%）
		被保險人及眷屬負擔金額（負擔比率30%）					
		本人	本人+1眷口	本人+2眷口	本人+3眷口		
1	23,800	335	670	1005	1340	1058	176
2	24,000	338	676	1014	1352	1067	178
3	25,200	355	710	1065	1420	1120	187
4	26,400	371	742	1113	1484	1174	196
5	27,600	388	776	1164	1552	1227	205
6	28,800	405	810	1215	1620	1280	213
7	30,300	426	852	1278	1704	1347	225
8	31,800	447	894	1341	1788	1414	236
9	33,300	469	938	1407	1876	1481	247
10	34,800	490	980	1470	1960	1547	258
11	36,300	511	1022	1533	2044	1614	269
12	38,200	537	1074	1611	2148	1698	283
13	40,100	564	1128	1692	2256	1783	297
14	42,000	591	1182	1773	2364	1867	311
15	43,900	618	1236	1854	2472	1952	325

圖 9.1-4 健保費用

結果詳見檔案 📁「CH9.1-01 薪資明細表 - 原始」之「健保費用」工作表

C2~I56 儲存格已「定義名稱」為「健保費用」。

四、查看「薪資所得扣繳稅額」。

在「薪資所得扣繳稅額」工作表中，依據財政部國稅局網站提供的資訊，根據不同的薪資所得額，有多級薪資所得扣繳稅額，且與「配偶及受扶養親屬數」有關。具體繳納數額如「圖 9.1-5 薪資所得扣繳稅額 - 原始」所示。該標準自 109 年 1 月 1 日起適用。

配偶及受扶養親屬 每月薪資所得	0	1	2	3	4	5	6	7	8	9	10	11
80,001以下	0	0	0	0	0	0	0	0	0	0	0	0
80,001～80,500	0	0	0	0	0	0	0	0	0	0	0	0
80,501～81,000	0	0	0	0	0	0	0	0	0	0	0	0
81,001～81,500	0	0	0	0	0	0	0	0	0	0	0	0
81,501～82,000	0	0	0	0	0	0	0	0	0	0	0	0
82,001～82,500	0	0	0	0	0	0	0	0	0	0	0	0
82,501～83,000	0	0	0	0	0	0	0	0	0	0	0	0
83,001～83,500	0	0	0	0	0	0	0	0	0	0	0	0
83,501～84,000	0	0	0	0	0	0	0	0	0	0	0	0
84,001～84,500	0	0	0	0	0	0	0	0	0	0	0	0
84,501～85,000	2,020	0	0	0	0	0	0	0	0	0	0	0
85,001～85,500	2,050	0	0	0	0	0	0	0	0	0	0	0
85,501～86,000	2,070	0	0	0	0	0	0	0	0	0	0	0
86,001～86,500	2,100	0	0	0	0	0	0	0	0	0	0	0
86,501～87,000	2,120	0	0	0	0	0	0	0	0	0	0	0
87,001～87,500	2,150	0	0	0	0	0	0	0	0	0	0	0
87,501～88,000	2,170	0	0	0	0	0	0	0	0	0	0	0
88,001～88,500	2,200	0	0	0	0	0	0	0	0	0	0	0
88,501～89,000	2,220	0	0	0	0	0	0	0	0	0	0	0
89,001～89,500	2,250	0	0	0	0	0	0	0	0	0	0	0

圖 9.1-5 薪資所得扣繳稅額 - 原始表格

「薪資所得扣繳稅額」工作表中，已插入 B 欄，B 欄各儲存格的值為 A 欄同列儲存格區間值的最小值。

這是因為，編製「薪資明細表」時，若要利用 VLOOKUP 函數在上圖中找到「薪資所得」的基本值，需將 A 欄的區間值轉變為具體數值，即 B 欄資訊。

配偶及受扶養親屬 每月薪資所得	基本薪資 區間下限	0	1
80,001以下	0	0	
80,001～80,500	80,001	0	
80,501～81,000	80,501	0	
81,001～81,500	81,001	0	
81,501～82,000	81,501	0	
82,001～82,500	82,001	0	
82,501～83,000	82,501	0	
83,001～83,500	83,001	0	
83,501～84,000	83,501	0	
84,001～84,500	84,001	0	── 插入 B 欄
84,501～85,000	84,501	2,020	
85,001～85,500	85,001	2,050	
85,501～86,000	85,501	2,070	
86,001～86,500	86,001	2,100	
86,501～87,000	86,501	2,120	
87,001～87,500	87,001	2,150	
87,501～88,000	87,501	2,170	
88,001～88,500	88,001	2,200	
88,501～89,000	88,501	2,220	
89,001～89,500	89,001	2,250	

圖 9.1-6 薪資所得扣繳稅額 - 插入參考數據欄

結果詳見檔案 📂「CH9.1-01 薪資明細表 - 原始」之「薪資所得扣繳稅額」工作表 B2~ M289 儲存格已「定義名稱」為「扣繳稅額」。

五、查看「薪資明細表」。

在「薪資明細表」中，包括「薪資月份」、「員工編號」、「姓名」、「部門」、「職務」、「基礎薪資」、「全勤獎金」、「交通津貼」、「電話津貼」、「勞保費用」、「健保費用」、「所得稅」、「應發薪資」、「應扣金額」、「實發薪資」和「備註」的資訊。如「圖 9.1-7 薪資明細表 - 原始表格」所示。

	薪資月份	員工編號	姓名	部門	職務	基本薪資	全勤獎金

交通津貼	電話津貼	勞保費用	健保費用	所得稅	應發薪資	應扣金額	實發薪資	備註

圖 9.1-7 薪資明細表 - 原始表格

在「薪資明細表」工作表中，已在 B3 儲存格處「凍結窗格」。

六、編製「薪資明細表」。

Step 1 在「薪資明細表」工作表中，B3~B44 儲存格（薪資月份）和 C3~C44 儲存格（員工編號）根據實際情況鍵入。

Step 2 D3 儲存格（姓名）、E3 儲存格（部門）、F3 儲存格（職務）的公式，與「出勤記錄表」的 D3~F3 儲存格的公式相同。

Step 3 在 G3 儲存格（基礎薪資）中鍵入「=IF(F3=" 總經理 ",90000,IF(F3=" 副總經理 ",60000,IF(F3=" 經理 ",30000,IF(F3=" 副經理 ",25000,IF(F3=" 秘書 ",20000,IF(F3=" 職員 ",20000))))))」。

表示「基礎薪資」根據員工級別設定，「總經理」為 90,000 元，「副總經理」為 60,000 元，「經理」為 30,000 元，「副經理」為 25,000 元，「秘書」和「職員」為 20,000 元。

Step 4 在 H3 儲存格（全勤獎金）中鍵入「=3000* 出勤記錄表 !I3」。

表示全勤獎金 =3000× 出勤率 =3000×95.2%=2857。

Step 5 在 I3 儲存格（交通津貼）中鍵入「=IF(F3=" 總經理 ",1000,IF(F3=" 副總經理 ",800,IF(F3=" 經理 ",500,IF(F3=" 副經理 ",300,IF(F3=" 秘書 ",300,IF(F3=" 職員 ",300))))))」。

「交通津貼」根據員工級別設定，「總經理」為 1,000 元，「副總經理」為 800 元，「經理」為 500 元，「副經理」、「秘書」和「職員」為 300 元。

Step 6 在 J3 儲存格（電話津貼）中鍵入「=IF(F3=" 總經理 ",500,IF(Г3=" 副總經理 ",300,IF(F3=" 經 理 ",200,IF(F3=" 副經理 ",100,IF(F3=" 秘書 ",100,IF(F3=" 職員 ",100))))))」。

「電話津貼」根據員工級別設定，「總經理」為 500 元，「副總經理」為 300 元，「經理」為 200 元，「副經理」、「秘書」和「職員」為 100 元。

Step 7 選中 G2~G44 儲存格。點擊工作列「公式」按鍵，並點擊「定義名稱」。確認「名稱」的資訊為「基礎薪資」，確認「參照到」的資訊為「= 薪資明細表 !$G$2:$G$44」。

Step 8 在 K3 儲存格（勞保費用）中鍵入「=VLOOKUP(基礎薪資 , 勞保費用 ,2,1)」，表示依據「基礎薪資」的值查找「勞保費用」的值。

此處 VLOOKUP 函數的第 4 個參數一定是「1」，表示「基礎薪資」的值與「勞保費用」首欄的值沒有精確對應時，採用「模糊查找」方式，即尋找「勞保費用」首欄中比查找值（「基礎薪資」）小的最大值。

Step 9 在 L3 儲存格（健保費用）中鍵入「=VLOOKUP(基礎薪資 , 健保費用 ,VLOOKUP(C3, 員工資訊 ,5,0)+4,1)」。

依據「基礎薪資」的值查找「健保費用」的值。「VLOOKUP(C3, 員工資訊 ,5,0)」用於定位「健保眷口數」對應的健保費所在欄。

Step 10 在 M3 儲存格（所得稅）中鍵入「=VLOOKUP(基礎薪資 , 扣繳稅額 ,VLOOKUP(C3, 員工資訊 ,6,0)+2,1)」。

依據「基礎薪資」的值查找「扣繳稅額」的值。「VLOOKUP(C3, 員工資訊 ,6,0)」用於定位「配偶及受扶養親屬數」對應的所得稅額所在欄。

Step 11 在 N3 儲存格（應發薪資）中鍵入「=SUM(G3:J3)」。

應發薪資 = 基本薪資 + 全勤獎金 + 交通津貼 + 電話津貼。

Step 12 在 O3 儲存格（應扣金額）中鍵入「=SUM(K3:M3)」。

應扣金額 = 勞保費用 + 健保費用 + 所得稅。

Step 13 在 P3 儲存格（實發薪資）中鍵入「=N3-O3」。

實發薪資 = 應發薪資 - 應扣金額。

Step 14 將 D3~P3 儲存格的公式複製到 D4~P44 儲存格中。

Step 15 Q3~Q44 儲存格（備註）中，記錄補充資訊，例如員工的離職和入職資訊等。

「薪資明細表」編製完成，如「圖 9.1-8 薪資明細表 - 編製完成」所示。

薪資月份	員工編號	姓名	部門	職務	基本薪資	全勤獎金	交通津貼	電話津貼	勞保費用	健保費用	所得稅	應發薪資	應扣金額	實發薪資	備註
2019年1月	A001	王大力	總經理室	總經理	90,000	2,857	1,000	500	1,008	5,184	0	94,357	6,192	88,165	
2019年1月	A002	黃梆	總經理室	祕書	20,000	3,000	300	100	524	335	0	23,400	859	22,541	
2019年1月	B003	白露	人事部	經理	30,000	2,714	500	200	667	1,278	0	33,414	1,945	31,469	
2019年1月	B004	張奇勝	人事部	職員	20,000	3,000	300	100	524	670	0	23,400	1,194	22,206	
2019年1月	C005	洪惠	財務部	副總經理	60,000	3,000	800	300	1,008	2,565	0	64,100	3,573	60,527	
2019年1月	C006	畢春麗	財務部	職員	20,000	2,571	300	100	524	670	0	22,971	1,194	21,777	
2019年1月	D007	李兵	業務部	經理	30,000	3,000	500	200	667	852	0	33,700	1,519	32,181	
2019年1月	D008	林茂	業務部	副經理	25,000	3,000	300	100	554	1,065	0	28,400	1,619	26,781	
2019年1月	D009	蔣鼎	業務部	職員	20,000	3,000	300	100	524	670	0	23,400	1,194	22,206	
2019年1月	D010	慨光	業務部	職員	20,000	2,857	300	100	524	1,005	0	23,257	1,529	21,728	
2019年1月	D011	趙琦	業務部	職員	20,000	3,000	300	100	524	335	0	23,400	859	22,541	
2019年1月	E013	陳宏偉	調研部	經理	30,000	2,857	500	200	667	1,704	0	33,557	2,371	31,186	
2019年1月	E014	周燕	調研部	職員	20,000	3,000	300	100	524	335	0	23,400	859	22,541	
2019年1月	E015	途巧巧	調研部	職員	20,000	3,000	300	100	524	670	0	23,400	1,194	22,206	
2019年2月	A001	王大力	總經理室	總經理	90,000	3,000	1,000	500	1,008	5,184	0	94,500	6,192	88,308	
2019年2月	A002	黃梆	總經理室	祕書	20,000	2,800	300	100	524	335	0	23,200	859	22,341	
2019年2月	B003	白露	人事部	經理	30,000	3,000	500	200	667	1,278	0	33,700	1,945	31,755	
2019年2月	B004	張奇勝	人事部	職員	20,000	3,000	300	100	524	670	0	23,400	1,194	22,206	
2019年2月	C005	洪惠	財務部	副總經理	60,000	2,600	800	300	1,008	2,565	0	63,700	3,573	60,127	
2019年2月	C006	畢春麗	財務部	職員	20,000	3,000	300	100	524	670	0	23,400	1,194	22,206	
2019年2月	D007	李兵	業務部	經理	30,000	2,400	500	200	667	852	0	33,100	1,519	31,581	
2019年2月	D008	林茂	業務部	副經理	25,000	3,000	300	100	554	1,065	0	28,400	1,619	26,781	

圖 9.1-8 薪資明細表 - 編製完成

結果詳見檔案 「CH9.1-02 薪資明細表 - 編製 1」之「薪資明細表」工作表

查詢薪資資訊　9.2

建立「薪資明細表」之後，可以透過簡單的幾個步驟，設定「薪資查詢」功能。例如查詢某個部門的薪資，查詢一定數額區間的薪資，等等。步驟如下。

一、設定「篩選」功能。

打開檔案「CH9.1-02 薪資明細表 - 編製 1」。

在「薪資明細表」工作表中，選中第 2 列的任意儲存格，例如 E2 儲存格。

點擊工作列「資料」按鍵，並點擊「篩選」。

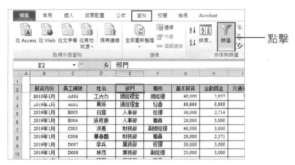

圖 9.2-1 查詢薪資資訊 - 原始

可以看到 B2~Q2 每個儲存格出現下拉選單鍵。

圖 9.2-2　查詢薪資資訊 - 篩選

結果詳見檔案 📁「CH9.1-03 薪資明細表 - 編製 2」之「薪資明細表」工作表

二、查看「篩選」對象。

點擊任意下拉選單鍵,例如 G2 儲存格(基礎薪資)的下拉選單鍵。

(1) 選擇「從最小到最大排序」或者「從最大到最小排序」,則按照「基礎薪資」的大小排序。

(2) 選擇「依色彩排序」,則按照「基礎薪資」各儲存格的背景顏色排序。

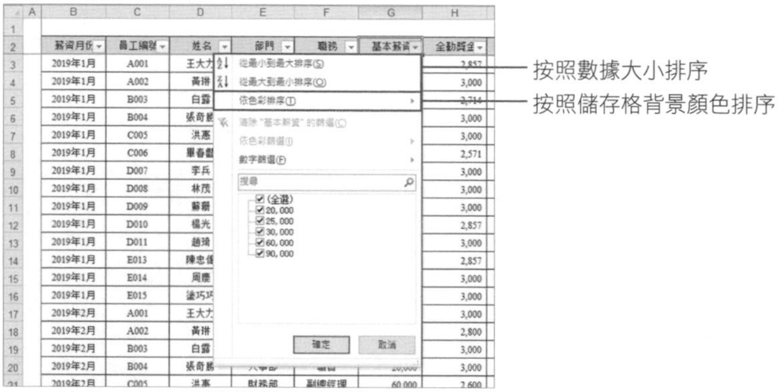

圖 9.2-3 查詢薪資資訊 - 排序

(3) 選擇「數字篩選」,則進一步出現「等於」、「大於」、「高於」等選項,點擊相應的計算要求並鍵入資訊區域,則滿足計算要求的資訊會顯示出來,其他資訊自動隱藏。

圖 9.2-4 查詢薪資資訊 - 數字篩選

(4) 選擇資訊「搜尋」,則資訊表中陳列同欄儲存格可能顯示的所有資訊,透過勾選可以篩選出要顯示的資訊。

圖 9.2-5 查詢薪資資訊 - 搜尋

三、複合「篩選」（同時對 B2~Q2 儲存格的資訊設定兩項及以上的篩選要求）。

對於排序類的篩選，點擊工作列「資料」按鍵，並點擊「排序」。

圖 9.2-6 查詢薪資資訊 - 複合篩選 1

在彈出的對話方塊中，依次填寫「排序方式」、「次要排序方式」等資訊。

如果「排序方式」超過兩項，點擊「新增層級」按鍵，增加「排序方式」。則報表按照主次「排序方式」排序。

對於非排序類的篩選，直接在下拉選單中選擇要顯示的資訊條件，則報表顯示滿足各條件的交集選項。

圖 9.2-7 查詢薪資資訊 - 複合篩選 2

9.3

薪資資訊的小計

對於報表中的資訊，我們可以按照資訊的分類，計算分類的加總額。例如，我們要按照「部門」計算「基礎薪資」的加總額，步驟如下。

一、將「部門」的資訊按序排列。

打開檔案「CH9.1-02 薪資明細表 - 編製 2」。

在「薪資明細表」工作表中，點擊「部門」的下拉選單鍵。選擇「從 A 到 Z 排序」。

圖 9.3-1 薪資資訊小計 - 排序 1

得到按「部門」排序的薪資明細表。

	A	B	C	D	E	F	G
1							
2		發資月份	員工編製	姓名	部門	職務	基本薪資
3		2019年1月	C005	洪惠	財務部	副總經理	60,0
4		2019年1月	C006	畢春蘭	財務部	職員	20,0
5		2019年2月	C005	洪惠	財務部	副總經理	60,0
6		2019年2月	C006	畢春蘭	財務部	職員	20,0
7		2019年3月	C005	洪惠	財務部	副總經理	60,0
8		2019年3月	C006	畢春蘭	財務部	職員	20,0
9		2019年1月	E013	陳忠傑	調研部	經理	30,0
10		2019年1月	E014	周慶	調研部	職員	20,0
11		2019年1月	E015	塗巧巧	調研部	職員	20,0
12		2019年2月	E013	陳忠傑	調研部	經理	30,0
13		2019年2月	E014	周慶	調研部	職員	20,0
14		2019年2月	E015	塗巧巧	調研部	職員	20,0
15		2019年3月	E013	陳忠傑	調研部	經理	30,0
16		2019年3月	E014	周慶	調研部	職員	20,0
17		2019年3月	E015	塗巧巧	調研部	職員	20,0
18		2019年1月	B003	白露	人事部	經理	30,0
19		2019年1月	B004	張奇揚	人事部	職員	20,0
20		2019年2月	B003	白露	人事部	經理	30,0

—— 相同的部門位於相鄰儲存格

圖 9.3-2 薪資資訊小計 - 排序 2

二、計算單項「小計」。

Step 1 選中 E2 儲存格。

點擊工作列「資料」按鍵，並點擊「小計」。

圖 9.3-3 薪資資訊小計 - 開始小計

在彈出的對話方塊中，「分組小計欄位」由「薪資月份」改選為「部門」。

Step 2 「使用函數」選擇「加總」。

「新增小計位置」勾選「基礎薪資」，並取消對「備註」的勾選。點擊「確定」。

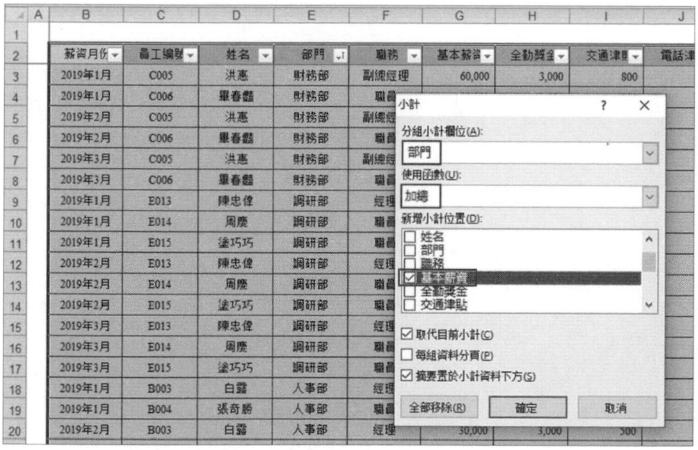

圖 9.3-4 薪資資訊小計 - 小計設定

則報表對各部門的「基礎薪資」分別做了加總計算。

1 2 3	A	B	C	D	E	F	G	H	
	1								
	2	薪資月	員工編	姓名	部門	職務	基本薪	全勤獎	交通
·	3	2019年1月	C005	洪惠	財務部	副總經理	60,000		
·	4	2019年1月	C006	畢春龘	財務部	職員	20,000	2,571	
·	5	2019年2月	C005	洪惠	財務部	副總經理	60,000	2,600	
·	6	2019年2月	C006	畢春龘	財務部	職員	20,000	3,000	
·	7	2019年3月	C005	洪惠	財務部	副總經理	60,000	2,857	
·	8	2019年3月	C006	畢春龘	財務部	職員	20,000	3,000	
-	9				財務部 合計		240,000		
·	10	2019年1月	E013	陳忠偉	調研部	經理	30,000	2,857	
·	11	2019年1月	E014	周慶	調研部	職員	20,000	3,000	
·	12	2019年1月	E015	塗巧巧	調研部	職員	20,000	3,000	
·	13	2019年2月	E013	陳忠偉	調研部	經理	30,000	2,800	
·	14	2019年2月	E014	周慶	調研部	職員	20,000	2,800	
·	15	2019年2月	E015	塗巧巧	調研部	職員	20,000	3,000	
·	16	2019年3月	E013	陳忠偉	調研部	經理	30,000	3,000	
·	17	2019年3月	E014	周慶	調研部	職員	20,000	3,000	
·	18	2019年3月	E015	塗巧巧	調研部	職員	20,000	2,857	
-	19				調研部 合計		210,000		
·	20	2019年1月	B003	白露	人事部	經理	30,000	2,714	
·	21	2019年1月	B004	張奇勝	人事部	職員	20,000	3,000	
·	22	2019年2月	B003	白露	人事部	經理	30,000	3,000	
·	23	2019年2月	B004	張奇勝	人事部	職員	20,000	3,000	
·	24	2019年3月	B003	白露	人事部	經理	30,000	3,000	

圖 9.3-5 薪資資訊小計 - 小計完成

結果詳見檔案 📁「CH9.1-04 薪資明細表 - 編製 3」之「薪資明細表」工作表

三、「收起」和「展開」的資訊。

打開檔案「CH9.1-04 薪資明細表 - 編製 3」。

在「薪資明細表」工作表中,最左側有「收起」按鈕 ━ 。點擊「收起」按鈕 ━ ,其對應的組收縮起來,財務部的訊息被收縮了。並且「收起」按鈕 ━ 變成「展開」按鈕 ＋ ,表示可以展開。

1 2 3	A	B	C	D	E	F	G	H	
	1								
	2	薪資月	員工編	姓名	部門	職務	基本薪	全勤獎	交通
+	9				財務部 合計		240,000		── 財務部的訊息被收縮
·	10	2019年1月	E013	陳忠偉	調研部	經理	30,000	2,857	
·	11	2019年1月	E014	周慶	調研部	職員	20,000	3,000	
·	12	2019年1月	E015	塗巧巧	調研部	職員	20,000	3,000	
·	13	2019年2月	E013	陳忠偉	調研部	經理	30,000	2,800	
·	14	2019年2月	E014	周慶	調研部	職員	20,000	2,800	
·	15	2019年2月	E015	塗巧巧	調研部	職員	20,000	3,000	
·	16	2019年3月	E013	陳忠偉	調研部	經理	30,000	3,000	
·	17	2019年3月	E014	周慶	調研部	職員	20,000	3,000	
·	18	2019年3月	E015	塗巧巧	調研部	職員	20,000	2,857	
-	19				調研部 合計		210,000		
·	20	2019年1月	B003	白露	人事部	經理	30,000	2,714	
·	21	2019年1月	B004	張奇勝	人事部	職員	20,000	3,000	
·	22	2019年2月	B003	白露	人事部	經理	30,000	3,000	
·	23	2019年2月	B004	張奇勝	人事部	職員	20,000	3,000	
·	24	2019年3月	B003	白露	人事部	經理	30,000	3,000	
·	25	2019年3月	B004	張奇勝	人事部	職員	20,000	3,000	
-	26				人事部 合計		150,000		
·	27	2019年1月	D007	李兵	業務部	經理	30,000	3,000	
·	28	2019年1月	D008	林茂	業務部	副經理	25,000	3,000	

圖 9.3-6 薪資資訊小計 - 收起與展開

薪資的匯總統計

使用上述「小計」的方式，可以對各部門的資訊分別進行加總，但是若要以列和欄交叉的方式顯示統計資訊，「小計」便無用武之地，而是要利用「樞紐分析表」實現，步驟如下。

一、建立「樞紐分析表」。

打開檔案「CH9.1-04 薪資明細表 - 編製 1」。

Step 1 在「薪資明細表」工作表中，選中 B2~Q44 儲存格。

點擊工作列「插入」按鍵，並點擊「樞紐分析表」。

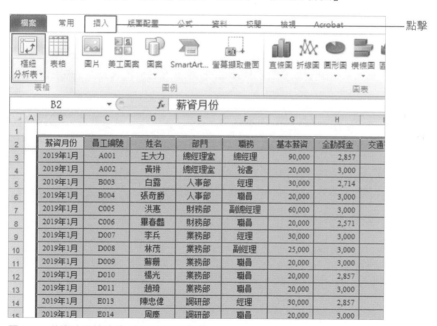

圖 9.4-1 薪資的匯總統計 - 插入樞紐分析表

Step 2 在彈出的對話方塊中，確認「表格 / 範圍」，「表格 / 範圍」應為「薪資明細表 !$B$2:$Q$44」。點擊「確定」。

圖 9.4-1 薪資的匯總統計 - 插入樞紐分析表

EXCEL 自動產生「工作表 1」工作表，即為用於編製「樞紐分析表」的工作表。

二、設定「樞紐分析表」的欄位。

將「工作表 1」的名稱改寫為「樞紐分析表」。

Step 1 在「樞紐分析表」工作表中，將「欄位清單」中的「薪資月份」移到「欄標籤」區域，表示報表的欄資訊將顯示「薪資月份」。

Step 2 在「樞紐分析表」工作表中，將「欄位清單」中的「部門」和「姓名」移到「列標籤」區域，表示報表的列資訊將顯示「部門」和「姓名」。

Step 3 在「樞紐分析表」工作表中，將「欄位清單」中的「實發薪資」移到「Σ值」區域，表示報表的資訊將顯示「實發薪資」的訊息。可以看見，報表按照部門匯總各位員工每月的「實發薪資」。如「圖 9.4-3 薪資的匯總統計 - 設定欄位」所示。

圖 9.4-3 薪資的匯總統計 - 設定欄位

三、調整「樞紐分析表」的資訊顯示方式。

Step 1 點擊「Σ值」中「加總 - 實發薪資」的下拉選單鍵，選擇「值欄位設定」。

圖 9.4-4 薪資的匯總統計 - 調整資訊顯示方式

在彈出的對話方塊中，點擊「數值格式」。

圖 9.4-5 薪資的匯總統計 - 值欄位設定

Step 2 在彈出的對話方塊中，選擇「數值」，「小數位數」設為「0」，且勾選「使用千分位符號」。

圖 9.4-6 薪資的匯總統計 - 設定數值

依次在兩個對話方塊中點擊「確定」。

報表顯示為帶「千分位符號」的無小數的數值，調整之前為含「4 位小數」的數值。

	A	B	C	D	E	F
1						
2						
3	加總 - 審發薪資	欄標籤 ▾				
4	列標籤 ▾	2019年1月	2019年2月	2019年3月	總計	
5	⊟財務部	82,304	82,333	82,590	247,228	
6	畢春豔	21,777	22,206	22,206	66,189	
7	洪惠	60,527	60,127	60,384	181,038	
8	⊟調研部	75,933	75,676	75,933	227,542	
9	陳忠偉	31,186	31,129	31,329	93,644	
10	塗巧巧	22,206	22,206	22,063	66,475	
11	周慶	22,541	22,341	22,541	67,423	
12	⊟人事部	53,675	53,961	53,961	161,597	
13	白露	31,469	31,755	31,755	94,979	
14	張奇勝	22,206	22,206	22,206	66,618	
15	⊟業務部	125,437	124,980	125,151	375,569	
16	李兵	32,181	31,581	32,181	95,943	
17	林茂	26,781	26,781	26,638	80,200	
18	蔣珊	22,206	22,206		44,412	
19	楊光	21,728	21,871	21,871	65,470	
20	於蔚			21,920	21,920	
21	趙琦	22,541	22,541	22,541	67,623	
22	⊟總經理室	110,706	110,649	110,849	332,204	
23	黃琲	22,541	22,341	22,541	67,423	
24	王大力	88,165	88,308	88,308	264,781	
25	總計	448,056	447,599	448,485	1,344,140	
26						

圖 9.4-7 薪資的匯總統計 - 設定完成

結果詳見檔案 📂「CH9.1-05 薪資明細表 - 編製 4」之「樞紐分析表」工作表

列印個人薪資表　9.5

「薪資明細表」編製完成後，可以作為企業發放薪資、薪資帳目的重要資訊，同時也需要將各員工的薪資表分別列印後交付員工留底。

上述章節介紹的「薪資明細表」是用 EXCEL 編製的，如果我們要用 WORD 編輯並列印員工個人的薪資表，如何讓 EXCEL 自動拆分各員工的薪資訊息，並將資訊對應到 WORD 中呢？步驟如下。

一、打開 WORD 檔案。

打開檔案「CH9.5-01 薪資表 - 個人 - 原始」。

檔案「CH9.5-01 薪資表 - 個人 - 原始」，按照檔案「CH9.1-01 薪資明細表 - 原始」之「薪資明細表」工作表的 B2~Q2 儲存格欄目設計表格。

興旺貿易有限公司薪資發放通知單			
薪資月份			
員工編號		姓名	
部門		職務	
基本薪資		勞保費用	
全勤獎金		健保費用	
交通津貼		所得稅	
電話津貼		其他	
應發薪資		應扣金額	
實發薪資			

圖 9.5-1 列印個人薪資表 - 原始表格

結果詳見檔案 📁「CH9.5-01 薪資表 - 個人 - 原始」

二、建立 WORD 檔案「CH9.5-01 薪資表 - 個人 - 原始」與 EXCEL 檔案「CH9.1-01 薪資明細表 - 編製 1」的對應關係。

Step 1　點擊 WORD 檔案「CH9.5-01 薪資表 - 個人 - 原始」工作列「郵件」按鍵，並依次點擊「啟動合併列印→逐步合併列印精靈」。

圖 9.5-2 列印個人薪資表 - 啟動合併列印

Step 2　在右側的導覽中，選擇「信件」，並點擊「下一步：開始文件」。

圖 9.5-3 列印個人薪資表 - 選擇「信件」

　　在右側的導覽中，選擇「使用目前檔」，並點擊「下一步：選取收件者」。

圖 9.5-4 列印個人薪資表 - 設定信件

Step 3 在右側的導覽中，選擇「瀏覽」。

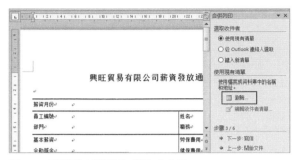

圖 9.5-5 列印個人薪資表 - 選取收件者 1

在彈出的視窗中，找到 EXCEL 檔案「CH9.1-01 薪資明細表 - 編製 1」所在位置，並點擊「開啟」。

圖 9.5-6 列印個人薪資表 - 選取收件者 2

Step 4 在彈出的對話方塊中，選擇「薪資明細表 $」工作表。點擊「確定」。

圖 9.5-7 列印個人薪資表 - 選取收件者 3

Step 5 在彈出的對話方塊中，確認訊息無誤。點擊「確定」。

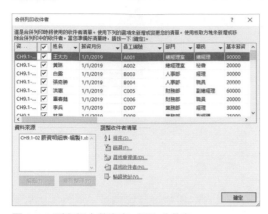

圖 9.5-8 列印個人薪資表 - 選取收件者 4

Step 6 在右側的導覽中，點擊「下一步：寫信」。

圖 9.5-9 列印個人薪資表 - 選取收件者 5

Step 7 游標放在 WORD 檔案「CH9.5-01 薪資表 - 個人 - 原始」的「薪資月份」處，
選擇導覽中的「其他項目」。

圖 9.5-10 列印個人薪資表 - 寫信 1

Step 8 在彈出的對話方塊中，選擇「薪資月份」。點擊「插入」。

WORD 檔案「CH9.5-01 薪資表 - 個人 - 原始」的「薪資月份」的對應處顯示「《薪資月份》」，代表取用 EXCEL 檔案「CH9.1-01 薪資明細表 - 編製 1」之「薪資明細表」工作表中的「薪資月份」的資訊。

點擊對話方塊中的「關閉」按鍵。

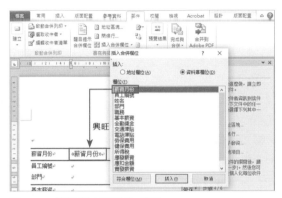

圖 9.5-11 列印個人薪資表 - 寫信 2

Step 9 重複步驟 5~6，將游標依次放在 WORD 檔案「CH9.5-01 薪資表 - 個人 - 原始」的各資訊格，選擇導覽中的「其他項目」。在彈出的對話方塊中，依次選擇「員工編號」~「實發薪資」。則 WORD 檔案的各資訊格與 EXCEL 檔案「CH9.1-01 薪資明細表 - 編製 1」之「薪資明細表」工作表中資訊一一對應。結果如「圖 9.5-12 列印個人薪資表 - 寫信 3」所示。

興旺貿易有限公司薪資發放通知單			
薪資月份	《薪資月份》		
員工編號	《員工編號》	姓名	《姓名》
部門	《部門》	職務	《職務》
基本薪資	《基本薪資》	勞保費用	《勞保費用》
全勤獎金	《全勤獎金》	健保費用	《健保費用》
交通津貼	《交通津貼》	所得稅	《所得稅》
電話津貼	《電話津貼》	其他	
應發薪資	《應發薪資》	應扣金額	《應扣金額》
實發薪資	《實發薪資》		

圖 9.5-12 列印個人薪資表 - 寫信 3

結果詳見檔案 📁「CH9.5-02 薪資表 - 個人 - 連結」

三、建立「個人薪資表」。

Step 1 點擊導覽中的「下一步：預覽信件」。

圖 9.5-13 列印個人薪資表 - 準備預覽

WORD 顯示的數值與 EXCEL 報表中的設定的資訊顯示格式不一致。例如，EXCEL 顯示的資訊是「2,857」，但合併列印後 WORD 顯示的資訊是「2857.1428571428569」，即 EXCEL 報表中設定的資訊格式不會自動帶到 WORD 中，需要在 WORD 中重新設定。

圖 9.5-14 列印個人薪資表 - 預覽信件

Step 2 右鍵點擊插入的「全勤獎金」數值，選擇「切換功能變數代碼」。

右鍵點擊

圖 9.5-15 列印個人薪資表 - 切換功能變數代碼

Step 3 把「{MERGEFIELD " 全勤獎金 " }」改寫為「{MERGEFIELD \# "###,0" " 全勤
獎金 " }」。

圖 9.5-16 列印個人薪資表 - 修改顯示格式

Step 4 任意處點擊 WORD 檔案（或將 WORD 檔案最小化後再打開）報表中「全勤
獎金」以整數方式顯示，如「圖 9.5-17 列印個人薪資表 - 顯示格式已修改」
所示。

圖 9.5-17 列印個人薪資表 - 顯示格式已修改 1

對於報表中的其餘金額，採用類似的方法改寫「功能變數代碼」。

1 份收件者記錄如「圖 9.5-18 列印個人薪資表 - 顯示格式已修改 2」所示。

圖 9.5-18 列印個人薪資表 - 顯示格式已修改 2

> **NOTE**
>
> 本例中，介紹了如何利用功能變數代碼調整「金額」的顯示方式。如果是其他資訊類型，同樣有調整的方法，以下將舉例說明。
>
> (1)使用 (\@) 設定日期格式：{MERGEFIELD date \@ "yyyy-MMMM-d"}。
> (2)使用 (\@) 設定時間格式：{MERGEFIELD time \@ "h:mm"}。
> (3)使用 (\#) 設定電話號碼格式：{MERGEFIELD phone \# "00##'-'#######"}。
>
> 設定中的注意點包括：
> (1)「date」、「time」、「number」、「phone」指的是相關欄位名，可放在 {} 的最後面。
>   例如，{MERGEFIELD time \@ "h:mm"} 亦可寫為 {MERGEFIELD \@ "h:mm" time}。
> (2)日期時間格式中的字母大小寫不能寫錯。例如，"yyyy-MMMM-d" 中的 "M" 必須大寫，
>   而 "h:mm" 中的 "m" 只能小寫。
> (3)格式可根據需要進行更改。例如，表達金額的 "###,0.00" 可以寫成 "￥###,0.00"。

在右側的導覽中，點擊「<<」或者「>>」，可以預覽不同的收件者記錄。

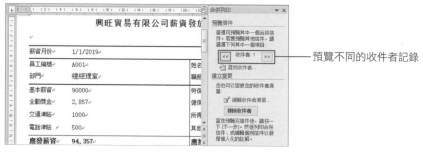

圖 9.5-19 列印個人薪資表 - 預覽不同的收件者記錄

結果詳見檔案 📂「CH9.5-03 薪資表 - 個人 - 獨立」

Step 5 在右側的導覽中，點擊「下一步：完成合併」。

圖 9.5-20 列印個人薪資表 - 準備合併

Step 5 在右側的導覽中，點擊「編輯個別信件」。

被選中的紀錄會合併到新的檔案中

圖 9.5-21 列印個人薪資表 - 合併記錄 1

在彈出的對話方塊中，選擇「全部」。

圖 9.5-22 列印個人薪資表 - 合併記錄 2

所有記錄按序排列在新建檔案「信件 1」中。

圖 9.5-23 列印個人薪資表 - 合併記錄 3

Step 7 點擊工作列「檔案」按鍵,並點擊「另存新檔」。

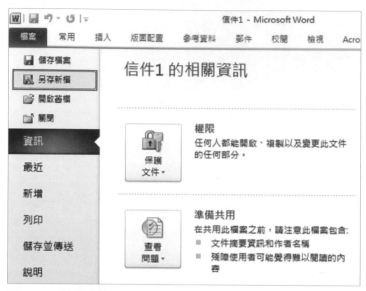

圖 9.5-24 列印個人薪資表 - 合併記錄 4

在彈出的對話方塊中,選擇檔案存放位置,並將檔案名改寫為「CH9.5-04 興旺貿易有限企業薪資發放通知單」。點擊「儲存」。

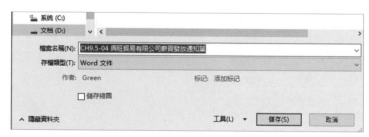

圖 9.5-25 列印個人薪資表 - 完成合併

結果詳見檔案 📂「CH9.5-04 興旺貿易有限企業薪資發放通知單」

Chapter 10

日常費用預測

「企業日常費用」，指企業在日常運作過程中發生的費用，包括管理費用、差旅費用、電話費用、交通費用、誤餐費用，等等。「企業日常費用」的預測，對於控管企業內部成本、提高資金的使用效率具有重大意義。因此，我們要對「日常費用」進行事前控制，做好充分的預算，提升企業管理水準。

如果知道企業 2019 年度各月各項日常費用的發生額，要預測 2020 年度各月各項日常費用的發生額，可以透過多種方法實現，例如「線性迴歸法」、「指數擬合法」、「移動平均法」、「指數平滑法」等。

10.1

線性迴歸法

用「線性迴歸法」進行日常費用預測的步驟如下。

一、查看「2019 年日常費用明細」及預測表。

打開檔案「CH10.1-01 日常費用的預測 - 原始」。

在「2019 年資訊」工作表中，羅列了 2019 年 1~12 月各項日常費用的金額。

2019年	管理費用	差旅費用	电话費用	交通費用	誤餐費用	其他費用	合計
1	24,598	6,420	1,532	1,290	522	216	34,578
2	22,760	3,560	1,320	956	290	95	28,981
3	26,335	4,478	1,390	1,102	628	140	34,073
4	29,560	7,620	1,638	845	430	175	40,268
5	33,900	5,035	1,809	878	750	212	42,584
6	35,080	4,290	1,767	1,250	780	163	43,330
7	31,240	1,040	1,429	1,575	625	182	36,091
8	27,697	3,700	1,580	1,320	646	267	35,210
9	28,006	7,210	1,406	1,450	482	284	38,838
10	28,560	4,355	1,258	1,226	688	184	36,271
11	26,125	4,724	1,230	1,455	620	130	34,284
12	28,052	3,550	1,320	1,060	370	153	34,505

圖 10.1-1 線性迴歸法 -1

「線性迴歸 1」工作表，將利用「線性迴歸法」（LINEST 函數）預測 2020 年各月各項日常費用的金額。

「線性迴歸 2」工作表，將利用「線性迴歸法」（TREND 函數）預測 2020 年各月各項日常費用的金額。

二、利用「LINEST」函數進行「線性迴歸」。

Step 1 在「線性迴歸 1」工作表的 C4 儲存格（2020 年 1 月管理費用的預測值）中鍵入「=INDEX(LINEST('2019 年資訊 '!C4:C15,'2019 年資訊 '!B4:B15),1)*(B4+12)+INDEX(LINEST('2019 年資訊 '!C4:C15,'2019 年資訊 '!B4:B15),2)」。

公式的意義是：

INDEX(LINEST('2019 年 資 訊 '!C4:C15,'2019 年 資 訊 '!B4:B15),1) 表 示 公 式「y=mx+b」中 m 值。

INDEX(LINEST('2019 年 資 訊 '!C4:C15,'2019 年 資 訊 '!B4:B15),2) 表 示 公 式「y=mx+b」中 b 值。

(B4+12) 表示公式「y=mx+b」中 x 值，其中，「12」表示「B4」之後的第 12 個月，即 2020 年 1 月。

經計算公式「y=mx+b」中 y 值為 29,712，即 2020 年 1 月管理費用的預測值為 29,712 元。

圖 10.1-2 線性迴歸法 -2

Step 2 C4 儲存格的公式改寫為「=INDEX(LINEST('2019 年資訊 '!$C$4:$C$15,'2019 年 資 訊 '!$B$4:$B$15),1)*(B4+12)+INDEX(LINEST('2019 年 資 訊 '!$C$4:$C$15,'2019 年資訊 '!$B$4:$B$15),2)」。

即將原公式中「'2019 年資訊 '!C4:C15」和「'2019 年資訊 '!B4:B15」兩項設定為絕對位置。

Step 3 將 C4 儲存格的公式複製到 C5~C15 儲存格。

圖 10.1-3 線性迴歸法 -3

Step 4 儲存格的公式為「=INDEX(LINEST('2019 年資訊 '!$D$4:$D$15,'2019 年資訊 '!$B$4:$B$15),1)*(B4+12)+INDEX(LINEST('2019 年資訊 '!$D$4:$D$15,'2019 年資訊 '!$B$4:$B$15),2)」。

與 C4 儲存格公式的不同之處僅在於，C4 儲存格的 Known_y's 參數引用「'2019 年資訊 '!$C$4:$C$15」，而 D4 儲存格的 Known_y's 參數引用「'2019 年資訊 '!$D$4:$D$15」。

Step 5 E4、F4、G4、H4 儲存格的公式以此類推。

將 E4、F4、G4、H4 儲存格的公式複製到 E5~H15 儲存格。結果如「圖 10.1-4 線性迴歸法 -4」所示。

2020年	管理費用	差旅費用	電話費用	交通費用	誤餐費用	其他費用	合計
				2020年日常費用預測——線性擬合法			
1	29,712	3,955	1,331	1,371	604	198	
2	29,899	3,845	1,309	1,397	609	201	
3	30,087	3,736	1,287	1,424	614	203	
4	30,274	3,627	1,266	1,450	619	205	
5	30,462	3,518	1,244	1,476	625	208	
6	30,649	3,408	1,222	1,502	630	210	
7	30,837	3,299	1,200	1,529	635	212	
8	31,024	3,190	1,178	1,555	641	215	
9	31,212	3,080	1,156	1,581	646	217	
10	31,400	2,971	1,134	1,607	651	219	
11	31,587	2,862	1,113	1,634	656	221	
12	31,775	2,752	1,091	1,660	662	224	

圖 10.1-4 線性迴歸法 -4

Step 6 在 I4 儲存格中鍵入「=SUM(C4:H4)」，表示 1 月「合計」為 1 月各項費用的加總。

將 I4 儲存格的公式複製到 I5~I15 儲存格。結果如圖「10.1-5 線性迴歸法 -5」所示。

2020年	管理費用	差旅費用	電話費用	交通費用	誤餐費用	其他費用	合計
				2020年日常費用預測——線性擬合法			
1	29,712	3,955	1,331	1,371	604	198	37,171
2	29,899	3,845	1,309	1,397	609	201	37,261
3	30,087	3,736	1,287	1,424	614	203	37,351
4	30,274	3,627	1,266	1,450	619	205	37,441
5	30,462	3,518	1,244	1,476	625	208	37,532
6	30,649	3,408	1,222	1,502	630	210	37,622
7	30,837	3,299	1,200	1,529	635	212	37,712
8	31,024	3,190	1,178	1,555	641	215	37,802
9	31,212	3,080	1,156	1,581	646	217	37,892
10	31,400	2,971	1,134	1,607	651	219	37,983
11	31,587	2,862	1,113	1,634	656	221	38,073
12	31,775	2,752	1,091	1,660	662	224	38,163

圖 10.1-5 線性迴歸法 -5

結果詳見檔案 📂「CH10.1-02 日常費用的預測 - 計算」之「線性迴歸 1」工作表

三、利用「TREND」函數進行「線性迴歸」。

Step 1 在「線性迴歸 2」工作表的 C4 儲存格（2020 年 1 月管理費用的預測值）中鍵入「=TREND('2019 年資訊 '!C4:C15,'2019 年資訊 '!B4:B15,(B4+12))」。

Step 2 C4 儲存格的值為 29,712，如「圖 10.1-6 線性迴歸法 -6」所示。

與「線性迴歸 1」工作表的 C4 儲存格值比較，TREND 函數的計算結果與 LINEST 函數的計算結果是相同的。

	A	B	C	D	E	F	G	H	I
			C4		=TREND('2019年資訊'!$C$4:$C$15,'2019年資訊'!$B$4:$B$15,(B4+12))				
1									
2			2020年日常費用預測——線性擬合法						
3		2020年	管理費用	差旅費用	電話費用	交通費用	誤餐費用	其他費用	合計
4		1	29,712						
5		2							
6		3							

圖 10.1-6 線性迴歸法 -6

Step 3 C4 儲存格的公式改寫為「=TREND('2019 年資訊 '!$C$4:$C$15,'2019 年資訊 '!$B$4:$B$15,B4+12))」。

利用與上一例類似的方法，完成整張表格的計算。結果如「圖 10.1-7 線性迴歸法 -7」所示。

	A	B	C	D	E	F	G	H	I
1									
2			2020年日常費用預測——線性擬合法						
3		2020年	管理費用	差旅費用	電話費用	交通費用	誤餐費用	其他費用	合計
4		1	29,712	3,955	1,331	1,371	604	198	37,171
5		2	29,899	3,845	1,309	1,397	609	201	37,261
6		3	30,087	3,736	1,287	1,424	614	203	37,351
7		4	30,274	3,627	1,266	1,450	619	205	37,441
8		5	30,462	3,518	1,244	1,476	625	208	37,532
9		6	30,649	3,408	1,222	1,502	630	210	37,622
10		7	30,837	3,299	1,200	1,529	635	212	37,712
11		8	31,024	3,190	1,178	1,555	641	215	37,802
12		9	31,212	3,080	1,156	1,581	646	217	37,892
13		10	31,400	2,971	1,134	1,607	651	219	37,983
14		11	31,587	2,862	1,113	1,634	656	221	38,073
15		12	31,775	2,752	1,091	1,660	662	224	38,163

圖 10.1-7 線性迴歸法 -7

結果詳見檔案 📁「CH10.1-02 日常費用的預測 - 計算」之「線性迴歸 2」工作表

「線性迴歸」、LINEST 函數和 TREND 函數

「線性迴歸」，指已知線性函數的若干離散函數值 {f1,f2,…,fn}，透過調整該函數中若干待定係數 f(λ1,λ2,…,λn)，使得該函數與已知點集的差別最小。「線性迴歸法」可以預測一個變量隨另一個變量的變化趨勢。

「線性迴歸」的公式為「y=mx+b」。如果有多個區域的 x 值，「線性迴歸」的公式也可為「y=m_1 x_1+m_2 x_2+…+b」。式中，因變數 y 是變數 x 的函數值，m 值是與每個 x 值相對應的係數，b 為常數。

EXCEL 中，與「線性迴歸」對應的函數是 LINEST 函數和 TREND 函數。

LINEST 函數使用最小二乘法對已知數據進行最佳直線擬合，並傳回描述此直線的數組，LINEST 函數傳回的數組為 {m_n,m_(n-1),…,m_1,b}。

LINEST 函數的語法是 LINEST(known_y's,known_x's,const,stats)。各參數的意義是：

◆ Known_y's：關聯運算式 y=mx+b 中已知的 y 值集合。

◆ Known_x's：關聯運算式 y=mx+b 中已知的可選 x 值集合。

◆ Const：邏輯值，指定是否將常數 b 強制設為 0。

◆ Stats：邏輯值，指定是否傳回附加迴歸統計值。

由於 LINEST 函數傳回的是數組，搭配 INDEX 函數分別獲取公式 y=mx+b 中的 m 值和 b 值。

TREND 函數根據已知 x 序列的值和 y 序列的值，構造線性迴歸直線方程，然後根據該方程，計算 x 值序列對應的 y 值序列。TREND 函數的語法是 TREND(known_ y's, known_ x's, new_ x's, const)，各參數的意義是：

◆ known_ y's：關聯運算式 y=mx+b 中已知的 y 值集合。

◆ known_x's：關聯運算式 y=mx+b 中已知的可選 x 值集合。

◆ new_x's：給出需要計算預測值的變數 x 的值。如果省略該參數，則預設其值等於 known_ x's。

◆ const：邏輯值，指定是否將常數 b 強制設為 0。

INDEX 函數

INDEX 函數的傳回值，是表或區域中的值或對值的引用。在傳回表或區域中的值時，INDEX 函數的語法是 INDEX(array,row_num,column_num)，傳回值是陣列中指定的儲存格或儲存格陣列的數值。

指數擬合法 10.2

除了用「線性迴歸法」進行預測，也可以用「指數擬合法」進行預測。「指數擬合」與「線性迴歸」的不同之處在於，「指數擬合」利用指數函數「$y=bm^x$」進行擬合，而「線性迴歸」利用線性函數「$y=mx+b$」進行擬合。

一、查看預測表。

打開檔案「CH10.1-01 日常費用的預測 - 原始」。

「指數擬合 1」工作表，將利用「指數擬合法」（LOGEST 函數）預測 2020 年各月各項日常費用的金額。

「指數擬合 2」工作表，將利用「指數擬合法」（GROWTH 函數）預測 2020 年各月各項日常費用的金額。

二、利用「LOGEST」函數進行「指數擬合」。

在「指數擬合 1」工作表的 C4 儲存格（2020 年 1 月管理費用的預測值）中鍵入「=INDEX(LOGEST('2019 年資訊 '!$C$4:$C$15,'2019 年資訊 '!$B$4:$B$15),2)*INDEX(LOGEST('2019 年資訊 '!$C$4:$C$15,'2019 年資訊 '!$B$4:$B$15),1)^(B4+12)」。

公式的意義是：

◆ INDEX(LOGEST('2019 年資訊 '!$C$4:$C$15,'2019 年資訊 '!$B$4:$B$15),2) 表示公式「$y=bm^x$」中 b 值。

◆ INDEX(LOGEST('2019 年資訊 '!$C$4:$C$15,'2019 年資訊 '!$B$4:$B$15),1) 表示公式「$y=bm^x$」中 m 值。

◆ (B4+12) 表示公式「$y=bm^x$」中 x 值，其中，「12」表示「B4」之後的第 12 個月，即 2020 年 1 月。

◆ 經計算公式「$y=bm^x$」中 y 值為 29,783，即 2020 年 1 月管理費用的預測值為 29,783 元。

C4 =INDEX(LOGEST('2019年資訊'!$C$4:$C$15,'2019年資訊'!$B$4:$B$15),2)*INDEX(LOGEST('2019年資訊'!$C$4:$C$15,'2019年資訊'!$B$4:$B$15),1)^(B4+12)

2020年日常費用預測——指數擬合法							
2020年	管理費用	差旅費用	電話費用	交通費用	誤餐費用	其他費用	合計
1	29,783						
2							
3							

圖 10.2-1 指數擬合法 -1

利用與上一例類似的方法，完成整張表格的計算。結果如下圖所示。

2020年日常費用預測——指數擬合法							
2020年	管理費用	差旅費用	電話費用	交通費用	誤餐費用	其他費用	合計
1	29,783	3,638	1,324	1,367	595	193	36,900
2	30,020	3,552	1,304	1,398	602	196	37,073
3	30,258	3,469	1,285	1,431	610	199	37,251
4	30,498	3,388	1,265	1,464	618	202	37,434
5	30,740	3,308	1,246	1,497	625	205	37,622
6	30,984	3,231	1,227	1,532	633	208	37,816
7	31,230	3,155	1,209	1,567	641	211	38,014
8	31,478	3,081	1,190	1,603	649	214	38,217
9	31,728	3,009	1,172	1,640	658	217	38,425
10	31,980	2,938	1,155	1,678	666	220	38,638
11	32,234	2,869	1,137	1,717	674	224	38,856
12	32,490	2,802	1,120	1,756	683	227	39,079

圖 10.2-2 指數擬合法 -2

結果詳見檔案 「CH10.1-02 日常費用的預測 - 計算」之「指數擬合 1」工作表

三、利用「GROWTH」函數進行「指數擬合」。

在「指數擬合 2」工作表的 C4 儲存格（2020 年 1 月管理費用的預測值）中鍵入「=GROWTH('2019 年資訊 '!$C$4:$C$15,'2019 年資訊 '!$B$4:$B$15,(B4+12))」。

C4 儲存格的值為 29,783，如「圖 10.2-3 指數擬合法 -3」所示。

與「指數擬合 1」工作表的 C4 儲存格值比較，GROWTH 函數的計算結果與 LOGEST 函數的計算結果是相同的。

C4 =GROWTH('2019年資訊'!$C$4:$C$15,'2019年資訊'!$B$4:$B$15,(B4+12))

2020年日常費用預測——指數擬合法							
2020年	管理費用	差旅費用	電話費用	交通費用	誤餐費用	其他費用	合計
1	29,783						
2							
3							

圖 10.2-3 指數擬合法 -3

利用與上一例類似的方法，完成整張表格的計算。結果如「圖 10.2-4 指數擬合法 -4」所示。

	管理費用	差旅費用	電話費用	交通費用	誤餐費用	其他費用	合計
2020年							
1	29,783	3,638	1,324	1,367	595	193	36,900
2	30,020	3,552	1,304	1,398	602	196	37,073
3	30,258	3,469	1,285	1,431	610	199	37,251
4							
5	30,740	3,308	1,246	1,497	625	205	37,622
6	30,984	3,231	1,227	1,532	633	208	37,816
7	31,230	3,155	1,209	1,567	641	211	38,014
8	31,478	3,081	1,190	1,603	649	214	38,217
9	31,728	3,009	1,172	1,640	658	217	38,425
10	31,980	2,938	1,155	1,678	666	220	38,638
11	32,234	2,869	1,137	1,717	674	224	38,856
12	32,490	2,802	1,120	1,756	683	227	39,079

（2020年日常費用預測——指數擬合法）

圖 10.2-4 指數擬合法 -4

結果詳見檔案 「CH10.1-02 日常費用的預測 - 計算」之「指數擬合 2」工作表

> **NOTE**
>
> **指數擬合法」、LOGEST 函數和 GROWTH 函數**
>
> LOGEST 函數計算最符合資訊變化的指數迴歸擬合曲線，並傳回描述該曲線的數值陣列。
> LOGEST 函數的語法是 LOGEST(known y's，known x's，const，stats)，各參數的意義是：
> ◆ known_y's：關聯運算式 y=bm^x 中已知的 y 值集合。
> ◆ known_x's：關聯運算式 y=bm^x 中已知的 x 值集合。
> ◆ const：邏輯值，用於指定是否將常數 b 強制設為 1。
> ◆ stats：邏輯值，指定是否傳回附加迴歸統計值。
> 由於 LOGEST 函數傳回的是數組，搭配 INDEX 函數分別獲取公式 y=bm^x 中的 m 值和 b 值。
> GROWTH 函數透過現有的 x 值和 y 值，傳回指定的一系列的新 x 值對應的新 y 值。
> GROWTH 函數的語法是 GROWTH(known_y's, known_x's, new_x's, const)，各參數的意義是：
> ◆ known_y's：關聯運算式 y=bm^x 中已知的 y 值集合。
> ◆ known_x's：關聯運算式 y=bm^x 中已知的 x 值集合。
> ◆ new_x's：給出需要計算預測值的變數 x 的值。如果省略該參數，則預設其值等於 known_ x's。
> ◆ const：邏輯值，指定是否將常數 b 強制設為 1。

移動平均法 10.3

「線性迴歸法」和「指數擬合法」的預測結果，每個月的數據要麼是按昇冪排列，要麼是按降冪排列，這是由「線性迴歸」或「指數擬合」的特性決定的。而實際情況中，每個月的數據並非完全按序排列，起伏變化是常見的。「移動平均法」便能實現這一點。

「移動平均法」，用一組最近的實際資訊值來預測未來一期或幾期內的數據。「移動平均法」是一種簡單平滑預測技術，它的基本思想是，根據時間序列資訊逐項推移，依次計算包含一定項數的序時平均值，以反映長期的趨勢。因此，當時間序列的數值由於受週期變動和隨機波動的影響而起伏較大，不易顯示出事件的發展趨勢時，使用「移動平均法」可以消除這些因素的影響，顯示出事件的發展方向與趨勢，然後依據趨勢線分析並預測序列的長期趨勢。

EXCEL 的「移動平均法」分析工具，操作步驟如下。

一、查看「移動平均」工作表。

打開檔案「CH10.1-01 日常費用的預測 - 原始」。

在「移動平均」工作表中，同時顯示「2019 年日常費用明細」報表，以及「2020 年日常費用預測」報表。「2020 年日常費用預測」報表將利用「移動平均法」預測 2020 年各月各項日常費用的金額。

2019年	管理費用	差旅費用	電話費用	交通費用	誤餐費用	其他費用	合計
1	24,598	6,420	1,532	1,290	522	216	34,578
2	22,760	3,560	1,320	956	290	95	28,981
3	26,335	4,478	1,390	1,102	628	140	34,073
4	29,560	7,620	1,638	845	430	175	40,268
5	33,900	5,035	1,809	878	750	212	42,584
6	35,080	4,290	1,767	1,250	780	163	43,330
7	31,240	1,040	1,429	1,575	625	182	36,091
8	27,697	3,700	1,580	1,320	646	267	35,210
9	28,006	7,210	1,406	1,450	482	284	38,838
10	28,560	4,355	1,258	1,226	688	184	36,271
11	26,125	4,724	1,230	1,455	620	130	34,284
12	28,052	3,550	1,320	1,060	370	153	34,505

2020年	管理費用	差旅費用	電話費用	交通費用	誤餐費用	其他費用	合計
1							
2							
3							
4							
5							
6							
7							

圖 10.3-1 移動平均法 -1

二、調集「資訊分析」功能（初次使用時需調集）。

Step 1 點擊工作列「檔案」按鍵，並點擊「選項」。

 ——點擊

圖 10.3-2 移動平均法 -2

Step 2 在彈出的對話方塊中，選中「增益級」。點擊「執行」。

圖 10.3-3 移動平均法 -3

Step 3 在彈出的對話方塊中，勾選「分析工具箱」。點擊「確定」。

圖 10.3-4 移動平均法 -4

Step 4 點擊工作列「資料」按鍵，增加「分析」選項。

圖 10.3-5 移動平均法 -5

三、利用「移動平均法」預測。

Step 1 在「移動平均」工作表的第 19 列之前插入空白列。

2019年	管理費用	差旅費用	電話費用	交通費用	誤餐費用	其他費用	合計
			2019年日常費用明細				
1	24,598	6,420	1,532	1,290	522	216	34,578
2	22,760	3,560	1,320	956	290	95	28,981
3	26,335	4,478	1,390	1,102	628	140	34,073
4	29,560	7,620	1,638	845	430	175	40,268
5	33,900	5,035	1,809	878	750	212	42,584
6	35,080	4,290	1,767	1,250	780	163	43,330
7	31,240	1,040	1,429	1,575	625	182	36,091
8	27,697	3,700	1,580	1,320	646	267	35,210
9	28,006	7,210	1,406	1,450	482	284	38,838
10	28,560	4,355	1,258	1,226	688	184	36,271
11	26,125	4,724	1,230	1,455	620	130	34,284
12	28,052	3,550	1,320	1,060	370	153	34,505
2020年	管理費用	差旅費用	電話費用	交通費用	誤餐費用	其他費用	合計
			2020年日常費用預測——移動平均法				
1							
2							
3							

圖 10.3-6 移動平均法 -6

點擊工作列「資料」按鍵，並點擊「資料分析」。

圖 10.3-7 移動平均法 -7

Step 2 在彈出的對話方塊中，選擇「移動平均法」。點擊「確定」。

圖 10.3-8 移動平均法 -8

Step 3 在彈出的對話方塊中，「輸入範圍」鍵入「$C$3:$C$15」，表示 2019 年各月管理費用的資訊。

(1) 勾選「類別軸標記在第一列上」，因為「輸入範圍」的第一列包含標記。

(2)「間隔」鍵入「2」。「移動平均法」實質上依據 AVERAGE 函數，以設定的「間隔」值計算平均值，從而完成預測。當「間隔」選擇「2」時，表示對兩個資訊作平均值計算。

Step 4 「輸出範圍」鍵入「$C$19:$C$30」，預測結果將顯示於 C19~C30 儲存格。

勾選「圖表輸出」，表示除了以資訊形式輸出預測結果，還會以圖表形式輸出預測結果。點擊「確定」。

圖 10.3-9 移動平均法 -9

C19~C30 儲存格為「移動平均法」的計算結果,新增的圖表為該結果的圖表顯示。

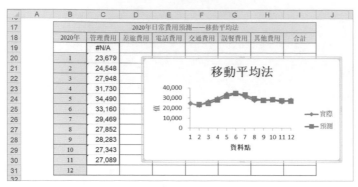

圖 10.3-10 移動平均法 -10

Step 5 點擊 C20 儲存格,其公式為「=AVERAGE(C4:C5)」,即 C20 儲存格「2020 年 1 月管理費用預測值」為 2019 年 1 月及 2 月管理費用實際值的算術平均值。

由此解釋 C19 儲存格為「#N/A」的原因,因為 C19 儲存格對應 C3 儲存格與 C4 儲存格的平均值,故結果為「#N/A」。

2019年	管理費用	差旅費用	電話費用	交通費用	誤餐費用	其他費用	合計
			2019年日常費用明細				
1	24,598	6,420	1,532	1,290	522	216	34,578
2	22,760	3,560	1,320	956	290	95	28,981
3	26,335	4,478	1,390	1,102	628	140	34,073
4	29,560	7,620	1,638	845	430	175	40,268
5	33,900	5,035	1,809	878	750	212	42,584
6	35,080	4,290	1,767	1,250	780	163	43,330
7	31,240	1,040	1,429	1,575	625	182	36,091
8	27,697	3,700	1,580	1,320	646	267	35,210
9	28,006	7,210	1,406	1,450	482	284	38,838
10	28,560	4,355	1,258	1,226	688	184	36,271
11	26,125	4,724	1,230	1,455	620	130	34,284
12	28,052	3,550	1,320	1,060	370	153	34,505
			2020年日常費用預測ーー移動平均法				
2020年	管理費用	差旅費用	電話費用	交通費用	誤餐費用	其他費用	合計
	#N/A						
1	23,679						
2	24,548						
3	27,948						

圖 10.3-11 移動平均法 -11

> **NOTE**
>
> **AVERAGE 函數**
>
> AVERAGE 函數傳回參數的算術平均值。AVERAGE 函數的語法是 AVERAGE (Number1,Number2……)，其中 Number1，number2，... 是要計算平均值的 1～30 個參數。

Step 6 在 C31 儲存格中鍵入「=AVERAGE(C15,C20)」，或者「=(C15+C20)/2」。

「移動平均法」的「輸入範圍」選擇 12 個數據（C4~C15 儲存格），因此計算得到的資訊也為 12 個（C19~C30 儲存格）。對於 2020 年 12 月的數據，需要另行設定公式，即 2019 年 12 月和 2020 年 1 月數據的算術平均值。

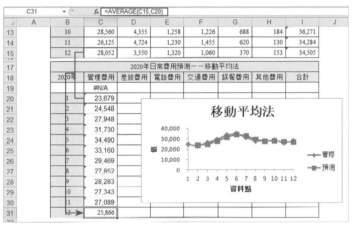

圖 10.3-12 移動平均法 -12

Step 7 選中 C4~C15 儲存格。點擊工作列「常用」按鍵，並點擊複製格式 ✏️。

Step 8 點擊 C20~C31 儲存格,則 C20~C31 儲存格的格式與 C4~C15 儲存格的格式相同。

圖 10.3-13 移動平均法 -13

在自動產生的圖表中,藍色折線代表 2019 年 1~12 月的實際值,紅色折線代表 2020 年的預測值。可以看見,藍色折線共計 12 個數據點,而紅色折線共計 11 個數據點,與表格中 C20~C30 儲存格對應。

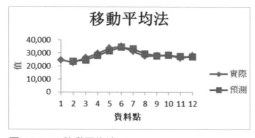

圖 10.3-14 移動平均法 -14

Step 9 將 C20~C31 儲存格的公式複製到 D20~H31 儲存格。

Step 10 在 I20 儲存格中鍵入「=SUM(C20:H20)」。

將 I20 儲存格的公式複製到 I21~I31 儲存格。結果如「圖 10.3-15 移動平均法 -15」所示。

	I20	▼	fx	=SUM(C20:H20)				
◢	A	B	C	D	E	F	G	H	I

	A	B	C	D	E	F	G	H	I
13		10	28,560	4,355	1,258	1,226	688	184	36,271
14		11	26,125	4,724	1,230	1,455	620	130	34,284
15		12	28,052	3,550	1,320	1,060	370	153	34,505
17		2020年日常費用預測－－移動平均法							
18		2020年	管理費用	差旅費用	電話費用	交通費用	誤餐費用	其他費用	合計
19			#N/A						
20		1	23,679	4,990	1,426	1,123	406	156	31,780
21		2	24,548	4,019	1,355	1,029	459	118	31,527
22		3	27,948	6,049	1,514	974	529	158	37,171
23		4	31,730	6,328	1,724	862	590	194	41,426
24		5	34,490	4,663	1,788	1,064	765	188	42,957
25		6	33,160	2,665	1,598	1,413	703	173	39,711
26		7	29,469	2,370	1,505	1,448	636	225	35,651
27		8	27,852	5,455	1,493	1,385	564	276	37,024
28		9	28,283	5,783	1,332	1,338	585	234	37,555
29		10	27,343	4,540	1,244	1,341	654	157	35,278
30		11	27,089	4,137	1,275	1,258	495	142	34,395
31		12	25,866	4,270	1,373	1,092	388	154	33,142
32									

圖 10.3-15 移動平均法 -15

結果詳見檔案 📂「CH10.1-02 日常費用的預測 - 計算」之「移動平均」工作表

指數平滑法

10.4

「指數平滑法」,是在「移動平均法」的基礎上發展起來的一種時間序列分析預測法。它透過計算「指數平滑值」,配合一定的時間序列預測模型,對現象的未來進行預測。其原理是任一期的「指數平滑值」都是本期實際觀察值與前一期指數平滑值的加權平均。這種預測方法在實際使用中是運用最廣泛的方法之一。

EXCEL 自帶「指數平滑法」的分析工具。操作步驟如下。

一、查看「指數平滑」工作表。

打開檔案「CH10.1-01 日常費用的預測 - 原始」。

在「指數平滑」工作表中,同時顯示「2019 年日常費用明細」報表,以及「2020年日常費用預測」報表。「2020 年日常費用預測」報表將利用「指數平滑法」預測 2020 年各月各項日常費用的金額。

二、利用「指數平滑法」預測。

Step 1 在「指數平滑」工作表的第 19 列之前插入空白列。

點擊工作列「資料」按鍵,並點擊「資料分析」。

在彈出的對話方塊中,選擇「指數平滑法」。點擊「確定」。

圖 10.4-1 指數平滑法 -1

Step 2 在彈出的對話方塊中，「輸入範圍」鍵入「\$C\$3:\$C\$15」，表示 2019 年各月管理費用的資訊。

Step 3 「阻尼因數」鍵入「0.3」。

「阻尼因數」作為預測誤差的敏感性調整，位於 0~1 之間。阻尼因數越接近 0，遠期實際值對本期平滑值影響程度的下降越迅速。阻尼因數越接近 1，遠期實際值對本期平滑值影響程度的下降越緩慢。因此，當時間數列相對平穩時，可取較小的阻尼因數，忽略遠期實際值的影響。當時間數列波動較大時，應取較大的阻尼因數，考慮遠期實際值的影響。

Step 4 勾選「標記」，這是因為「輸入範圍」的第一列包含標記。

「輸出範圍」鍵入「\$C\$19:\$C\$30」，表示預測結果將顯示於 C19~C30 儲存格。

Step 5 勾選「圖表輸出」，表示除了以資訊形式輸出預測結果，還會以圖表形式輸出預測結果。點擊「確定」。

圖 10.4-2 指數平滑法 -2

C19~C30 儲存格為「指數平滑法」的計算結果，新增的圖表為該結果的圖表顯示。

圖 10.4-3 指數平滑法 -3

Step 6 將 C30 儲存格的公式複製到 C31 儲存格，即 C31 儲存格的公式為「=0.7*C15+0.3*C30」。

利用複製格式 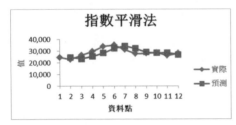，使得 C20~C31 儲存格的格式與 C4~C15 儲存格相同。

2020年	管理費用	差旅費用	電話費用	交通費用	誤餐費用	其他費用	合計
	#N/A						
1	24,598						
2	23,311						
3	25,428						
4	28,320						
5	32,226						
6	34,224						
7	32,135						
8	29,028						
9	28,313						
10	28,486						
11	26,833						
12	27,686						

圖 10.4-4 指數平滑法 -4

自動產生的圖表，是指數平滑法的預測圖。

圖 10.4-5 指數平滑法 -5

Step 7 利用與上一例類似的方法，完成整張表格的計算。結果如「圖 10.4-6 指數平滑法 -6」所示。

2020年	管理費用	差旅費用	電話費用	交通費用	誤餐費用	其他費用	合計
10	28,560	4,355	1,258	1,226	688	184	36,271
11	26,125	4,724	1,230	1,455	620	130	34,284
12	28,052	3,550	1,320	1,060	370	153	34,505

2020年日常費用預測－－指數平滑法

2020年	管理費用	差旅費用	電話費用	交通費用	誤餐費用	其他費用	合計
	#N/A						
1	24,598	6,420	1,532	1,290	522	216	34,578
2	23,311	4,418	1,384	1,056	360	131	30,660
3	25,428	4,460	1,388	1,088	547	137	33,049
4	28,320	6,672	1,563	918	465	164	38,102
5	32,226	5,526	1,735	890	665	198	41,240
6	34,224	4,661	1,757	1,142	745	173	42,703
7	32,135	2,126	1,528	1,445	661	179	38,075
8	29,028	3,228	1,564	1,358	651	241	36,069
9	28,313	6,015	1,453	1,422	533	271	38,007
10	28,486	4,853	1,317	1,285	641	210	36,792
11	26,833	4,763	1,256	1,404	626	154	35,036
12	27,686	3,914	1,301	1,163	447	153	34,664

圖 10.4-6 指數平滑法 -6

結果詳見檔案 📁 「CH10.1-02 日常費用的預測 - 計算」之「指數平滑」工作表

Chapter 11

會計核算

「會計核算」是以貨幣為主要計量尺度，對會計主體的資金運動進行的反映。「會計核算」主要指對會計主體已經發生或已經完成的經濟活動進行的事後核算，也就是會計工作中記帳、算帳、報帳等內容。

庫存現金核算 11.1

「庫存現金」，指企業為了滿足經營過程中零星支付的需要而保留的現金，包括庫存的台幣和外幣。為安全起見，企業的「庫存現金」不能過多，一般夠 3-5 天的零星開支即可。企業如果收到大額的現金，應該及時送存銀行。

「庫存現金」的核算主要包括「總分類核算」和「序時核算」。

11.1.1 庫存現金的總分類核算

「庫存現金」的「總分類核算」，指庫存現金在總帳中的核算，應設定「庫存現金」帳戶。

「庫存現金」的支出，要根據原始憑證（如原始發票、借款單、薪資結算單等）編製記帳憑證，根據記帳憑證登記總帳。

例如，楊光因出差到財務部門借款 1,000 元。則會計人員根據經核准的借款單，編製如下記帳憑證。

借：其他應收款—楊光	1,000
貸：庫存現金	1,000

又如，企業將庫存現金 5,000 元存入銀行。對此項業務，應根據企業編製的並經銀行蓋章的「送款單」的回單聯，編製如下記帳憑證。

借：銀行存款	5,000
貸：庫存現金	5,000

「庫存現金」的收入，同樣要根據原始憑證編製記帳憑證，根據記帳憑證登記總帳。

例如，企業為了零星開支，開出現金支票，從銀行提取現金 5,000 元。對此項業務應根據企業開出的現金支票存根這一原始憑證，編製如下記帳憑證。

借：庫存現金	5,000
貸：銀行存款	5,000

又如，企業銷售零星材料取得現金 1,000 元。根據銷貨發票的記帳聯，編製記帳如下憑證。

借：庫存現金	1,000
貸：其他業務收入—銷售材料收入	1,000

11.1.2 庫存現金的序時核算

「庫存現金」的「序時核算」，是「庫存現金」的明細核算，應設定「現金日記帳」，按照業務發生的先後順序逐筆登記。「現金日記帳」的登記與總帳的登記是根據相同的記帳憑證同時進行的。

11.1.3 庫存現金的清查

「庫存現金」的清查，指對「庫存現金」進行實地盤點，並將實存的「庫存現金」數與「現金日記帳」的餘額數相核對，並對盤虧盤盈及時進行處理。

「庫存現金」清查時，如果發現現金溢缺，應透過「待處理財產損益—待處理流動資產損益」帳戶核算，待查明原因並核准後進行處理。

例如，企業進行現金清查時發現盤盈庫存現金 2,000 元。會計處理如下。

借：庫存現金	2,000
貸：待處理財產損益—待處理流動資產損益	2,000

經查，盤盈的原因不明，經核准轉入營業外收入。

借：待處理財產損益—待處理流動資產損益	2,000
貸：營業外收入—庫存現金盤盈收入	2,000

又如，企業現金清查中發現現金盤缺 300 元。

借：待處理財產損益—待處理流動資產損益	300
貸：庫存現金	300

經查，現金盤缺是由出納人員失職造成，經核准由出納人員賠償。

借：其他應收款—出納員	300

貸：待處理財產損溢—待處理流動資產損溢　　　300

借：庫存現金　　　　　　　　　　　　　　　　300

貸：其他應收款—出納員　　　　　　　　　　　300

銀行存款核算　11.2

企業可以按照規定的庫存限額，留存少量「庫存現金」以備日常零星開支，其餘貨幣都要存入銀行。企業與其他企業發生的往來款項，除允許用「庫存現金」結算的，都必須透過銀行劃轉。

企業的「銀行存款收付」業務，必須按照規定取得各種銀行結算憑證和其他有關的原始憑證。例如，存現金時的送款回單，透過銀行取得銷售收入時的銀行轉帳結算憑證及企業開局的發貨票副聯，存支票時的進帳單回單，提取庫存現金的支票存根。

「銀行存款」的核算主要包括「總分類核算」和「序時核算」。

11.2.1 銀行存款的總分類核算

「銀行存款」的「總分類核算」，指「銀行存款」在總帳中的核算，應設定「銀行存款」帳戶。「銀行存款」的「總分類核算」是透過編製記帳憑證進行的。

「銀行存款」的收入，要根據原始憑證編製記帳憑證，根據記帳憑證登記總帳。

例如，將庫存現金 2,800 元存入銀行。則編製如下記帳憑證。

借：銀行存款　　　　　　　　　　　　　　　　2,800

貸：庫存現金　　　　　　　　　　　　　　　　2,800

又如，從銀行取得短期借款 300,000 元。則編製如下記帳憑證。

借：銀行存款　　　　　　　　　　　　　　　　300,000

貸：短期借款　　　　　　　　　　　　　　　　300,000

再如，企業銷售商品收到一張支票 58,500 元，存入銀行，其中貨款 50,000 元，增值稅率 17%。則編製如下記帳憑證。

借：銀行存款　　　　　　　　　　　　　　58,500

貸：主營業務收入　　　　　　　　　　　　50,000

應交稅費—應交增值稅（銷項稅額）　　　8,500

「銀行存款」的支出，要根據原始憑證編製記帳憑證，根據記帳憑證登記總帳。

例如，提取銀行存款 2,800 元，作為庫存現金，用於發放薪資。則編製如下記帳憑證。

借：庫存現金　　　　　　　　　　　　　　45,000

貸：銀行存款　　　　　　　　　　　　　　45,000

又如，用銀行存款償還應付帳款 20,000 元。則編製如下記帳憑證。

借：應付帳款　　　　　　　　　　　　　　20,000

貸：銀行存款　　　　　　　　　　　　　　20,000

再如，企業採購材料，價款 200,000 元，增值稅率 17%，均以銀行存款支付，材料已入庫。則編製如下記帳憑證。

借：原材料　　　　　　　　　　　　　　　200,000

應交稅費—應交增值稅（進項稅額）　　　34,000

貸：銀行存款　　　　　　　　　　　　　　234,000

▌11.2.2 銀行存款的序時核算

「銀行存款」的「序時核算」，是「銀行存款」的明細核算，應設定「銀行存款日記帳」，按照業務發生的先後順序逐筆登記。「銀行存款日記帳」的登記與總帳的登記是根據相同的記帳憑證同時進行的。

應收帳款的核算 11.3

企業可以按照規定的庫存限額，留存少量「庫存現金」以備日常零星開支，其餘貨幣都要存入銀行。企業與其他企業發生的往來款項，除允許用「庫存現金」結算的，都必須透過銀行劃轉。

企業的「銀行存款收付」業務，必須按照規定取得各種銀行結算憑證和其他有關的原始憑證。例如，存現金時的送款回單，透過銀行取得銷售收入時的銀行轉帳結算憑證及企業開局的發貨票副聯，存支票時的進帳單回單，提取庫存現金的支票存根。

「銀行存款」的核算主要包括「總分類核算」和「序時核算」。

▌11.3.1 銀行存款的總分類核算

「應收帳款」，指企業因銷售商品、產品或提供勞務等原因，應向購貨客戶或接受勞務的客戶收取的款項，包括買價、增值稅款及墊付的包裝費、運雜費等。

營業收入同時符合以下 4 個條件時確認為「應收帳款」。

1、企業已將商品所有權上的主要風險和報酬轉移給購貨方。

2、企業既沒有保留通常與所有權相聯繫的繼續管理權，也沒有對已售出的商品實施控制。

3、與交易相關的經濟利益能夠流入企業。

4、相關的收入和成本能夠可靠地計量。

企業因銷售商品、產品和提供勞務等經營活動應收取的款項，應該用「應收帳款」科目核算。因銷售商品、產品、提供勞務等，合同或協議價款的收取採用遞延方式、實質上具有融資性質的，應用「長期應收款」科目核算。

企業發生應收帳款時，按應收金額借記「應收帳款」科目，按收入的來源貸記「主營業務收入」、「其他業務收入」等科目，按專用發票上注明的增值稅額，貸記「應交稅費—應交增值稅（銷項稅額）」科目。

收回應收帳款時，借記「銀行存款」等科目，貸記「應收帳款」科目。

企業墊付的包裝費、運雜費，借記「應收帳款」科目，貸記「銀行存款」等科目。

收回代墊費用時，借記「銀行存款」科目，貸記「應收帳款」科目。

「應收帳款」科目期末餘額若在借方，反映企業尚未收回的「應收帳款」。期末餘額若在貸方，則反映企業預收的帳款。

企業發生的「應收帳款」，在沒有商業折扣和現金折扣的情況下，按應收的全部金額入帳。

例如，企業銷售一批產品，價值50,000元，增值稅率17%，企業墊付運雜費1,000元，已辦妥銀行收款手續。則編製如下記帳憑證。

借：應收帳款	59,500
貸：主營業務收入	50,000
應交稅費—應交增值稅（銷項稅額）	8,500
銀行存款	1,000

收到貨款時編製如下記帳憑證。

借：銀行存款	59,500
貸：應收帳款	59,500

「商業折扣」，指企業可以從貨品價目單上規定的價格中扣減一定的數額，扣減數通常用百分比表示，扣減後的淨額才是實際銷售價格。「商業折扣」是企業最常用的促銷手段。在「商業折扣」的情況下，企業「應收帳款」入帳金額應按扣除「商業折扣」以後的實際售價加以確認。由於「商業折扣」一般在交易發生時即已確定，「商業折扣」僅僅是確定實際銷售價格的一種手段，並不反映在買賣任何一方的帳上，所以，「商業折扣」對應收帳款入帳金額的確認並無實質影響。

例如，企業銷售產品，按價目表的金額為30,000元，由於成批銷售，給予購貨方10%的「商業折扣」，則企業應收帳款的入帳金額為27,000元，增值稅率17%。則編製如下記帳憑證。

借：應收帳款	31,590
貸：主營業務收入	27,000

| 應交稅費—應交增值稅（銷項稅額） | 4,590 |

企業收到貨款時編製如下記帳憑證。

| 借：銀行存款 | 31,590 |
| 貸：應收帳款 | 31,590 |

「現金折扣」，指企業為了鼓勵客戶在一定時期內早日償還貨款而給予的一種折扣優惠。「現金折扣」通常發生在以賒銷方式銷售商品及提供勞務的交易中。「現金折扣」一般用「折扣 / 付款期限」表示，如 2/10、1/20、n/30，即 10 天內付款折扣為 2%，20 天內付款折扣為 1%，30 天內付款無折扣。

在「現金折扣」的情況下，**「應收帳款」入帳金額的確認有兩種處理方法，一種是「總價法」，另一種是「淨價法」。**

「總價法」，將進行「現金折扣」之前的商品價格作為實際售價，記作「應收帳款」的入帳金額。「現金折扣」只有客戶在折扣期內支付貨款時，才予以確認。銷售方給予客戶的「現金折扣」，從融資角度講，屬於理財費用，會計上作為財務費用處理。「總價法」是我國會計實務中使用的方法。

「淨價法」，將扣除減「現金折扣」之後的商品價格作為實際售價，據以記作「應收帳款」的入帳金額。這種方法把客戶取得的折扣視為正常現象，認為一般客戶都會提前付款，將客戶超過折扣期限而多收入的金額，視為提供信貸獲得的收入，於收到帳款時入帳，以沖減財務費用處理。

例如，企業銷售一批產品給客戶，價值 20,000 元，現金折扣的條件為「2/10，1/20，n/30」，增值稅率 17%，產品交付並辦妥簽收手續。則編製如下記帳憑證。

借：應收帳款	23,400
貸：主營業務收入	20,000
應交稅費—應交增值稅（銷項稅額）	3,400

如果上述貨款在 10 天內收到，則編製如下記帳憑證。

借：銀行存款	22,932
財務費用	468
貸：應收帳款	23,400

如果上述貨款在 20 天內收到，則編製如下記帳憑證。

借：銀行存款　　　　　　　　　　　　　　23,166

財務費用　　　　　　　　　　　　　　　　234

貸：應收帳款　　　　　　　　　　　　　　23,400

如果超過了現金折扣的最後期限才收到貨款，則編製如下記帳憑證。

借：銀行存款　　　　　　　　　　　　　　23,400

貸：應收帳款　　　　　　　　　　　　　　23,400

壞帳損失的核算　　11.4

「壞帳」，指企業無法收回的「應收帳款」。由於發生「壞帳」而產生的損失，稱為「壞帳損失」。「壞帳損失」的核算一般有兩種方法，即「直接轉銷法」和「備抵法」。

「直接轉銷法」，指在實際發生「壞帳」時，確認「壞帳損失」，計入期間費用，同時註銷該筆應收帳款，即：

借：管理費用

貸：應收帳款

如果已沖銷的應收帳款以後又收回，則：

借：銀行存款

貸：應收帳款

同時：

借：應收帳款

貸：管理費用

「備抵法」，按期估計「壞帳損失」，形成「壞帳準備」，當某一「應收帳款」全部或者部分被確認為「壞帳」時，應根據其金額沖減「壞帳準備」，同時轉銷相應的「應收帳款」金額。

採用這種方法時，一方面按期估計「壞帳損失」記入管理費用，另一方面設定「壞帳準備」科目，待實際發生壞帳時沖銷「壞帳準備」和「應收帳款」金額，使「資產負債表」上的「應收帳款」反映扣減估計「壞帳」後的淨值。

計提「壞帳準備」時：

> 借：管理費用—壞帳損失

> 貸：壞帳準備

發生「壞帳準備」時：

> 借：壞帳準備

> 貸：應收帳款

已確認並已轉銷的「壞帳損失」，如果以後又收回，則：

> 借：應收帳款

> 貸：壞帳準備

同時：

> 借：銀行存款

> 貸：應收帳款

應收票據核算　11.5

「應收票據」，指出票人或者付款人在特定日或特定時間，無條件支付一定金額給本企業的一種書面承諾。票據包括支票、本票、匯票三種。

「應收票據」入帳價值的確定有兩種方法。一種是按其票面價值入帳，另一種是按票面價值的現值入帳。如果考慮到貨幣的時間價值等因素對票據面值的影響，「應收票據」按其面值的現值入帳比較合理。但是，由於匯票的期限較短，利息金額相對不大，用現值記帳計算煩瑣，為了簡化核算，企業會計制度規定，「應收票據」一律按照面值入帳。

企業會計制度規定，企業收到開出、承兌的票據：

1、按「應收票據」的面值借記「應收票據」科目；

2、按實現收入的來源貸記「主營業務收入」等科目；

3、按專用發票上注明的增值稅，貸記「應交稅金－應交增值稅（銷項稅額）」科目。

企業收到應收票據以抵償應收帳款時：

1、借記「應收票據」科目；

2、貸記「應收帳款」科目。

如果是「帶息應收票據」，應於期末按「應收票據」的票面價值和確定的利率計提利息，計提的利息增加「應收票據」的帳面價值：

1、借記「應收票據」科目；

2、貸記「財務費用」科目。

預付帳款核算

11.6

「預付帳款」，是企業按照購貨合同規定，預先以貨幣資金或貨幣等價物支付給供應單位的貨款，如預付的材料、商品採購貨款。

企業應按供應單位設定明細帳戶。借方登記企業向供應商預付的貨款，貸方登記企業收到所購物品應結轉的預付貨款。

「預付帳款」的期末餘額若在借方，反映企業向供貨單位預付而尚未收到貨物的預付貨款；期末餘額若在貸方，則反映企業尚未補付的款項。

例如，甲企業向乙企業採購材料 50,000 元，甲企業向乙企業預付貨款的 50%，驗收貨物後補付其餘款項。甲企業編製如下記帳憑證。

預付 50% 的貨款時：

借：預付帳款—乙企業	25,000
貸：銀行存款	25,000

收到乙企業發來的全部貨物且驗收無誤，補付所欠款項 33,500 元，增值稅率 17%。

借：原材料	50,000
應交稅費—應交增值稅（進項稅額）	8,500
貸：預付帳款—乙企業	58,500
借：預付帳款—乙企業	33,500
貸：銀行存款	33,500

Chapter 12

物料成本核算

「工業企業成本」的核算，用來反映工業企業一定時期產品成本和經營管理費用水平和構成情況，促使企業降低成本、節約費用，從而提高企業的經濟效益。通過對成本的核算，還可以分析工業企業在生產、技術和經營管理的水準，並可為企業進行成本和利潤預測，制定有關的生產經營決策。

開展成本計算之前，先要確定採用哪一種成本計算方法。通常所用的方法有「品種法」、「分批法」、「分步法」、「定額法」等。這要根據生產工藝過程和生產組織的特點，同時結合成本管理的要求進行選擇。

品種法

「品種法」,是以產品品種為產品計算對象歸集生產費用,計算產品成本的一種方法。是成本計算中一種計算工作比較簡單的方法。

「品種法」一般用於大量大批的簡單生產(單步驟生產)。例如發掘、自來水生產、原煤原油的開採等。利用「品種法」時,生產中發生的一切費用都屬於直接費用,可以直接計入該種產品成本。

企業生產 A、B 兩種產品,2018 年 12 月發生如下各項業務,用「品種法」:

1、分析「生產成本」、「製造費用」總分類帳戶和「生產成本」明細帳;

2、編製「產品成本計算表」。

步驟如下。

一、統計生產產線從倉庫領用的用於生產的各種材料。

用於生產 A 產品的甲材料 1,500 元,乙材料 1,650 元。用於生產 B 產品的甲材料 1,200 元,乙材料 1,800 元。

編製如下記帳憑證。(憑證中各數據對應後文算式中的①)

借:生產成本—A 產品		3,150
借:生產成本—B 產品		3,000
貸:原材料—A 產品甲材料		1,500
貸:原材料—A 產品乙材料		1,650
貸:原材料—B 產品甲材料		1,200
貸:原材料—B 產品乙材料		1,800

二、結算同月的應付職工薪資。

A 產品工人薪資 5,000 元，B 產品工人薪資 4,000 元，生產產線職工薪資 2,000 元，管理部門職工薪資 3,000 元。

編製如下記帳憑證。（憑證中各數據對應後文算式中的②）

借：生產成本—A 產品	5,000
借：生產成本—B 產品	4,000
借：製造費用—薪資	2,000
借：管理費用—薪資	3,000
貸：應付薪資	14,000

三、核算各項費用。

根據職工薪資的 14% 計提獎金。（憑證中各數據對應後文算式中的③）

借：生產成本—A 產品	700
借：生產成本—B 產品	560
借：製造費用—獎金	280
借：管理費用—獎金	420
貸：應付獎	1,960

計提當月固定資產折舊 900 元。其中，產線使用的固定資產折舊 600 元，管理部門使用的固定資產折舊 300 元。（憑證中各數據對應後文算式中的④）

借：製造費用—折舊	600
借：管理費用—折舊	300
貸：累計折舊	900

按計劃預提因由產線負擔的修理費 200 元。（憑證中各數據對應後文算式中的⑤）

借：製造費用—修理費	200
貸：預提費用	200

產線報銷辦公費用及其他零星開支 400 元，以現金支付。（憑證中各數據對應後文算式中的⑥）

借：製造費用—辦公費	400
貸：現金	400

產線管理人員王朋出差報銷差旅費 237 元，餘額 63 元歸還現金。（憑證中各數據對應後文算式中的⑦）

借：製造費用—差旅費	237
借：現金	63
貸：其他應收款—王朋	300

四、把製造費用總額如數轉入「生產成本」帳戶，並按產品工人薪資的比例分配計入 A、B 兩種產品的成本中。

Step 1 計算製造費用總額，及計算製造費用分配律。

製造費用總額 = ② 2,000+ ③ 280+ ④ 600+ ⑤ 200+ ⑥ 400+ ⑦ 237=3,717 元

計算製造費用分配律 = 製造費用總額 / 分配標準 ×100%

=3,717/(5,000+4,000) ×100%=41.3%

Step 2 計算 A 產品和 B 產品應付擔的製造費用。

A 產品應付擔的製造費用 =5000×41.3%=2,065 元

B 產品應付擔的製造費用 =4000×41.3%=1,652 元

結轉「製造費用」至「生產成本」帳戶。（憑證中各數據對應後文算式中的⑧）

借：生產成本—A 產品	2,065
借：生產成本—B 產品	1,652
貸：製造費用	3,717

五、結算當月 A 產品、B 產品的生產成本，當月 A 產品 100 件，B 產品 80 件，全部製造完成並驗收入庫，按其實際成本入帳。

(1) A 產品實際總成本 = ① 3,150+ ② 5,000+ ③ 700+ ⑧ 2,065=10,915 元。

(2) A 產品單位成本 =10,915/100=109.15 元。

(3) B 產品實際總成本 = ① 3,000+ ② 4,000+ ③ 560+ ⑧ 1,652=9,212 元。

(4) B 產品單位成本 =9,212/100=92.12 元。

編製如下記帳憑證。（憑證中各數據對應後文算式中的⑨）

借：庫存商品—A 產品	10,915
借：庫存商品—B 產品	9,212
貸：生產成本—A 產品	10,915
貸：生產成本—B 產品	9,212

六、登記「生產成本」、「製造費用」總分類帳戶。

登記「製造費用」的借和貸。

製造費用	
借	貸
②2000	⑧3717
③ 280	
④ 600	
⑤ 200	
⑥ 400	
⑦ 237	
3717	3717

圖 12.1-1 登記「製造費用」的借和貸

登記「生產成本」的借和貸。

生產成本	
借	貸
①6150	⑨20127
②9000	
③1260	
⑧3717	
20127	20127

圖 12.1-2 登記「生產成本」的借和貸

登記「生產成本」明細帳。

生產成本明細表				單位：元
	原料	直接人工	製造費用	合計
		薪資	獎金		

	原料	薪資	獎金	製造費用	合計
A產品	3150	5000	700	2065	10915
B產品	3000	4000	560	1652	9212
合計	6150	9000	1260	3717	20127

圖 12.1-3 登記「生產成本」明細帳

七、編製「產品成本計算表」。

產品成本計算表				單位：元
	A產品		B產品	
	總成本(100件)	單位成本	總成本(80件)	單位成本
原料	3150	31.50	3000	37.50
直接人工	5700	57.00	4560	57.00
製造費用	2065	20.65	1652	20.65
產品生產成本	10915	109.15	9212	115.15

圖 12.1-4 編製「產品成本計算表」

八、登記「生產成本」明細分類表。

A 產品的明細分類表。

生產成本——A產品	
借	貸
①3150	⑨10915
②5000	
③ 700	
⑧2065	
10915	10915

圖 12.1-5 A 產品的明細分類表

B 產品的明細分類表。

生產成本——B產品

借	貸
①3000	⑨9212
②4000	
③ 560	
⑧1652	
9212	9212

圖 12.1-6 B 產品的明細分類表

結果詳見檔案 📁「CH12.1-01 工業成本核算 - 品種法」之「品種法」工作表

> **「品種法」**
>
> 「品種法」的特點如下。
>
> ◆**成本計算對象：**
> 「品種法」以產品品種作為成本計算對象，並據以設定產品成本明細帳歸集生產費用和計算產品成本。如果企業生產的產品不止一種，需要以每一種產品作為成本計算對象，分別設定產品成本的明細帳。
>
> ◆**成本計算期：**
> 由於大量大批的生產是不間斷連續生產的，無法按照產品的生產週期歸集生產費用，計算產品成本，因而只能定期按月計算產品成本，從而將本月的銷售收入與產品生產成本配比，計算本月損益。因此，產品成本是定期按月計算的，與報告期一致，與產品生產週期不一致。
>
> ◆**生產費用無需在完工產品和在製品之間進行分配：**
> 「品種法」一般用於大量大批的簡單生產，這類生產往往品種單一，封閉式生產，月末一般沒有在製品存在。既使有在製品，數量也很少，所以一般不需要將生產費用在完工產品與在製品之間劃分。當期發生的生產費用總和就是該種完工產品的總成本。
>
> 「品種法」的適用範圍如下。
>
> ◆「品種法」主要適用於大量大批的單步驟生產企業。
>
> ◆在大量大批多步驟生產的企業中，如果企業規模較小，而且管理上不要求提供各步驟的成本資訊，可以採用「品種法」計算產品成本。
>
> ◆企業的輔助生產產線可以採用「品種法」計算產品成本。

分批法 12.2

「分批法」,是以產品的批別作為成本計算對象來歸集生產費用,計算產品成本的一種方法。

「分批法」主要適用於單件小批類型的生產,如精密儀器、專用設備等,也可用於一般製造企業中的新產品試製或試驗的生產、在建工程以及設備修理作業等。

企業生產 A、B 兩種產品,屬於小批生產,情況如下。

◆ 10 月的產品批號「825」,A 產品 100 台,9 月投產,10 月完工 60 台。產品批號「826」,B 產品 100 台,10 月投產、10 月完工 20 台。

◆ 10 月初在製品成本:

產品名稱	批號	原料	直接人工	製造費用
A產品	825	640	450	640

圖 12.2-1 在製品成本

◆ 10 月各批號生產費用:

產品名稱	批號	原料	直接人工	製造費用
A產品	825	3360	2350	2800

圖 12.2-2 各批號生產費用

825 批號 A 產品完工數量較大,原料在生產開始時一次性投入,其他費用在製成品和在製品之間採用約當產量比例法分配,在製品完工程度為 50%。

826 批號 B 產品完工數量較少,製成品按計劃成本結轉。每台產品單位計畫成本為:原料費用 46 元,直接人工費用 35 元,製造費用 24 元。

用「分批法」:

1、登記產品成本明細帳,計算各批產品的完工成本和月末在製品成本;

2、編製完工產品成本匯總表。

步驟如下。

一、計算 A 產品完工成本和月末在製品成本。

已知 A 產品月初在製品成本，已知 A 產品本月生產費用。

Step 1 計算約當總產量。

因為原料在生產開始時一次性投入，所以直接材料費用約當總產量 =100

直接人工費用約當總產量 = 完工 60+ 在製品 40× 產品完工程度 50%=80

製造費用約當總產量 = 完工 60+ 在製品 40× 產品完工程度 50%=80

Step 2 計算分配率。

原料費用分配率 = 直接材料費用合計 4000÷（完工 60+ 在製品 40）=40 元 / 件

直接人工費用分配率 = 直接人工費用合計 2800÷（完工 60+ 在製品 40× 產品完工程度 50%）=35 元 / 件

製造費用分配率 = 製造費用合計 3440÷（完工 60+ 在製品 40× 產品完工程度 50%）=43 元 / 件

Step 3 計算期末在製品成本。

在製品原料費用 =40 件在製品 ×40 元 / 件 =1600

在製品直接人工費用 =40 件在製品 ×（1- 產品完工程度 50%）×35 元 / 件 =700

在產製品製造費用 =40 件在製品 ×（1- 產品完工程度 50%）×43 元 / 件 =860

Step 4 計算期末完工製品成本。

製成品原料費用 = 原料費用合計 4000- 在製品原料費用 1600=2400

製成品直接人工費用 = 直接人工費用合計 2800- 在製品直接人工費用 700=2100

製成品製造費用 = 製造費用合計 3440- 在製品製造費用 860=2580

計算得 A 產品完工成本和月末在製品成本。

生產成本明細表				單位：元
批號： 825		產品名稱：A產品		
批量： 100台		完工：	60台	
	原料	直接人工	製造費用	合計
月初在製品成本	640	450	640	1730
本月生產費用	3360	2350	2800	8510
生產費用合計	4000	2800	3440	10240
約當總產量	100	80	80	
分配率	40	35	43	
月末在製品成本	1600	700	860	3160
製成品成本	2400	2100	2580	7080
單位成本	40	35	43	118

圖 12.2-3 A 產品完工成本和月末在製品成本

二、計算 B 產品完工成本和月末在製品成本。

已知 B 產品月初在製品成本，已知 B 產品計畫單位成本。

Step 1 計算完工產品成本 = 計畫單位成本 × 完工產品數量。

Step 2 計算月末在製品成本 = 月初在製品成本 - 製成品成本。

Step 3 計算得 B 產品完工成本和月末在製品成本。

生產成本明細表				單位：元
批號： 826		產品名稱：B產品		
批量： 100台		完工：	20台	
	原料	直接人工	製造費用	合計
月初在製品成本	4600	3050	1980	9630
計畫單位成本	46	35	24	105
製成品成本	920	700	480	2100
月末在製品成本	3680	2350	1500	7530

圖 12.2-3 B 產品完工成本和月末在製品成本

三、編製製成品成本匯總表。

	A產品（完工60台）		B產品（完工20台）	
	總成本	單位成本	總成本	單位成本
原料	2400	40	920	46
直接人工	2100	35	700	35
製造費用	2580	43	480	24
合計	7080	118	2100	105

圖 12.2-5 編製製成品成本匯總表

結果詳見檔案 📂 「CH12.2-01 工業成本核算 - 分批法」之「分批法」工作表

NOTE

「分批法」

「分批法」的特點如下。

◆以「產品批別」為成本計算對象，按「產品批別」設定產品成本明細帳：

「產品批別」，指的是企業生產計畫部門簽發並下達到生產產線的產品批號。根據購買者訂單生產的企業，往往以一張訂單規定的產品作為一批。但產品的批別與客戶的訂單有時候也不完全相同。如果一張訂單中規定的產品品種較多，為了分別考核不同產品的生產成本，可以將一張訂單分為幾批組織生產；如果一張訂單要求陸續交貨，並且交貨持續的時間較長，為了及時確定成本以便及時計算損益，也可以分成幾批組織生產；如果同一時期內，在幾張訂單中規定有相同的產品，而且交貨的時間相差不多，也可以將幾張訂單中相同的產品合併為一批組織生產。

◆成本計算不定期：

採用「分批法」時，生產費用應按月匯總，但由於各批產品的生產週期不一致，月末不見得完工，而每批產品的實際成本，應等到該批產品全部完工後才能計算確定，所以，「分批法」的成本計算是不定期的。

◆一般不需要在月末分配在製品成本：

按「分批法」計算產品成本，因為通常是在該批產品全部完工時才計算該批產品成本，所以月末如果某批產品全部完工，該批產品歸集的全部生產費用就是該批產品的完工產品成本；若該批產品未完工，則全部為在製品成本。所以採用「分批法」計算產品成本，月末一般不需要在完工產品與在製品之間分配生產費用。

只有在一批產品跨月陸續完工陸續交貨的情況下，為了按期確定損益，才需要在月末計算該批產品完工產品與在製品成本。在這種情況下，為了減少成本計算的工作量，可以採用簡便的方法，即按計劃單位成本、定額單位成本或最近一期相同產品的實際單位成本來計算完工產品成本，將完工產品成本從產品成本明細帳轉出後，餘額作為在製品成本。待該批產品全部完工時再計算該批產品的實際總成本和單位成本，但對已經轉出的完工產品成本，不必做帳面調整。

如果一批產品批量較大，陸續交貨的時間過長，為了減少在完工產品與月末在製品之間分配費用的工作，提高成本計算的正確性和及時性，也可以適當縮小產品的批量，以較小的批量分批生產，儘量使同一批產品能夠同時完工，避免跨月陸續完工。

分步法

「分步法」是以產品的品種及其所經過的生產步驟作為成本計算對象歸集生產費用，計算各種產品成本及其各步驟成本的一種方法。

「分步法」適用於大量大批的多步驟生產，如冶金、紡織、造紙以及大量大批生產的機械製造等。

美華企業生產 C 產品，有三個產線連續加工製成。第一產線生產 A 半成品，第二產線將 A 半成品加工為 B 半成品，第三產線將 B 半成品加工為 C 產品。生產所耗用的材料在生產開始時一次投入，各產線月末在製品完工率均為 50%。各產線月末在製品按定額成本計算。基本資訊如下。

產量記錄			單位：件
項目	第一步驟	第二步驟	第三步驟
月初在製品	20	50	40
本月投入	180	160	180
本月完工轉出	160	180	200
月末在製品	40	30	20

圖 12.3-1 產量記錄

月初在製品成本（定額成本）及本月生產費用				單位：元
項目	原料	直接人工	製造費用	合計
月初在製品成本				
第一生產線	1000	60	100	1160
第二生產線	0	200	120	320
第三生產線	0	180	160	340
本月生產費用				
第一生產線	18400	2200	2400	23000
第二生產線	0	3200	4800	8000
第三生產線	0	2550	2550	5100

圖 12.3-2 月初在製品成本（定額成本）及本月生產費用

各生產線的月末在製品單位定額成本			單位：件
項目	原料	直接人工	製造費用
第一生產線	25	5	6
第二生產線	0	10	12
第三生產線	0	10	11

圖 12.3-3 各生產線的月末在製品單位定額成本

用「分步法」之「平行結轉分步法」：

1、計算各步驟應計入完工 C 產品的成本份額；

2、編製 C 產品成本匯總表；

3、計算完工產品成本和單位成本；

4、編製完工產品入庫的會計分錄。

步驟如下。

一、編製第一生產線基本生產成本明細帳。

已知月初在製品成本，已知本月生產費用。

Step 1 在製品成本 = 月末在製品數 × 月末在製品單位定額成本。

Step 2 應計入製成品成本份額 = 本月生產費用 - 在製品成本

編製得第一生產線基本生產成本明細帳。

第一生產線基本生產成本明細帳				
產品名稱：C產品		產量：200件		單位：元
摘要	原料	直接人工	製造費用	合計
月初在製品成本	1000	60	100	1160
本月生產費用	18400	2200	2400	23000
生產費用合計	19400	2260	2500	24160
在製品成本	1000	200	240	1440
應計入製成品成本占有率	18400	2060	2260	22720

圖 12.3-4 第一生產線基本生產成本明細帳

二、編製第二生產線基本生產成本明細帳。

利用與「第一生產線基本生產成本明細帳」類似的方法，編製得第二生產 基本生產成本明細帳。

第二生產線基本生產成本明細帳				
產品名稱：C產品		產量：200件		單位：元
摘要	原料	直接人工	製造費用	合計
月初在製品成本	0	200	120	320
本月生產費用	0	3200	4800	8000
生產費用合計	0	3400	4920	8320
在製品成本	0	300	360	660
應計入製成品成本占有率	0	3100	4560	7660

圖 12.3-5 第二生產線基本生產成本明細帳

三、編製第三生產線基本生產成本明細帳。

利用與「第一生產線基本生產成本明細帳」類似的方法，編製得第三生產線基本生產成本明細帳。

第三生產線基本生產成本明細帳				
產品名稱：C產品		產量：200件		單位：元
摘要	原料	直接人工	製造費用	合計
月初在製品成本	0	180	160	340
本月生產費用	0	2550	2550	5100
生產費用合計	0	2730	2710	5440
在製品成本	0	200	220	420
應計入製成品成本占有率	0	2530	2490	5020

圖 12.3-6 第三生產 基本生產成本明細帳

四、編製產品成本匯總表。

Step 1 製成品總成本 = 各生產線份額之和。

Step 2 單位成本 = 製成品總成本 / 製成品數量。

編製得產品成本匯總表。

產品成本匯總表				
產品名稱：C產品				單位：元
摘要	原料	直接人工	製造費用	合計
第一生產線占有率	18400	2060	2260	22720
第二生產線占有率	0	3100	4560	7660
第三生產線占有率	0	2530	2490	5020
完工產品總成本	18400	7690	9310	35400
單位成本	92	38	47	177

圖 12.3-7 產品成本匯總表

五、編製會計分錄

按照產品成本匯總表編列會計分錄：

借：庫存商品—C 產品		35,400
貸：基本生產成本—第一生產線		22,720
貸：基本生產成本—第二生產線		7,660
貸：基本生產成本—第三生產線		5,020

結果詳見檔案 📁 「CH12.2-01 工業成本核算 - 分步法」之「分步法」工作表

NOTE

「分步法」

「分步法」的主要特點是不按產品的批別計算產品成本，而是按產品的生產步驟計算產品成本。

由於「分步法」將各步驟所耗用的上一步驟半成品成本，綜合計入各該步驟的產品成本明細帳中的，在完工產品的成本項目中，還包含著半成品的成本，所以，這種方法與其他方法的不同之處在於，月末要進行成本還原。

在實際工作中，根據成本管理對各生產步驟成本資訊的不同要求（是否要計算半成品成本）和簡化核算工作的要求，各生產步驟成本的計算和結轉，一般可採用逐步結轉和平行結轉兩種方法。

◆逐步結轉分步法。

按照產品加工順序，逐步計算並結轉半成品成本，直到最後加工步驟才能計算出產成品成本的一種方法。即它將每一步驟的半成品作為一個成本計算對象並計算成本。逐步結轉分步法的成本結轉程式與品種法相同。

逐步結轉分步法雖然能為產品實物管理和資金管理提供資訊，但成本結轉工作量大，且最後完工產成品中的成本項目是綜合性的，必須進行成本還原，更加大了核算的工作量。

◆平行結轉分步法。

在計算各步驟成本時，不計算各步驟所產半成品成本，也不計算各步驟所耗上一步驟的半成品成本，而只計算本步驟發生的各項其他費用以及這些費用中應計入的當期完工產品成本的「份額」。期末，將相同產品的各步驟成本明細帳中的這些份額平行結轉、匯總，即可計算出該種產品的產成品成本。這種結轉各步驟成本的方法，稱為平行結轉分步法，又由於成本結轉與實物流轉不一致，因此，該法又稱為不計列半成品成本分步法。

定額法   12.4

「定額法」，是以事先制定的產品定額成本為標準，在生產費用發生時，提供實際發生的費用與定額耗費的差異額，讓管理者及時採取措施，控制生產費用的發生額，並且根據定額和差異額計算產品實際成本的一種成本計算和控制的方法。

「定額法」的成本計算對像是企業的製成品或在製品。根據企業管理的要求，只計算製成品成本或者同時計算在製品成本與製成品成本。

「定額法」一般用於大批大量生產企業，只能按月進行成本計算。產品實際成本是以定額成本為基礎，由定額成本、定額差異和定額變動三部分相加而組成。每月的生產費用應分別將定額成本、定額差異和定額變動三方面分配於製成品和在製品。